電気・電子実習
2

実習レポート
電力制御
電力設備
電力応用
電気機器

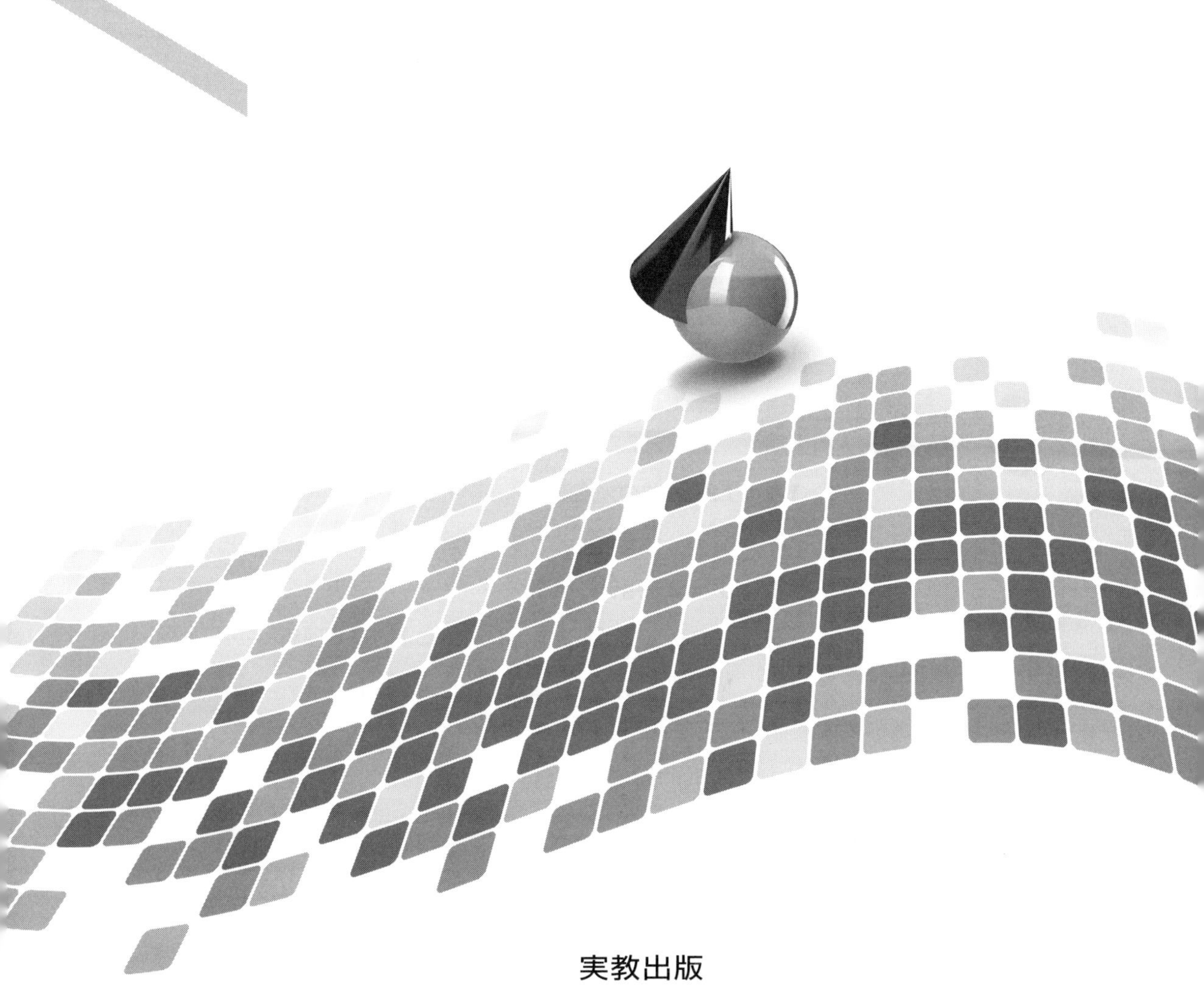

実教出版

目次

電気・電子実習を学ぶにあたって

電気機器 編

電力応用 編

電力設備 編

電力制御 編

付録

実習レポート(提出用)

巻末には実習1～29に対応した，切り取り式の実習レポート用紙があります。

＋ プラス1

QR掲載資料

右の QR コードから，以下の資料や実習レポート用紙のデータをダウンロードできます。

電気・電子実習を学ぶにあたって

本書は，高等学校の電気科・電子科・情報技術科など，電気系に関する学科における「電気実習」・「電子実習」の学習書として編集したものである。

高等学校で学ぶ実習は，教科書を通して学習した内容を，実際に実践・体験し，教科書だけでは得られないさまざまな現象をよく観察し，そのしくみや技術を理解することにある。また，これらの活動を通して，次の事項を達成することをねらいとしている。

(1) 基本的な電気に関する法則や現象を実験・実習を通して確認し，その性質や働きを理解する。

(2) 電気や物理法則に関する理論について，実際の結果を比較・検討し，これを実際に応用する能力を会得する。

(3) いろいろな計測器や装置などについて理解を深め，正しい取り扱いかたを習得し，安全に配慮しながら活用できるようにする。

(4) 実験・実習を通して，実験・実習の方法，測定値の処理方法，現象の分析と理論的な検討方法，レポート作成法など，技術者としての基本的な能力と態度を養う。

本書で学ぶ生徒諸君が，実験・実習を通して，工業の発展を担う職業人として必要な技能や技術の基本をしっかり学習し，実践的な技術者として活躍することを願っている。

なお，「電気実習」・「電子実習」で取り扱う分野は，電気計測・電気工事・電気機器・電力応用・電力設備・電子工学・電子計測・電子工作・電力制御などである。これらを，「電気・電子実習 1」・「電気・電子実習 2」・「電気・電子実習 3」の 3 冊に分けて編集した。

■本書の編集にあたって留意した点

(1) 「電気回路」・「電気機器」・「電子技術」・「電力技術」・「電子回路」・「電子計測制御」・「通信技術」などの専門科目の学習内容との関連を考えながら，学習を進めることができるようにした。

(2) 実験・実習を行うにあたり，基本的な心がまえや注意事項，計器・機具類の取り扱い，実習報告書（レポート）の作成方法などについて触れた。

(3) 基礎編を新たに設け，実験回路の配線方法，アナログ指針による目盛の読みかた，表・グラフの作成方法などについて解説した。

(4) 実験・実習の内容をよく理解して実習が進められるように，測定結果の例を示した。

(5) 結果の検討の項を設け，実習のまとめとして重要なポイントを提示した。

(6) 実験・実習のまとめを容易にするため，巻末に提出用のレポート用紙を設けた（一部除く）。

1 電気・電子実習の目的と心がまえ

1 目的

電気・電子実習は，教科書で学習した内容を実際に体験し，法則や技術について検証することによって理解を深め，さらに，自然現象を正しく認識できる目や能力を養うことを目的としている。また，工業の発展を担う職業人として必要な，計測器や各種装置の使用法，実験の方法，測定値の処理や現象の分析と検討方法，レポート作成法などの，技能や技術，態度を養うことを目的としている。

2 基本的な心がまえ

実験や実習は，教室で行われる授業とは異なり，さまざまな実験器具や機材を活用して行うため，次のような項目がたいせつである。

① **身だしなみ** 実験や実習を安全に行うために，制服や作業服を正しく着用する。**身だしなみは安全に作業を行うための最初の一歩**である。頭髪や服装を整えておかないと，回転機器に巻き込まれたり，装置や配線を引っかけて落下させたりする事故につながることがある。頭髪を整え，袖ボタンや上着のジッパーをきちんと留めておくことがたいせつである。

② **安全に対する配慮** 実験や実習では，高い電圧や高温になる道具，回転機器など，危険度の高い装置や機器を扱うことが多い。事故を未然に防ぐために，**先生の指示をよく聞き，正しい作業手順で作業を行う**ことがたいせつである。

③ **整理整頓** 実験や実習では，いろいろな計測器や装置を配置し，実験データを取得するため，机上が乱雑になりがちである。事故を未然に防ぎ，安全に実験・実習を行うために，必要なもの以外は机の下に収め，つねに**整理整頓**を心がける。また，使用後は，次の利用者のために，清掃と点検を行い，機材をもとにあった場所に返却する。

④ **協力** 実験や実習では，いろいろな実験器具や計測器を活用するため，実験の準備や配線，実験データの取得など，グループでの協力が欠かせない。役割を決め，**協力する精神**がたいせつである。

⑤ **積極性** 実験や実習を実際に体験し，技術や技能を習熟するために，決して傍観的な態度をとらないよう，各自が**積極的に実験・実習に参加する姿勢**がたいせつである。

⑥　**提出期限の厳守**　実験・実習を終えたあと，重要な作業として，報告書（レポート）の作成がある。自分が行った実験・実習の内容を整理し，報告書にまとめて提出するという作業は，実際に社会で求められる実務の一つである。定められた書式に従って作成し，決められた期限までに提出することが必要である。

3 実習の流れ

実験・実習は，できるだけ目的に合うように設備された実習室を使用する。そこでは，実験方法，計測器や実験装置の取り扱い，測定方法，データの取りかたなどを学習し，報告書（レポート）の提出を通して，報告書の書きかた，検討の加えかたなどの習得をめざす。実験・実習から報告書提出までの流れを図1に示す。

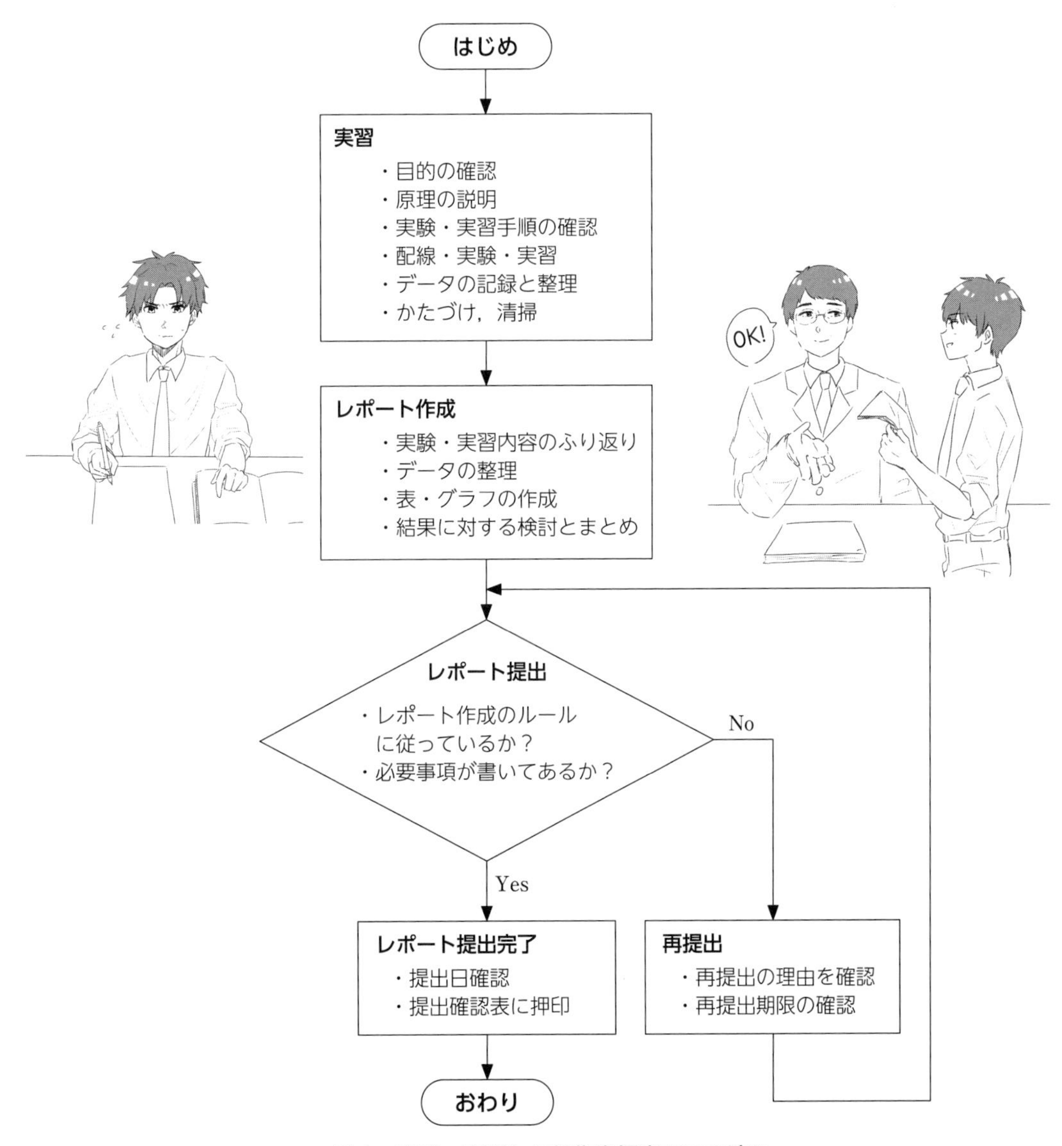

▲図1　実験・実習から報告書提出までの流れ

4 実験・実習前の準備

有意義でかつ安全な実験・実習を行うために，次の点に注意する。

① 実験・実習のテーマに対する目的，理論や基礎知識，実験内容，用具や機材などについて，**予習をする**。内容を理解しないまま実験や実習を行うと，目的を達成できなかったり，実験器具や計測器，機材を故障させたり，人に危害を与えるような重大な事故を起こしたりする場合がある。これらを防ぐためにも，事前の予習は必要である。

② 連続した授業時間で行われるため，実験・実習の前日から**体調を整えておく**。

③ 頭髪や服装など，実験・実習にふさわしい身だしなみにしたうえで，教科書，実験記録ノート，グラフ用紙，電卓など，担当の先生から指示された持ち物を持参し，**準備を整えて実習室へ向かう**。

5 実験・実習中の注意

実習室は，目的に合うように設備された専用の部屋である。そのため，実習室によって，高価な計測器や実験器具，大形の実験機器や，高電圧を発生する装置，回転機器，また，人体に有害な薬品や油などが置かれている。安全に実習を行うために，次の点に注意する。

① **計測器・実習器具の取り扱い**　実験・実習に使用する計測器や装置類は，それぞれに定められた機能や，許される電圧・電流・電力などの上限（**最大定格**）が定められている。正しく測定するため，また，故障や事故を防ぐため，次の点に注意する。

a. **指定された装置類を使用する**。正しい測定や，計測器や装置の破損を防ぐため，指定された機器を使用する。

b. **装置類をていねいに扱う**。多くの計測器や実験装置は精密な構造をもち，振動や強い衝撃によって故障したり，性能が劣化したりすることがある。机上に置くさいや，収納棚に収めるさいは，ていねいに扱う。また，電源装置や重い装置を運ぶときには，事故のないように注意する。

c. 実験回路の組み立て（配線）のさいは，**電源を最後に接続**する。計測器，実験回路や実験装置など，多くは直流電源や交流電源を使用する。通電しながらの配線や取りはずしは危険である。実験回路の配線を終えたら，配線に間違いがないかじゅうぶんに確認する。

d. 配線が完了したら，担当の先生に報告し，**許可を得てから電源を入れる**。動力（電動機など）の

ある装置や，高い電圧を発生する装置は，実験を始める前にもう一度確認し，**周囲に声をかけてから起動**する。

e. 配線の取りはずしのさいは，電源を切ってあるか確認した後，電源を最初にはずす。

f. 装置を誤って破損した場合や，異常が発生した場合，怪我をした場合は，ただちに担当の**先生に連絡する**。

② 実習室での注意

a. 実習中の実習室では飲食をしない。

b. 実験・実習に直接関係のない物（鞄など）は実験台の上に置かない。

c. 予定されている実習内容を時間内に終えられるよう，計画を立て，グループの場合には役割分担を決め，協力しながら効率よく進める。

d. 実験・実習中は，その場から離れない。やむを得ない場合は，担当の先生の許可を取ってから離れるようにする。また，終了しても指示があるまでは退室しない。

③ 測定・記録時の注意

a. 測定に関係する情報である，実験題目，日時，天候，室温，湿度，使用機器の番号，共同実験者などを記録する。これらは，測定データの確認や吟味のさいに必要となる。

b. 自分が何を測定しようとしているのか，いつもはっきり自覚しておく。

c. 事実に対して忠実であること。先入観や思い込みによって事実を曲げたり，つごうのよい結果に合わせたりはしない。

d. 測定中は，実験・記録ノートに測定値やその計算過程，結果などをそのまま記入する。

e. 得られた測定データの点検をつねに行い，目盛の読みまちがいや測定値の誤りなどに注意する。また，測定値をたえずグラフにして，おおよその傾向を把握しておくとよい。

f. 測定中に気づいた点や疑問点，感想なども，実験・記録ノートにまとめて書く。

g. 実験・実習を人に任せず，積極的に参加する。実際に自分で手を動かして，はじめて本当に理解できることが多いので，前向きに参加する姿勢がたいせつである。

6 実験後のかたづけと退室までの注意

実験・実習が終了したら，担当の先生に報告し，許可を得てから，かたづけをはじめる。

① 計測器や実験器具類は，**調整などを最初の状態に戻し**，必要な手入れを行う。もし，装置の破損や不具合など，装置の異常に気づいたら担当の先生に報告する。

② 付属品など入れ忘れがないか**じゅうぶんに点検**してから，計測器や実験器具類を**所定の場所に収納・返却**する。

③　**全員で協力**して，使用した実習室の机・椅子を**整理・整頓し，清掃を行う**。

④　**戸締まりの点検，消灯したうえで退室**する。もしも先に実習が終了した場合でも，先生の指示を受けてから退室する。

実習後には，報告書（レポート）の提出期限を確認し，すみやかに提出できるよう早めに準備をはじめる。

7 実験記録ノート

実験記録ノートは，実際に実験を行って得た測定データなどが記録された，貴重な資料である。報告書（レポート）は，実験記録ノートに書かれたいろいろな記録があってこそ，はじめて書けるものである。よって，ノートに記録がないと，実験・実習をしたことにはならないと考えるべきである。たいせつな実験や実習の記録を紛失しないよう，切り離せるルーズリーフやレポート用紙などではなく，専用のノートを必ず用意する。

実験記録ノートには，次のようなことを書く必要がある。

①　実験・実習中に書くこと

a.　日付，天候，室温，湿度，共同実験者名

b.　実験条件，計測器や実験器具の名称，型番（モデル番号），管理番号（製造番号）

c.　測定者名，記録者名

d.　測定値（測定データの表，グラフ，スケッチなど）

e.　結果（計算公式や計算方法なども示す）

f.　実験中に気がついたことや疑問点など

g.　実験や実習を進めるうえでくふうしたことなど

②　実験後に書くこと

a.　未整理のデータ（計算），グラフ，スケッチなどの整理

b.　参考書などによる調査事項

c.　測定データや結果に対する検討

d.　実習報告書（レポート）における考察

e.　実験・実習を終えた感想

2 実習報告書（レポート）の作成

1 報告書の形式

実習報告書（レポート）の項目は，次の順序とする。

1. 目的　2. 原理（基礎知識）　3. 実験方法
4. 使用機器　5. 実験結果　6. 考察　7. 反省・感想

各項目，各ページ，また，各図，各表には，それぞれ通し番号を振る（表 1，表 2，…，図 1，図 2，…など）。

実習報告書（レポート）は，市販のレポート用紙（A4 版）を使用し，担当の先生が指示する表紙をつけて上とじにし，2 ～ 3 か所をホチキスで留める。また，次のような点に注意して作成する。

① 報告書はすべて黒インクまたは黒のボールペンで書く（鉛筆は不可）。

② 報告書は完成させたものを，期日までに指定された場所に提出する。

2 報告書の提出に対する心がまえ

① **表現方法のくふう**　報告書は，電気・電子の現象や法則，計測器や機器の取り扱いかたなど，実験や実習を通して理解したことをまとめ，他人に読んでもらうためのものである。したがって，だれが読んでも内容が正しく伝わるように，表現方法をくふうする。

② **自力での完成**　実験・実習における報告書は，自分自身の学習および訓練のために作成するものである。また，評価の対象にもなるため，決して他人の報告書を写すことなく，自分の力で完成させる。

③ **記述内容に対する責任**　「提出する報告書は自分の顔である」と考え，各自が責任をもって完成させる。よって，できる力をそそいで作成し，最後まで完成させて，提出する。

3 報告書の各項目の書きかた

1. 目的　実験・実習の各テーマに定められた目的を記述する。この目的が達成できたかを，後の「考察」で実験結果と比較・検討し，その結果を書く。

2. 原理（基礎知識）　実験・実習に必要な「予備知識」とすることもある。この項目は，教科書や参考書をそのまま丸写しするのではなく，実験・実習に直接関係し，必要と考えられる内容をまとめて書く。ただし，「まとめる」とは，要点を整理して書くということであり，内容を省略するという意味ではないことに注意する。

3. 実験方法　回路図はすべて定規やテンプレートを使って正確に描く。また，報告なので，実際に自分たちが操作した手順を，すべて「過去形」で書く。そのさい，教科書の記述をそのまま書き写さないよう，注意する。以下に記述例を示す。

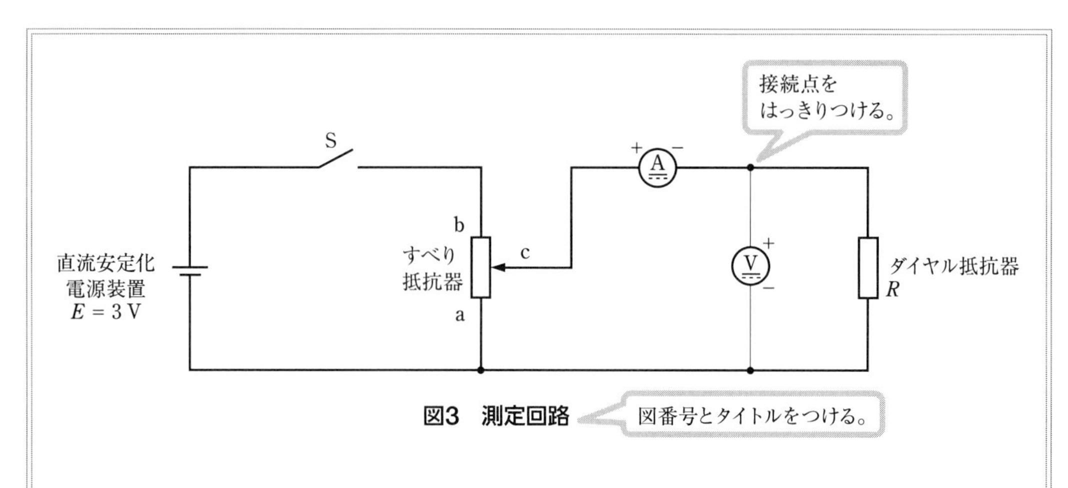

図3　測定回路

実験手順

① 図3のように機器を配置し，測定回路を結線した。

② ダイヤル抵抗器とすべり抵抗器の値をそれぞれ最大にし，過電流による機器の破損を防ぐ用意をした。

③ スイッチSを開いた状態にし，直流安定化電源装置の電源を3Vに調整した。

④ ダイヤル抵抗器の値を100Ωにしてからスイッチ S を閉じた。

⑤ すべり抵抗器をa側からb側に操作し，電圧計の指示値が0.5Vになるように調整した。このときの電流計の値を記録した。

4. 使用機器　使用したすべて機器について，次のような項目を記録する。

装置の名称，製造会社名，型番（モデル番号），測定精度などを表す記号，測定端子の容量，装置の定格電圧・定格電流，製造番号（シリアルナンバー）。なお，製造番号（シリアルナンバー）は計測器のみ記録する。以下に記述例を示す。

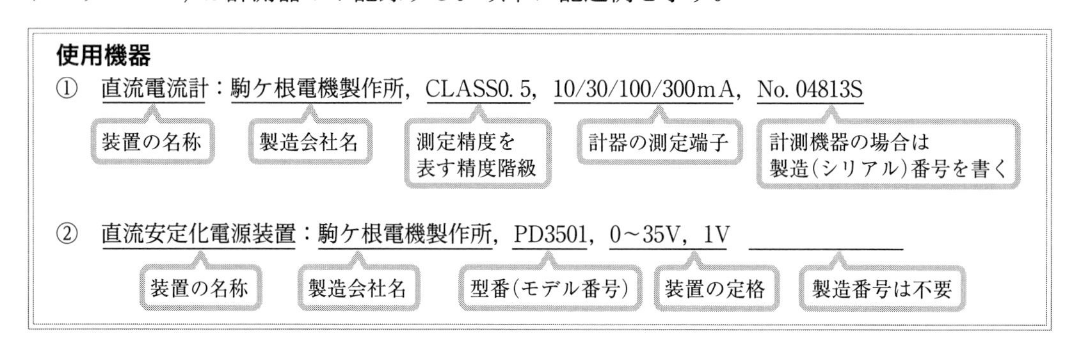

使用機器

① 直流電流計：駒ケ根電機製作所，CLASS0. 5，10/30/100/300mA，No. 04813S

② 直流安定化電源装置：駒ケ根電機製作所，PD3501，0～35V，1V

5. 実験結果　実験結果には，測定データ，グラフ，計算結果などを示す。報告書を読む人に，正確でわかりやすく伝えるため，示す順序や表現方法をくふうする。くふうの観点を以下に示す。

① コメントや計算式も書く　結果は，測定結果の表，グラフ，計算だけではなく，何についての測定で，何を計算し，結論が何かがわかりやすくなるように，適切なコメン

トや計算式をつけ加えるとよい。

② **タイトルをつける**　図・表やグラフ，写真などにはタイトルをつけて，わかりやすくする。必要な場合は，実験（測定）条件，結果，試料名も記入するとよい。

③ **グラフに軸名，単位を入れる**　何の値を示しているのかがわかるよう，グラフには，横軸・縦軸のタイトルと単位を忘れずに入れる。また，1枚のグラフに何本も曲線を描き込む場合は，各曲線における条件を明示し，さらに，それぞれの曲線を区別しやすいように描く。

6. 考察　高等学校で行われる実験・実習は，理論の検証がほとんどである。したがって考察では，実験結果が，実験・実習の目的と照らし合わせ，理論や原理どおりになっているか，「結果の正当性」についての検討が中心となる。

報告書の評価は，ここでの考察の内容によってほぼ決まるといえる。そのため，考察は，以下の観点で検討した内容を報告書としてまとめ，感想や教科書に書かれている内容の解説にならないように注意する。

① **結果の正当性**　原理や基礎知識の項目で書いた内容を活用し，原理どおりの結果が得られたかについて報告する。たとえば，理論式（公式）がある場合は，具体的な数値をあてはめ，理論上の数値と実験結果が一致するか，結果の正当性について比較・検討し，結果を報告する。また，グラフがある場合は，グラフの傾向からどのようなことが読み取れるのか，理論と比べて正しいのか，正当性を検討し，報告する。

② **正確さ（誤差）の検討**　実験結果の数値が，理論上の数値とどのくらいの正確さで一致しているか，検討する。そのさい，次の式で表される誤差率を求めると便利である。

$$\text{誤差率}\ \varepsilon = \frac{\text{測定値}\ M - \text{真の値}\ T}{\text{真の値}\ T} \times 100\ [\%]$$

「真の値 T」とは，誤差をまったく含まない測定値のことであるが，一般に，公式に数値をあてはめて得られる，理論上の数値を用いることが多い。

③ **誤差の原因についての検討**　一般に，計算上の数値と実験値との間には誤差が生じる。その場合，なぜ誤差が生じたのか，その原因を検討し，その考えを報告する。

誤差の要因として，計測機器の測定精度，測定素子の値（公称値），測定条件，実験方法，目盛の読み間違いなどがある。

④ **目的が達成できたか**　実験の結果から，どのような観点から目的が達成できたか，などについて検討し，具体的に報告する。

7. 反省・感想　実験・実習を通して感じたこと，理解したことなど，感想を書くとよい。また，実験・実習グループ内でのチームワークや，作業態度など，反省すべきことがあれば書き，次回の実験・実習に生かせるように心がける。

3 電気・電子実習２における安全の心がまえ

電気・電子実習２では，高電圧・大電流を扱う実験や，高速で回転する動力機器などを使用する実験が多く，人命にかかわるような事故や，大きな怪我を負うような事故につながることがある。このため，安全に対する注意と配慮がいままで以上に必要である。安全に配慮しながら実験・実習を行い，学習の目的を達成するためには，担当の先生の指示に従うことはもちろん，君たちみずからが，安全に関する自覚と責任をもって行動することがたいせつである。ここでは，安全の心がまえとして，注意すべきことについて学んでおこう。

1 実験回路の配線をするさいの注意

① **電源プラグの取り扱い**　電源プラグを抜き差しするさいは，必ずプラグ本体を持ち，コンセントの奥までしっかり差し込む。図１(a)のように極性（接地側と非接地側）がある電源プラグの場合は，図１(b)に示すコンセントの極性に合わせて接続する。

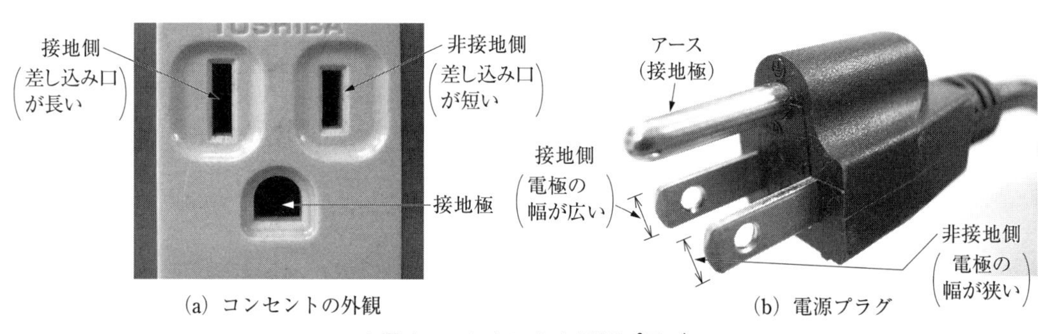

(a) コンセントの外観　(b) 電源プラグ

▲図１　コンセントと電源プラグ

コンセントから電源プラグをはずすさいは，コード内部の断線を防ぐために，必ずプラグ本体を持ち，決して電源コードを持って引き抜かないよう，注意する。

② **配線コードの選択**　実験機器との間を配線する電線は，その電線に流すことができる電流の上限（**許容電流**）が定められている。

許容電流は，電線の太さ（断面積）によって決まる。電線の導体部が「より線」の場合，断面積ごとに分類されている。また，AWG（アメリカンワイヤゲージ）番号でよばれることもある。

許容電流を超える電流を流すと，電線が発熱し，絶縁被覆を焼損することがある。よって，大電流を扱う実験では，あらかじめ流れる電流の最大値を調べ，電線の許容電流を超えないように，使用する電線の種類を選ぶ必要がある。

表１におもな電線の許容電流を示す。

▼表１　ビニル絶縁電線の許容電流

公称断面積 [mm^2]	AWG サイズ	最大許容電流 [A]*
0.5	AWG20	9
0.75	AWG18	14
1.25	AWG16	19
2	AWG14	27
5.5	AWG10	49

＊ KIV（電気機器用ビニル絶縁電線，耐圧600V）の場合

図2は電線の外観例である。電線の側面には，電線の用途を示す種類の記号と，公称断面積が表示されている。

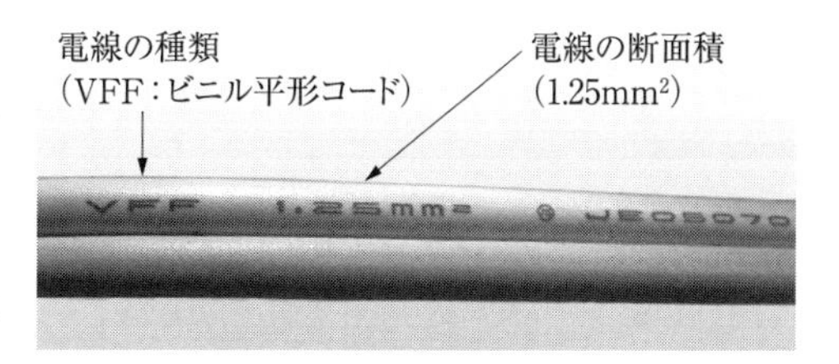

▲図2　絶縁電線の外観例

③　**端子への電線接続**　配線に使用する電線の終端は，図3(a)のような矢形(Y形)圧着端子が使われることが多い。

図3の(b)～(d)は好ましくない端子の例である。図3(b)は，心線の部分的な断線と心線(充電部)が露出し，図3(c)は，絶縁被覆が破れているため，感電の危険がある。また図3(d)は，端子の損傷と著しい錆が生じているため，接触抵抗が大きく，大きな電流を流すと端子部分が発熱し，電線の焼損や機器の損傷の可能性がある。

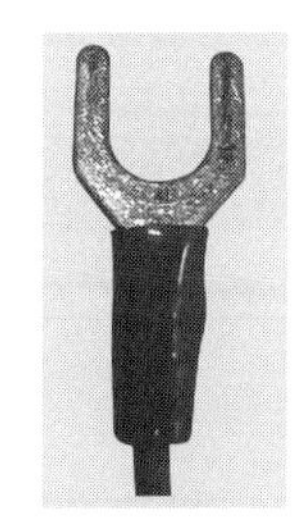

(a)　正常な矢形圧着端子

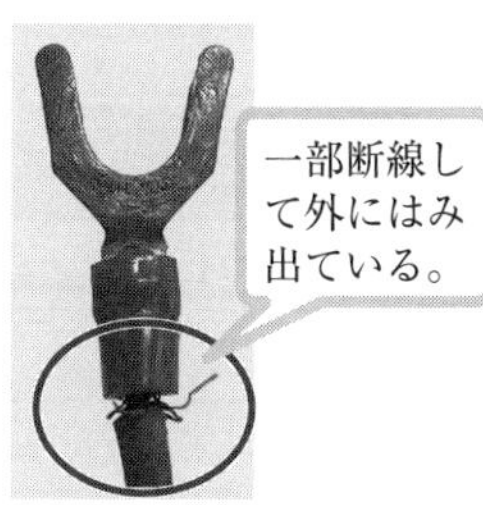

(b)　部分的な断線

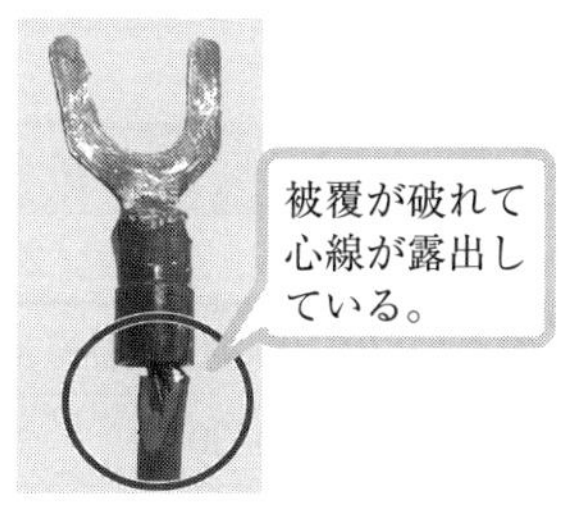

(c)　絶縁被覆の破れ

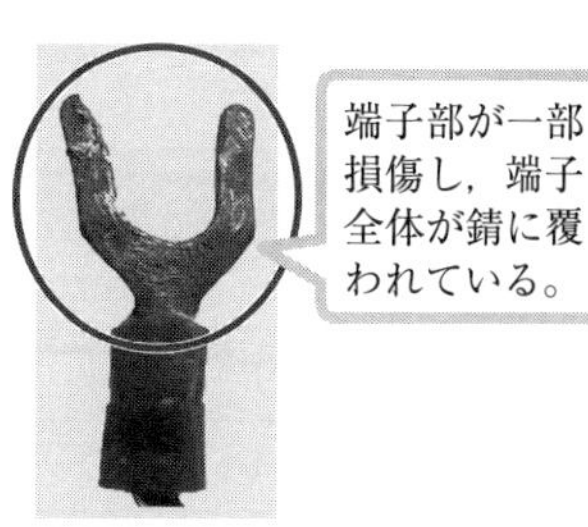

(d)　端子の損傷と著しい錆

▲図3　矢形(Y形)圧着端子の外観と好ましくない例

実験装置や計測機器の接続端子に電線を接続するさいは，実験中に電線がはずれないようしっかりと締めつける。接続後，電線を軽く左右に揺すり，端子からはずれないことを確認する。また，一つの端子に複数の電線を接続するさいは，図4(a)のように，圧着端子が背中合わせになるように接続し，図4(b)のような接続は行わない。

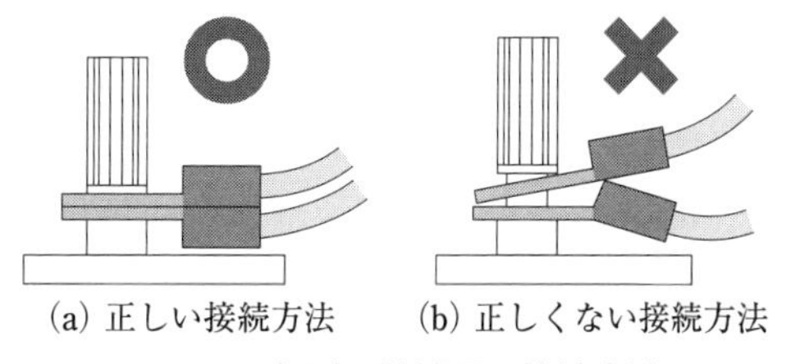

(a) 正しい接続方法　(b) 正しくない接続方法

▲図4　矢形圧着端子の接続方法

2 実験・実習中における注意

①　電源の操作や電動機などを起動するまえに，配線や端子の締めつけを再度確認する。その後，必ず周囲に声をかけ，たがいに確認してから起動する。

②　動力機器が高速回転しているときには，決して回転部分には近づかない。とくに，長髪の場合は，後頭部で髪を束ね，巻き込まれないよう安全を確保する。

③　高電圧・大電流を扱うときに，決して通電中の端子や電線には触らない。

④　停電したときは，ただちに主電源のスイッチを切り，通電が再開したときに動力機器が突然動き出すことがないようにする。

電気機器編

1 直流電動機の始動と速度制御

1 目的

直流分巻電動機の始動法，ならびに速度制御の方法を学ぶ。また，各種の制御特性を理解し，その適切な使用法を習得する。

2 使用機器

機器の名称	記号	定格など
供試直流電動機	DM	2.2 kW，100 V，27 A，4 極，1 500 min^{-1}
直流電圧計 (2 台)	$\mathrm{V_m}$，$\mathrm{V_a}$	30/100/300/1 000 V
直流電流計 (2 台)	$\mathrm{A_a}$，$\mathrm{A_f}$	1/3/10/30 A
滑り抵抗器	R_m	180/45 Ω，2/4 A
始動器	R_{ST}	直流電動機に付属
界磁抵抗器	R_f	直流電動機に付属
スイッチ	$\mathrm{S_1}$	単極単投形*
回転計		2 000/20 000 min^{-1} (ディジタル式)

*単極単投形は，2 極単投形の片方を使用してもよい。

3 関係知識

1 電動機の構造

直流電動機は，図 1 (a)に示すように，固定子と回転子から構成されている。固定子は，界磁磁束をつくるために界磁鉄心と界磁巻線，界磁磁束の通路としてだけでなく機械の外被(がいひ)をなす継鉄，および回転子 (電機子) の質量を支える外わくからできている。回転子は，電機子巻線と，この巻線を入れるために溝の切ってある電磁鋼板を積み重ねた電機子鉄心，および巻線に電流を導入するためのブラシと整流子からできている。

図 1 (b)は，図 1 (a)の等価回路である。運転中の電動機では，界磁磁束の中を電機子巻線が回転して磁束を切るので，巻線には矢印の方向に起電力 E [V]が発生する。これを**逆起電力**という。なお，R_a を**電機子巻線抵抗**，I_a を**電機子電流**，I_f を**界磁電流**という。

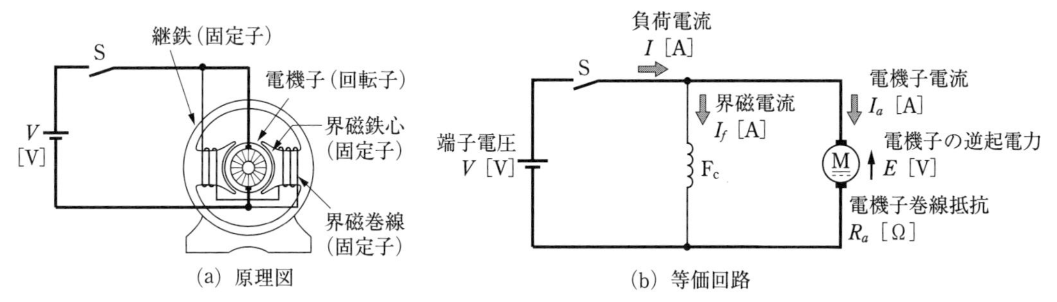

▲図１　直流電動機の構造

2 電動機の始動

図１(b)のように直流電動機の電機子電流 I_a [A]は，電動機の端子電圧を V [V]，電機子の逆起電力を E [V]，電機子巻線抵抗を R_a [Ω]とすると，次の式で表される。

$$I_a = \frac{V - E}{R_a} \text{ [A]} \tag{1}$$

電動機が始動する瞬間は $E = 0$ であるので，電機子電流 I_a（この場合の電流を始動電流という）は $I_a = \dfrac{V}{R_a}$ となる。R_a はきわめて小さいので，電機子回路に端子電圧 V [V]がそのまま加わると，ひじょうに大きな始動電流 I_a が流れて，電機子巻線を焼損するおそれがある。そこで，図２のように，電機子回路に直列に抵抗 R [Ω]を挿入し，始動電流を定格電流の１～２倍程度に制限している。この抵抗 R のことを**始動抵抗**といい，その装置を**始動器**という。図３は始動器の回路図と外観である。ハンドルを右に回すと，R は小さくなり，電動機の回転が速まる。始動完了後は，電磁石によりハンドルが固定される。

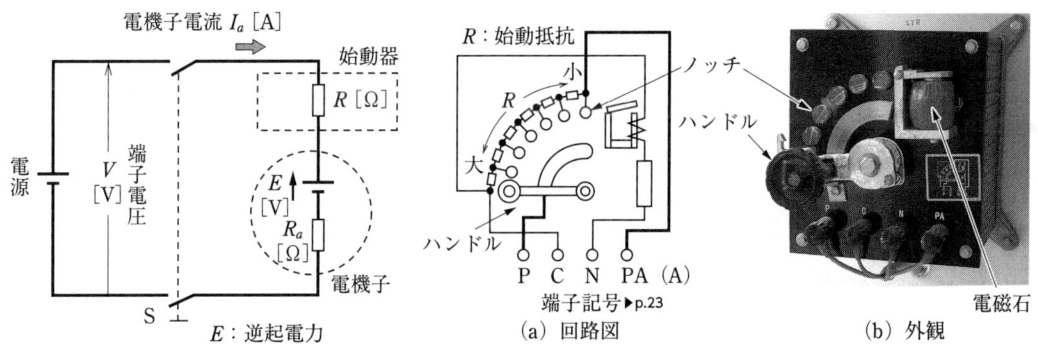

▲図２　電機子電流と始動器　　▲図３　始動器の構造

3 電動機の速度制御

運転中の電動機の逆起電力 E [V]の大きさは，次の式で表される。

$$E = K\Phi n \text{ [V]} \tag{2}$$

K：比例定数，　Φ：界磁磁束 [Wb]，　n：回転速度 [min^{-1}]

また，端子電圧 V [V]は次の式で表される。

$$V = E + R_a I_a \tag{3}$$

式 (2)，(3) から回転速度 n [min^{-1}]は，次のようになる。

$$n = \frac{V - R_a I_a}{K\Phi} \ [\mathrm{min}^{-1}] \tag{4}$$

式 (4) より，電動機の回転速度を変えるには，磁束 Φ，電機子抵抗 R_a，電源電圧 V のいずれかを変化させればよいことがわかる。したがって，直流電動機の速度制御法には次のような方法がある。

[1] **界磁制御法**：図 4 (a)のように，界磁巻線 $\mathrm{F_c}$ に直列に可変抵抗 R_f を接続し，この抵抗を加減して界磁電流 I_f を変え，磁束 Φ を変化させて速度制御をする。

[2] **抵抗制御法**：図 4 (b)のように，電機子に直列に可変抵抗 R_m を接続し，この抵抗を加減して電機子電流 I_a を変化させて速度制御をする。

[3] **電圧制御法**：図 4 (c)のように，電機子巻線に供給する端子電圧 V_a を変化させて速度制御をする。この方法には，静止レオナード方式や直並列制御法などがある。

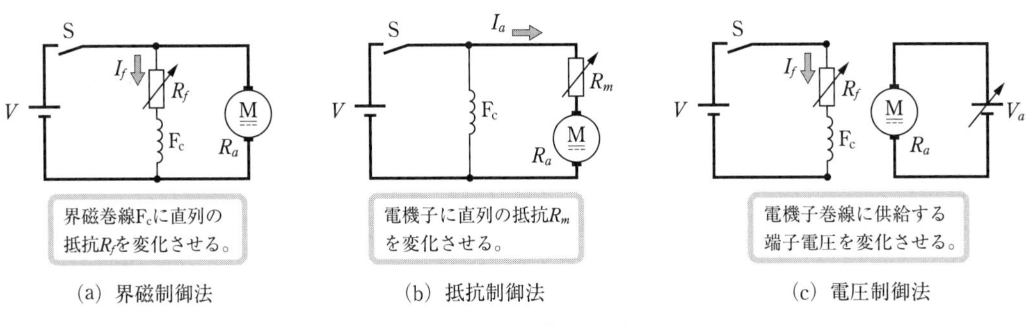

(a) 界磁制御法　(b) 抵抗制御法　(c) 電圧制御法

▲図 4　速度制御の方法

4 実験

実験 1　始動と停止

① 図 5 のように結線する。なお，図 5 (b)は，図記号による接続図を実際の器具の形状に即して示したもので，これを**実体配線図**という。

② 電圧計 $\mathrm{V_m}$ の指示を読み，直流電源装置の電圧 V_m が 100 V であることを確認する。

③ スイッチ $\mathrm{S_1}$ を閉じておき，界磁抵抗 R_f を最小にする。

④ 始動器 R_{ST} のハンドルが始動の位置にあることを確かめて，スイッチ S を閉じる。

⑤ 始動器 R_{ST} のハンドルをノッチ一つだけ回して，電動機を始動させ，始動した瞬間の電流計 $\mathrm{A_a}$ の指示 (始動電流 I_a) の最大値を読み，表 2 のように記録する。

⑥ 電流計 $\mathrm{A_a}$ の指針が極端に大きく振れない速さで，始動器 R_{ST} のハンドルを徐々に最終位置まで回して始動を完了させる。このとき，ハンドルが電磁石で固定されたことを

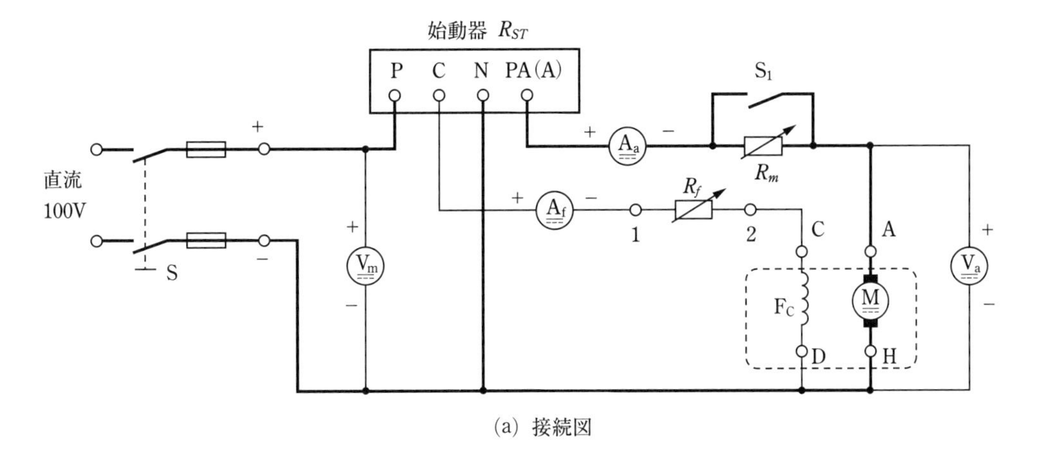

(a) 接続図

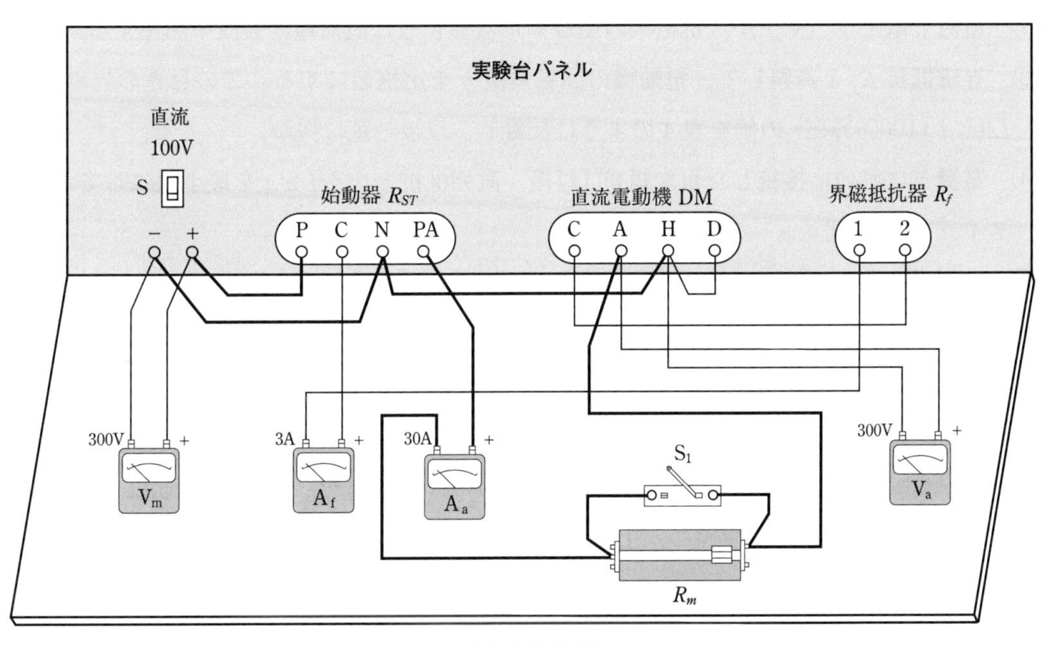

(b) 実体配線図

▲図5　直流電動機の実験回路

確認する。

⑦　界磁抵抗 R_f を調整し，電動機が定格回転速度になるようにする。

⑧　電動機の回転のようすを確認したあと，スイッチSを開き停止させる。このとき，始動器 R_{ST} のハンドルが自動的にもとの位置に戻ることを確認して，界磁抵抗 R_f の抵抗値を最小の位置に戻す。

⑨　以上の操作をグループ全員が行い，その間，始動と停止の状況を観察する。

実験2　速度制御

[1] 界磁制御法

①　図5の結線のまま，実験1 の始動法②～⑥により電動機を始動させる。

② 直流電源装置を調整して，電機子電圧 V_a (V_a) を定格値の 100 V にし，以後一定にする。

③ 界磁抵抗 R_f を最小値から徐々に大きくし，界磁電流 I_f (A_f) を変化させ，そのつど電機子電圧 V_a (V_a)，電機子電流 I_a (A_a) の値，および回転速度 n の値を表3のように記録する。

④ ③の実験は，回転速度 n が，定格値の 120 ～ 125%程度に達するまで測定を行う。

⑤ 直流電源装置を調整して，電機子電圧 V_a が定格値よりも過電圧（110 V 程度）の場合と，低電圧（90 V 程度）の場合について，③，④と同様の測定を行う。

⑥ 測定終了後，スイッチ S を開いて電動機を停止させる。

[2] 抵抗制御法

① 図5の結線のまま，**実験1** の始動法②～⑥により，電動機を始動させる。

② 電機子電圧 V_a (V_a) が，定格値の 100 V になるように直流電源装置を調整する。

③ 界磁抵抗 R_f を調整して，電動機の回転速度 n を定格値にする。このときの界磁電流 I_f (A_f)（100%界磁）の値を表4のように記録し，以後一定に保つ。

④ 電機子に直列に接続した可変抵抗（以後，直列抵抗という）R_m を最小値にしてから，スイッチ S_1 を開く。

⑤ 直列抵抗 R_m を調整して，電機子電圧 V_a (V_a) の値を5 V ずつ変化させ，そのつど電機子電流 I_a (A_a) の値，および回転速度 n の値を表4のように記録する。なお，この間，界磁電流 I_f (A_f) は一定に保つ。

⑥ 次に，界磁電流 I_f (A_f) の値を，定格回転速度のときの 75%になるように調整し，上記④，⑤の測定を行う。さらに，界磁電流 I_f (A_f) の値を，定格回転速度のときの 115%程度になるように調整し，上記④，⑤と同様の測定を行う。

5 結果の整理

[1] 供試直流電動機の定格値を，表1のように整理しなさい。

[2] **実験1** の⑤の測定結果を，表2のように整理しなさい。

[3] **実験2** [1]の②～④の測定結果を，表3 (1) のように整理しなさい。

[4] **実験2** [1]の⑤の測定結果を，表3 (2)，(3) のように整理しなさい。

[5] **実験2** [2]の②～⑤の測定結果を，表4 (1) のように整理しなさい。

▼表1 供試直流電動機の定格値

出力	2.2 kW
電圧	100 V
電流	27 A
極数	4
回転速度	1 500 min^{-1}

▼表2 始動電流の測定結果

回数	電源電圧 V_m [V] (V_m)	始動電流 I_a [A] (A_a)
1	100 V 一定	14.6
2		14.6
3		14.7

[6] 実験２ [2]の⑥の測定結果を，表4 (2)，(3) のように整理しなさい。

[7] 表3 (1) ～ (3) をもとにして，図6のようなグラフを描きなさい。

[8] 表4 (1) ～ (3) をもとにして，図7のようなグラフを描きなさい。

▼表3 界磁制御法による速度制御の測定結果

(1) $V_a = 100$ V のとき

電機子電圧 V_a [V] (V_a)	界磁電流 I_f [A] (A_f)	電機子電流 I_a [A] (A_a)	回転速度 n [min^{-1}]
100 V 一定	1.59	1.00	1 278
	1.50	1.01	1 297
	1.40	1.02	1 333
	1.30	1.02	1 370
	1.20	1.03	1 424
	1.10	1.18	1 482
	1.00	1.20	1 570
	0.90	1.31	1 686
	0.80	1.35	1 852

(2) $V_a = 110$ V のとき

電機子電圧 V_a [V] (V_a)	界磁電流 I_f [A] (A_f)	電機子電流 I_a [A] (A_a)	回転速度 n [min^{-1}]
110 V 一定	1.66	1.08	1 377
	1.60	1.10	1 393
	1.50	1.10	1 421
	1.40	1.11	1 455
	1.30	1.12	1 502
	1.20	1.18	1 555
	1.10	1.20	1 622
	1.00	1.21	1 719
	0.90	1.30	1 849

(3) $V_a = 90$ V のとき

電機子電圧 V_a [V] (V_a)	界磁電流 I_f [A] (A_f)	電機子電流 I_a [A] (A_a)	回転速度 n [min^{-1}]
90 V 一定	1.36	1.00	1 218
	1.30	1.02	1 238
	1.20	1.05	1 286
	1.10	1.07	1 348
	1.00	1.10	1 427
	0.90	1.10	1 529
	0.80	1.19	1 664
	0.70	1.40	1 845

▼表4 抵抗制御法による速度制御の測定結果

(1) 定格界磁 (100%界磁) のとき

電機子電圧 V_a [V] (V_a)	界磁電流 I_f [A] (A_f)	電機子電流 I_a [A] (A_a)	回転速度 n [min^{-1}]
100	1.10 A 一定	1.20	1 500
95		1.19	1 424
90		1.10	1 340
85		1.08	1 266
80		1.02	1 178
75		1.00	1 108
70		1.01	1 021
65		1.00	957
60		0.99	855
55		0.98	810

(2) 75%界磁のとき

電機子電圧 V_a [V] (V_a)	界磁電流 I_f [A] (A_f)	電機子電流 I_a [A] (A_a)	回転速度 n [min^{-1}]
100	0.83 A 一定	1.30	1 793
95		1.25	1 716
90		1.22	1 616
85		1.21	1 529
80		1.20	1 425
75		1.19	1 320
70		1.18	1 228
65		1.17	1 145
60		1.10	1 018
55		1.05	967

(3) 115%界磁のとき

電機子電圧 V_a [V] (V_a)	界磁電流 I_f [A] (A_f)	電機子電流 I_a [A] (A_a)	回転速度 n [min^{-1}]
100	1.27 A 一定	1.10	1413
95		1.08	1341
90		1.03	1272
85		1.01	1205
80		1.00	1132
75		0.99	1049
70		0.98	995
65		0.97	917
60		0.96	823
55		0.95	785

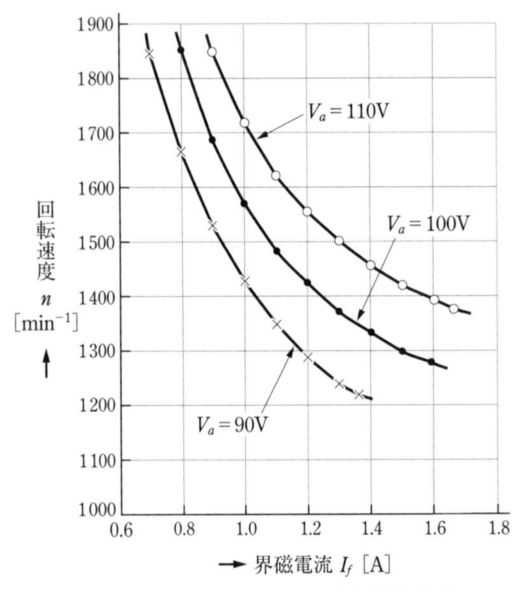

▲図6　界磁制御法による速度制御特性

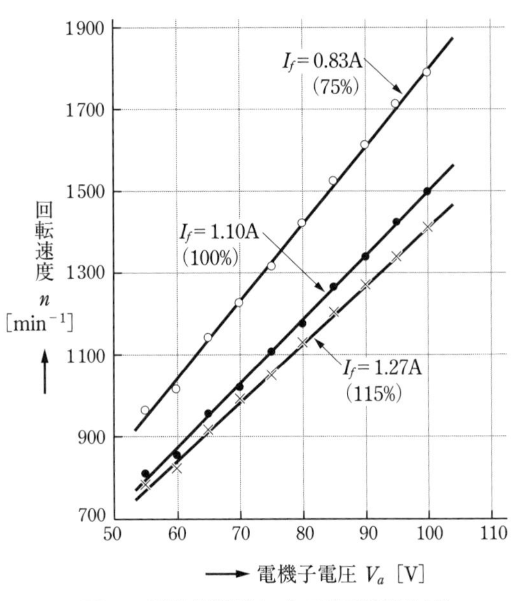

▲図7　抵抗制御法による速度制御特性

6 結果の検討

[1] 始動電流は，定格電流の何%程度になっているか，計算してみよう。

[2] 図6の特性図において，界磁電流 I_f の値が小さくなると，回転速度 n が大きくなるのはなぜか，式(4)を参考に考えてみよう。

[3] 図7の特性図において，電機子電圧 V_a と回転速度 n はどのような関係になっているか，検討してみよう。

[4] 直流電動機の種類や特徴，用途を教科書「電気機器」などを参考に調べてみよう。

プラス1　直流機の端子記号と実験装置

▼表5　直流機の端子記号の表示

種別	現在の規定（JEC-2120-2016）		旧規定（JEC-54-1982）	
	高電位（正＋）	低電位（負－）	高電位（正＋）	低電位（負－）
回路記号	－	－	P	N
電機子（ブラシ）	A1	A2	A	B
分巻巻線	E1	E2	C	D
直巻巻線	D1	D2	E	F
補極巻線	B1	B2	G	H
補償巻線	C1	C2	GC	HC
他励巻線	F1	F2	J	K

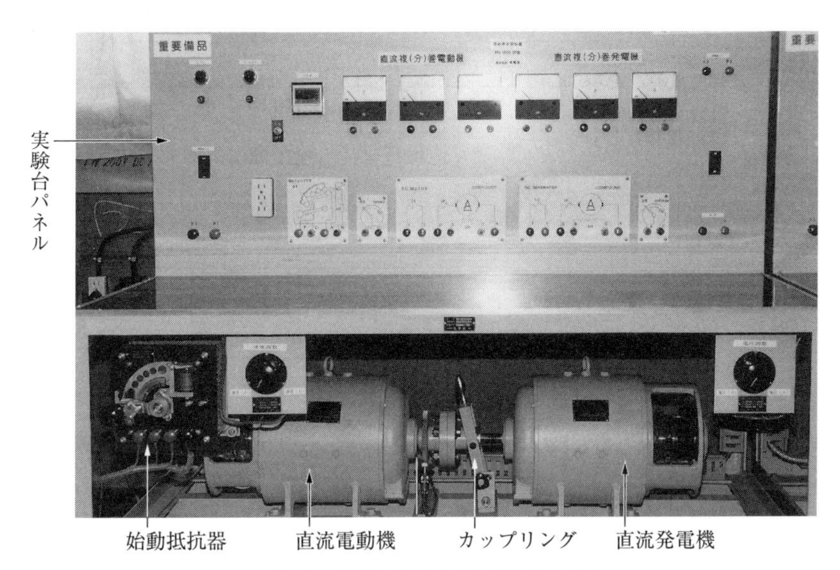

▲図8　直流電動機の実験装置の例

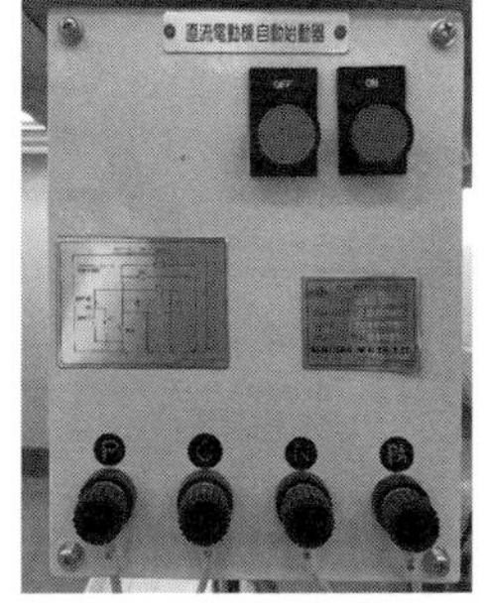

ボタン操作で自動的に抵抗を切り換えられる自動始動器もある。

▲図9　自動始動器

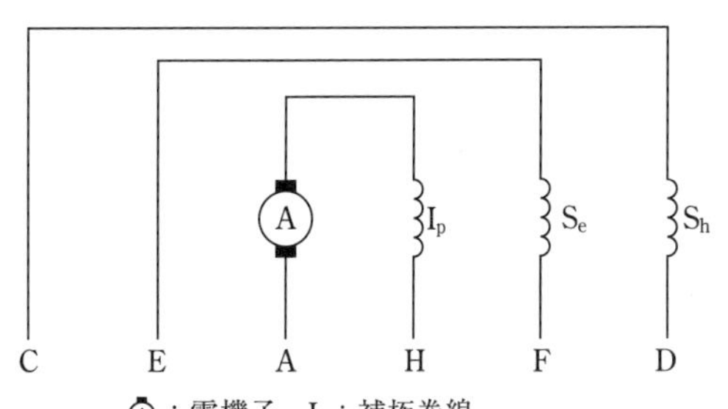

Ⓐ：電機子，I_p：補極巻線
S_h：分巻界磁巻線，S_e：直巻界磁巻線

▲図10　直流機の内部構成例

2 直流発電機の特性

1 目的

直流分巻発電機の界磁電流と誘導起電力との関係や，負荷電流と端子電圧との関係を測定し，直流発電機の構造や特性について理解を深める。

2 使用機器

機器の名称	記号	定格など
供試直流発電機	DG	2.0 kW，100 V，20 A，4 極，1 500 min^{-1}
直流電動機	DM	2.2 kW，100 V，27 A，4 極，1 500 min^{-1}
直流電圧計（2 台）	$\mathrm{V_m}$，$\mathrm{V_g}$	30/100/300/1 000 V
直流電流計（4 台）	$\mathrm{A_m}$, $\mathrm{A_{fm}}$, $\mathrm{A_{fg}}$, $\mathrm{A_g}$	1/3/10/30 A
始動器	R_{ST}	直流電動機に付属
界磁抵抗器（2 台）	R_{fm}，R_{fg}	直流電動機・発電機に付属
負荷抵抗器	R_L	3 kW，100 V，0 ～ 30 A
滑り抵抗器	R_f	890 Ω，1.5 A
スイッチ（2 台）	$\mathrm{S_1}$，$\mathrm{S_2}$	単極単投形，2 極単投形
回転計		2 000/20 000 min^{-1}（ディジタル式）

3 関係知識

1 誘導起電力

図 1 (a)のように，磁界中を導体が運動すると，導体には図 1 (b)のような起電力 e [V] が誘導される。導体はコイル状になっており，その端には整流子がついているので，ブラシには図 1 (c)のように，極性がつねに同じ向きの電圧 v [V]が現れる。実際の発電機では，滑らかな直流電圧を発生させるため，数多くのコイルと整流子が施されている。

直流発電機の誘導起電力 E [V]は，電機子の回転速度 n [min^{-1}]と界磁磁束 Φ [Wb]に比例しており，次のように表される。

$$E = \frac{Z}{a}p\Phi\frac{n}{60} = K\Phi n \ \ [\mathrm{V}] \qquad (1)$$

ただし，$K = \dfrac{pZ}{60a}$（p：磁極数，Z：電機子導体数，a：並列回路数）より，K は発電機の構造によって決まる定数である。

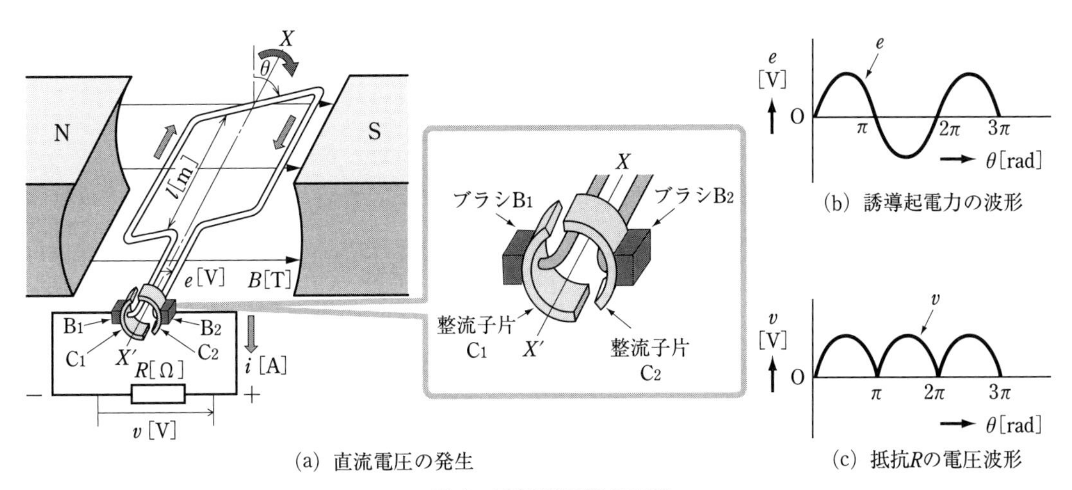

(a) 直流電圧の発生

(b) 誘導起電力の波形

(c) 抵抗Rの電圧波形

▲図1　直流発電機の原理

2 電圧の発生過程

図2(a)の他励発電機の回路では，電機子を定格回転速度で回転させ界磁電流I_fを変化させると，I_fの増加にともなって発電機の誘導起電力E[V]は増加していく。また，図2(b)の分巻発電機の場合は，はじめ界磁電流I_fは0であるように思われるが，電機子が回転すれば磁極の残留磁気によって，図3に示すように電機子巻線に電圧E_rが生じる。このE_rによって界磁巻線に電流I_{f0}が流れ，その結果，磁界は強められ電機子巻線の電圧は大きくなり，E_1となる。このような経過をすばやくたどり，最終的に図3の点Pに達し，発電機の端子には安定した起電力E_n[V]が生じることとなる。

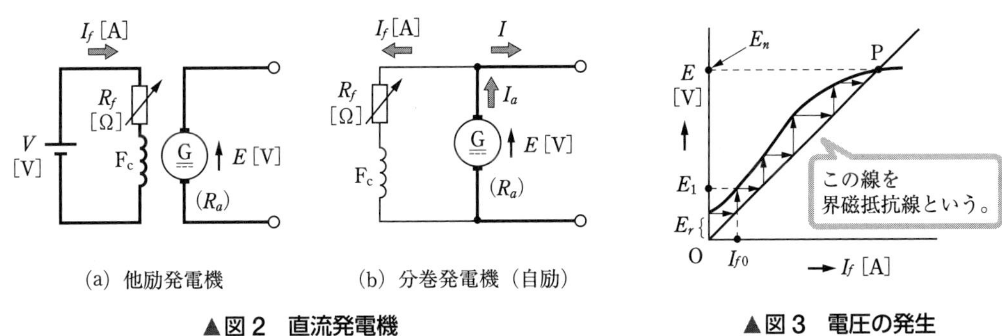

(a) 他励発電機

(b) 分巻発電機（自励）

▲図2　直流発電機

▲図3　電圧の発生

3 特性曲線

[1] 無負荷飽和特性

一定速度で回転している発電機の界磁電流I_fを増加させると，図4のように起電力EはI_fにほぼ比例して大きくなる。しかし，I_fがある大きさ以上になると，鉄心の磁気飽和のために起電力Eは増加しなくなる。次に，I_fを最大値I_{fm}から減少させると，起電力Eの値は鉄心のヒステリシスのため，I_f増加のときの値と一致しなくなる。

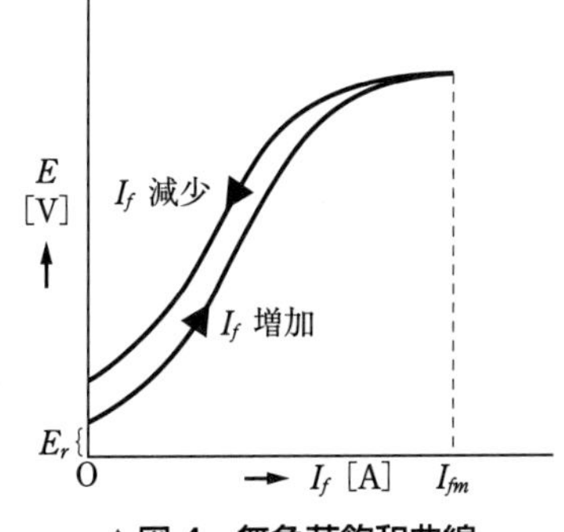

▲図4　無負荷飽和曲線

電気機器編

このように無負荷の状態において，界磁電流 I_f と起電力 E との関係を示す曲線を**無負荷飽和曲線**という。

〔2〕 **外部特性**

図5(a)に示すような分巻発電機に負荷電流 I [A]が流れたとき，端子電圧 V [V]は電圧降下のため誘導起電力 E [V]よりも減少する。その電圧降下には，①電機子巻線抵抗 R_a による電圧降下 R_aI_a [V]，②電機子反作用による電圧降下 v_a [V]，③ブラシの接触抵抗による電圧降下 v_b [V]，④界磁電流 I_f の減少による電圧降下 v_f [V]などがあげられる。したがって，誘導起電力 E [V]と端子電圧 V [V]との関係は次の式で示される。

$$V = E - (R_aI_a + v_a + v_b + v_f) \text{ [V]} \quad (2)$$

このように，発電機に負荷を接続し，負荷抵抗 R_L を変化させたときの，負荷電流 I と端子電圧 V との関係は，図5(b)のようになる。このような曲線を**外部特性曲線**という。また，無負荷のときの電圧を V_0 [V]，定格負荷のときの電圧を V_n [V]とすると，電圧変動率 ε [%]は次の式で表される。

$$\varepsilon = \frac{V_0 - V_n}{V_n} \times 100 \text{ [\%]} \quad (3)$$

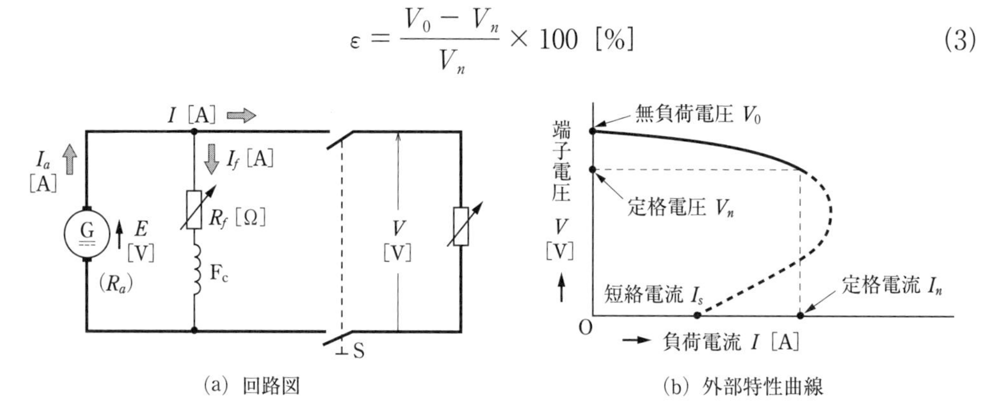

(a) 回路図　(b) 外部特性曲線

▲図5　分巻発電機

4 実験

実験1 無負荷飽和特性

① 図6のように結線する。

② 直流電動機と直流発電機をカップリングで直結する。

③ スイッチ S_1 と S_2 を開いた状態でスイッチSを閉じて，始動器 R_{ST} のハンドルをゆっくり回し，電動機を始動させる。

④ 電動機の界磁抵抗 R_{fm} を調整して，発電機の回転速度 n を定格値に合わせ，以後一定に保つ。

⑤ スイッチ S_1 を開いた状態 (I_{fg} (A_{fg}) = 0) のままで，誘導起電力 E (V_g) の値を読み，表2のように記録する。

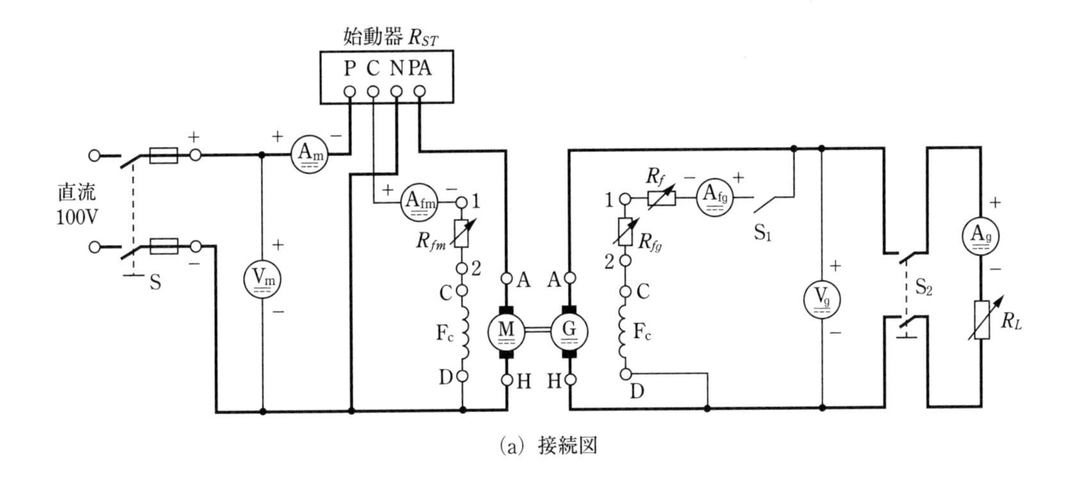

(a) 接続図

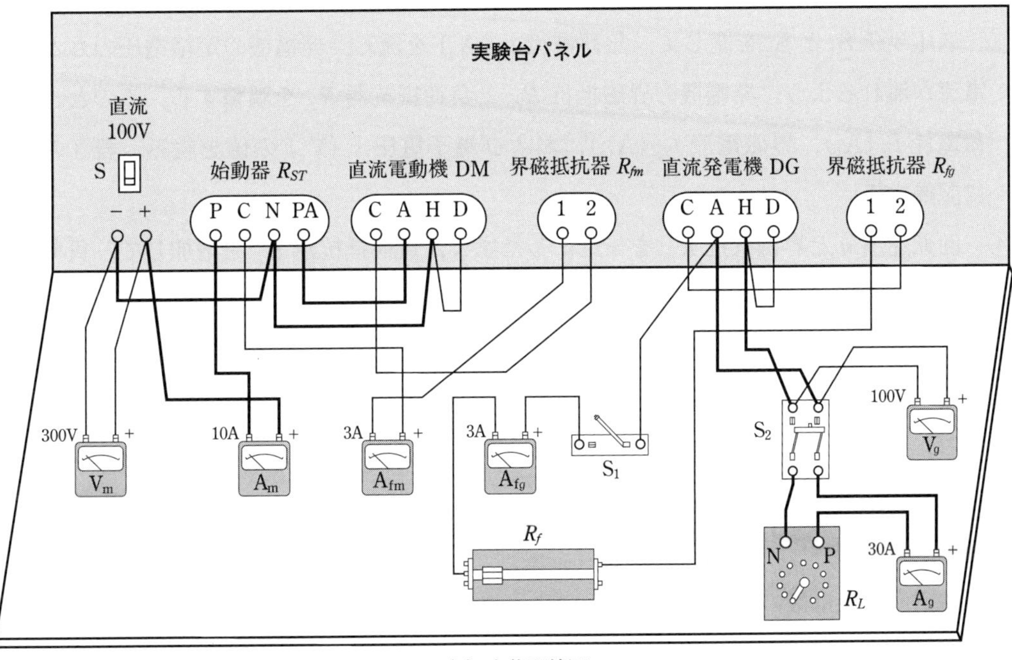

(b) 実体配線図

▲図6 直流発電機の実験回路

⑥ 発電機の界磁抵抗 R_{fg} と R_f を最大にしてスイッチ S_1 を閉じ，界磁電流 I_{fg} (A_{fg}) と誘導起電力 E (V_g) の値を読み，表2のように記録する。

⑦ 界磁抵抗 R_{fg} と R_f を減少させ，界磁電流 I_{fg} (A_{fg}) を0.1 Aずつ増加させ，そのつど誘導起電力 E (V_g) の値を読み，表2のように記録する。

⑧ 誘導起電力 E (V_g) の値が定格電圧の125%程度に達したら，逆に界磁抵抗 R_{fg} と R_f を増加させて界磁電流 I_{fg} (A_{fg}) を0.1 Aずつ減少させ，そのつど誘導起電力 E (V_g) の値を読み，表2のように記録する。

測定上の注意
界磁電流 I_{fg} (A_{fg}) を増加させているときは，途中で減少の操作を行わないこと。逆に，界磁電流 I_{fg} (A_{fg}) を減少させているときは，途中で増加の操作を行わないこと。

⑨ 最後に，スイッチ S_1 を開き (I_{fg} (A_{fg}) $= 0$)，E (V_g) の値を読み，表2のように記録する。

実験2 外部特性

① 図6の結線のまま，直流電動機と直流発電機をカップリングで直結した状態で，実験1の③と同様の手順で，電動機を始動させる。

② 電動機の界磁抵抗 R_{fm} を調整して，発電機の回転速度 n を定格値に合わせ，以後一定に保つ。

③ スイッチ S_1 と S_2 を閉じて，負荷電流 I_g (A_g) を流し，発電機の定格電圧のもと定格電流が流れるよう，発電機の界磁抵抗 R_{fg} と負荷抵抗器 R_L を調整する。このときの負荷電流 I_g (A_g)，界磁電流 I_{fg} (A_{fg})，および端子電圧 V (V_g) の値を読み，表3のように記録する。

④ 回転速度 n と界磁抵抗 R_{fg} を一定にしたまま，負荷抵抗器 R_L を増加して，負荷電流 I_g (A_g) を徐々に減少させ，そのつど A_{fg} および V_g の指示を読み，表3のように記録する。

⑤ 最後に，S_2 を開き (I_g (A_g) $= 0$)，A_{fg} および V_g の指示を読み，表3のように記録する。

5 結果の整理

[1] 供試直流発電機の定格値を，表1のように整理しなさい。

[2] 実験1の⑤～⑨の測定結果を，表2のように整理しなさい。

[3] 実験2の③～⑤の測定結果を，表3のように整理しなさい。

[4] 表2をもとにして，図7のようなグラフを描きなさい。

[5] 表3をもとにして，図8のようなグラフを描きなさい。

▼表1 供試直流発電機の定格値

出力	2.0 kW	電流	20 A	回転速度	1 500 min^{-1}
電圧	100 V	極数	4		

▼表2　無負荷飽和特性の測定結果

回転速度 n = 1 500 min^{-1}一定

界磁電流の増加		界磁電流の減少	
界磁電流 I_{fg} [A] (A_{fg})	誘導起電力 E [V] (V_g)	界磁電流 I_{fg} [A] (A_{fg})	誘導起電力 E [V] (V_g)
0.0	7	1.5	138
0.1	15	1.4	136
0.2	28	1.3	132
0.3	44	1.2	130
0.4	56	1.1	126
0.5	69	1.0	120
0.6	80	0.9	115
0.7	90	0.8	107
0.8	102	0.7	98
0.9	110	0.6	86
1.0	116	0.5	74
1.1	121	0.4	61
1.2	126	0.3	48
1.3	130	0.2	33
1.4	134	0.1	20
1.5	138	0.0	8

▼表3　外部特性の測定結果

回転速度 n = 1 500 min^{-1}一定

負荷電流 I_g [A] (A_g)	界磁電流 I_{fg} [A] (A_{fg})	端子電圧 V [V] (V_g)
20.0	0.91	100
18.6	0.93	102
17.6	0.96	106
16.4	0.98	108
15.4	1.00	110
13.8	1.04	114
12.4	1.06	116
11.3	1.06	118
10.2	1.08	120
8.4	1.10	122
6.1	1.12	124
5.8	1.13	124
4.8	1.14	126
3.6	1.15	129
2.8	1.16	130
1.3	1.18	133
0.0	1.21	135

電気機器編

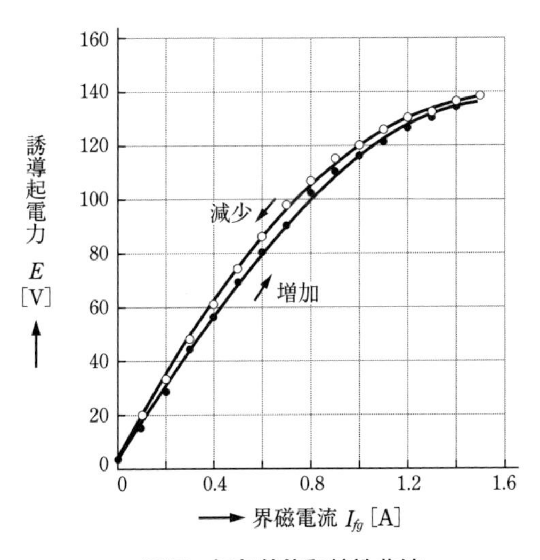

▲図7　無負荷飽和特性曲線

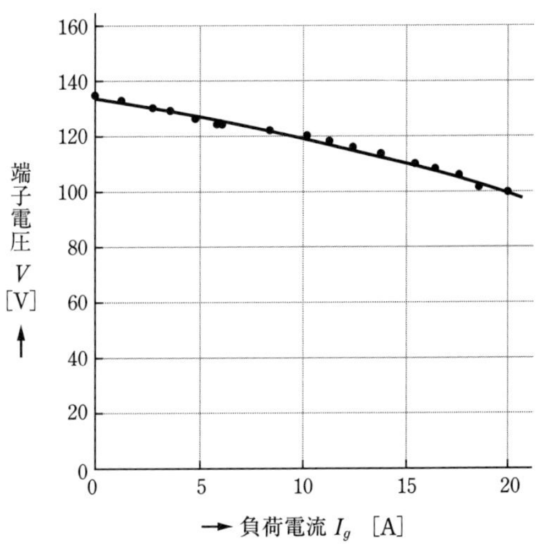

▲図8　外部特性曲線

6 結果の検討

[1] 図7の特性曲線において，界磁電流 I_{fg} が0のときでも誘導起電力がわずかに発生しているが，その理由を考えてみよう。また，実験では何Vであったか確認してみよう。

[2] 実験2 の結果から，式(3)を用いて，電圧変動率 ε [%]を計算してみよう。

3 単相変圧器の巻数比の測定と極性試験

1 目的

単相変圧器の一次側，二次側の電圧を測定し，電圧比と巻数比の関係を理解する。また，極性試験を行い，変圧器の極性の意味について学ぶ。

2 使用機器

機器の名称	記号	定格など
供試単相変圧器	T	一次：200 V，5 A　　二次：100 V，10 A
単相誘導電圧調整器	IR	3 kV･A，一次：100 V，二次：100 ± 100 V，30 A
交流電圧計（3 台）	V_1，V_2，V_3	150/300 V
スイッチ	S	ヒューズ付き 2 極単投形

3 関係知識

1 変圧器の原理と巻数比

図 1 は変圧器の原理図である。一次巻線（巻数 N_1）に電圧 V_1 を加えると一次電流 I_1 が流れ，鉄心中に磁束 Φ が発生する。そして，二次巻線（巻数 N_2）と磁束 Φ が鎖交し，相互誘導作用によって二次巻線に電圧 E_2 が発生して，二次電流 I_2 が流れる。

この場合，鉄心中の磁束の最大値を Φ_m [Wb] とすると，誘導起電力 E_1 [V]，E_2 [V] は次の式で表される。

$$\left.\begin{aligned} E_1 &= 4.44 f N_1 \Phi_m \\ E_2 &= 4.44 f N_2 \Phi_m \end{aligned}\right\} \quad (1)$$

また，**巻数比 a** は次のように示される。

$$a = \frac{N_1}{N_2} = \frac{E_1}{E_2} = \frac{V_1}{V_2} = \frac{I_2}{I_1} \quad (2)$$

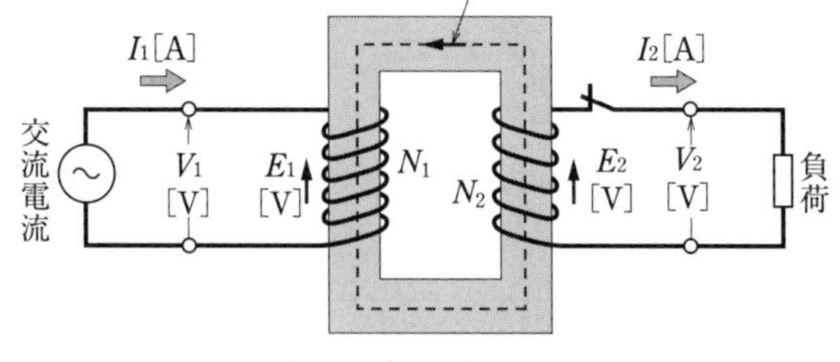

▲図 1　変圧器の原理図

2 変圧器の極性

変圧器の一次巻線に交流電圧を加えたとき，図 2 (a)のように一次・二次巻線に生じる誘導起電力の向きが，同じ向きになるものを**減極性**の変圧器といい，図 (b) のように，異なる向きになるものを**加極性**の変圧器という。

それぞれの場合における，各電圧計の指示の内容と極性は，次のようになる。

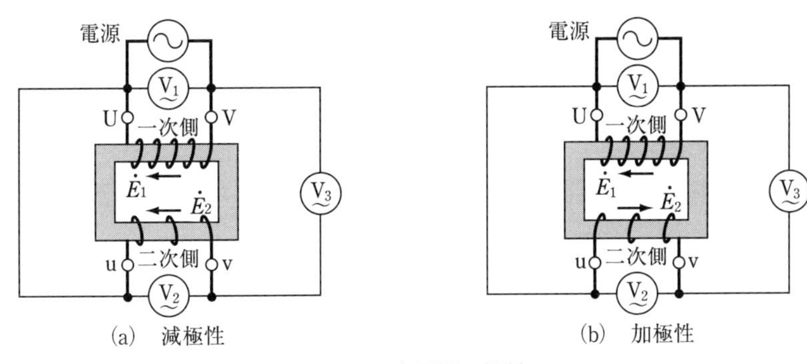

▲図2　変圧器の極性

$$\left.\begin{aligned} V_3 &= V_1 - V_2\ [\mathrm{V}] \cdots\cdots\cdots \textbf{減極性} \\ V_3 &= V_1 + V_2\ [\mathrm{V}] \cdots\cdots\cdots \textbf{加極性} \end{aligned}\right\} \qquad (3)$$

図3のように，変圧器の外箱には端子記号がつけてある。この記号はJISに規定されており，単相変圧器の場合，一次端子にU，Vを，二次端子にu，vをそれぞれ用いる。一次端子は，一次端子からみて右から左へU，Vの順に，二次端子は，二次端子からみて左から右へu，vの順にそれぞれ配列する。日本では，減極性を標準とするようJIS C 4304 : 2013で規定されている。

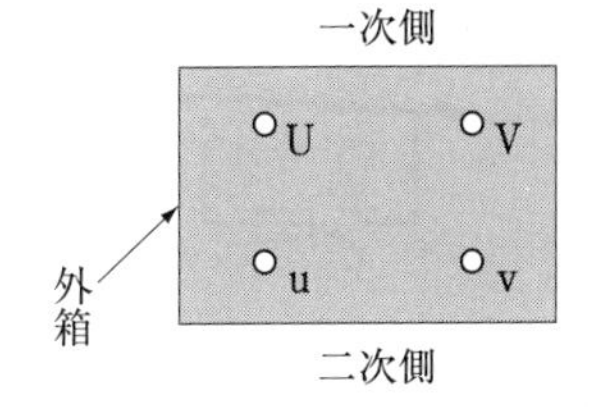

▲図3　変圧器の端子配列

なお，極性を表す方法として，U，V，u，vのかわりに，＋，－を用いてもよいことになっている。

4　実験

実験1　巻数比の測定

① 図4のように結線し，単相誘導電圧調整器IRのハンドルが0の位置にあることを確認してから，スイッチSを閉じる。

② IRを調整して，電圧計V_1の指示V_1[V]を10Vにする。そのときの電圧計V_2の指示V_2[V]を読み，表1のように記録する。

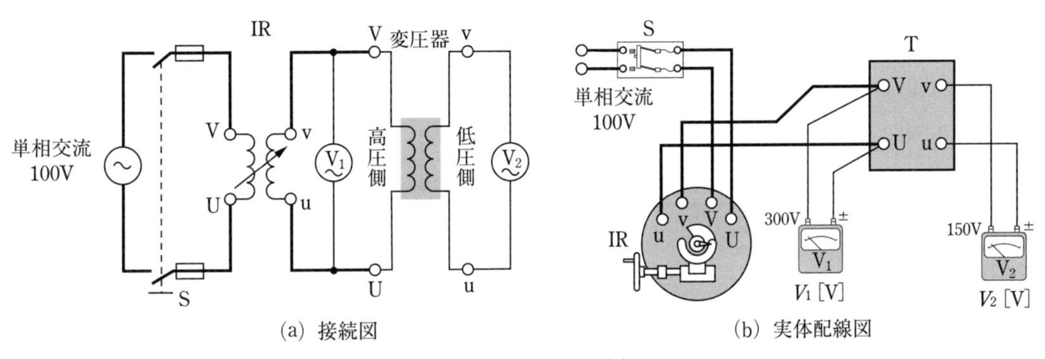

▲図4　巻数比の測定

③　V_1 の指示 V_1 [V]を 10 V ずつ定格値 (200 V) まで増加させ，そのつど V_2 の指示 V_2 [V]を読み，表 1 のように記録する。

実験 2　極性試験

①　図 5 のように結線し，単相誘導電圧調整器 IR のハンドルが 0 の位置にあることを確認してから，スイッチ S を閉じる。

②　IR を調整して，電圧計 V_1 の指示 V_1 [V]を 100 V にする。そのときの電圧計 V_2，V_3 の指示 V_2 [V]，V_3 [V]を読み，表 2 のように記録する。

③　V_1 の指示 V_1 [V]を 20 V ずつ定格値まで増加させ，そのつど V_2，V_3 の指示 V_2 [V]，V_3 [V]を読み，表 2 のように記録する。

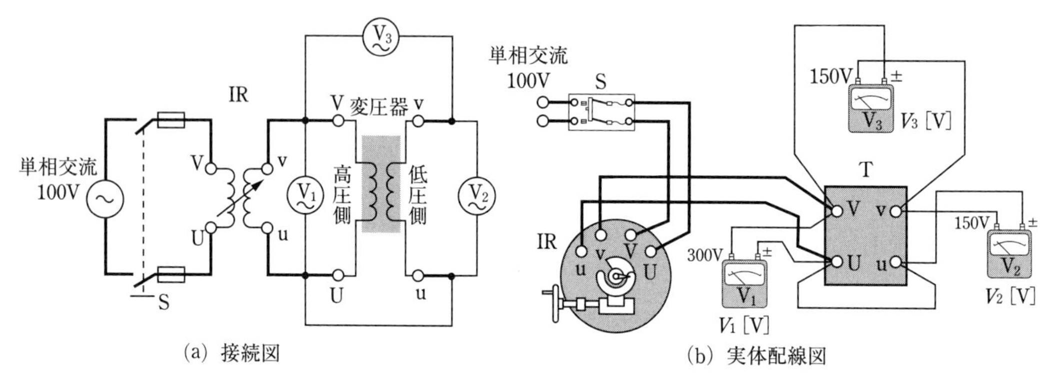

▲図 5　極性試験

5　結果の整理

[1] 実験 1 の②，③の測定結果を，表 1 のように整理しなさい。

▼表 1　巻数比の測定結果

[供試単相変圧器の定格]　一次：200 V，5 A　　二次：100 V，10 A

一次電圧 V_1 [V] (V_1)	二次電圧 V_2 [V] (V_2)	巻数比 $a = \frac{V_1}{V_2}$	一次電圧 V_1 [V] (V_1)	二次電圧 V_2 [V] (V_2)	巻数比 $a = \frac{V_1}{V_2}$
10	5.0	2.00	110	55.2	1.99
20	10.0	2.02	120	60.0	2.00
30	14.9	2.01	130	65.0	2.00
40	20.0	2.00	140	70.0	2.00
50	25.0	2.00	150	75.0	2.00
60	30.2	1.99	160	80.4	1.99
70	35.5	1.97	170	85.3	1.99
80	40.5	1.98	180	90.3	1.99
90	45.5	1.98	190	95.2	1.99
100	50.3	1.99	200	100.3	1.99

[2] 実験2 の②，③の測定結果を，表2のように整理しなさい。

▼表2　極性試験の測定結果

電圧			極性の判定
V_1 [V] (V_1)	V_2 [V] (V_2)	V_3 [V] (V_3)	
100	50.2	50.2	減極性
120	60.3	60.4	
140	70.4	70.5	
160	80.3	80.5	
180	90.4	90.5	
200	100.3	100.4	

6 結果の検討

[1] 供試変圧器の巻数比の平均を計算してみよう。

[2] 極性試験おいて，V_3 の値が $V_1 - V_2$ の値と一致したか。一致しないとすればなぜか，その理由を考えてみよう。

[3] 三相変圧器の端子記号の配列は，どのようになっているか調べてみよう(参考：JIS C 4304)。

[4] 一般に，電力用の変圧器は容器に収められ，油に浸されている。その理由を調べてみよう。

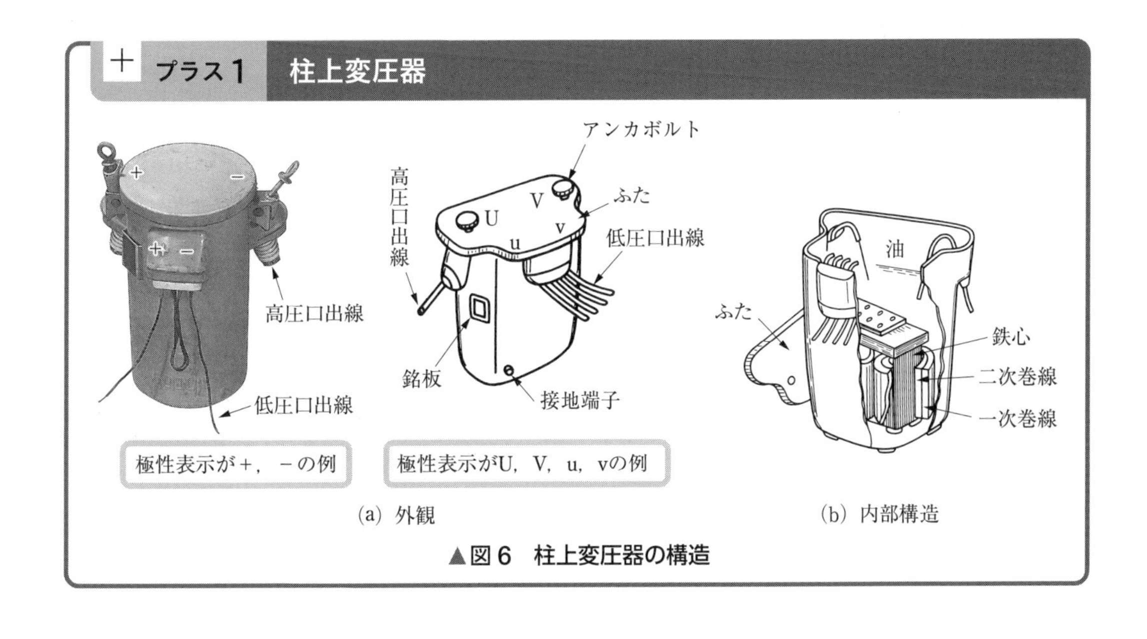

(a) 外観　(b) 内部構造

▲図6　柱上変圧器の構造

4 単相変圧器の特性

1 目的

単相変圧器の無負荷試験により無負荷損(鉄損)を測定し，短絡試験により負荷損(銅損)およびインピーダンス電圧を測定する。また，それらの結果から効率を算定し，単相変圧器の特性について理解を深める。

5

2 使用機器

機器の名称	記号	定格など
供試単相変圧器	T	一次：200 V，5 A　　二次：100 V，10 A
単相誘導電圧調整器	IR	3 kV･A，一次：100 V，二次：100 ± 100 V，30 A
交流電圧計 (2 台)	V_0，V_1	30/150 V
交流電流計 (3 台)	A_0，A_1，A_2	1/10/20 A
単相電力計 (低力率用)	W	1/5 A，120/240 V
単相電力計	W	5/25 A，120/240 V
ホイートストンブリッジ		0.01 Ω ~ 10 MΩ (携帯用)
スイッチ (2 台)	S_1，S_2	ヒューズ付き 2 極単投形，単極単投形

3 関係知識

1 変圧器の損失

変圧器は電動機，発電機などの回転機器に比べて，静止機器であるため損失が少なく，

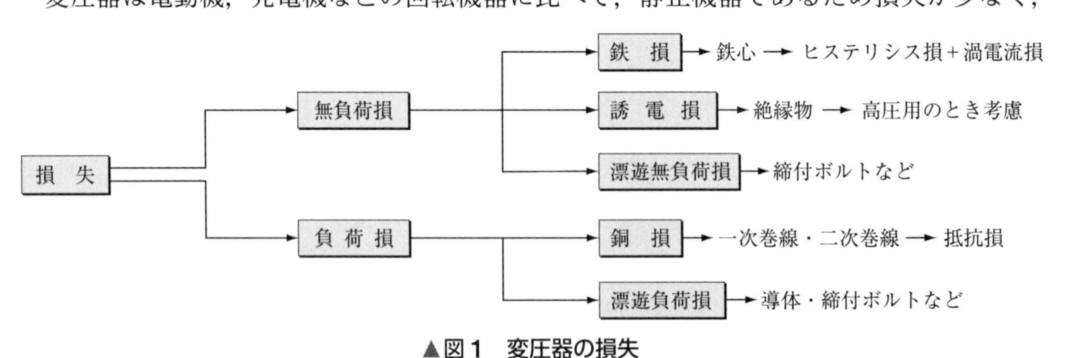

▲図 1　変圧器の損失

効率はひじょうによい。図1に示すように，変圧器の損失のおもなものは，鉄心による**鉄損**と巻線による**銅損**である。変圧器の損失は，出力1 kV・A程度の機器で5 ~ 6%であるが，大出力の10 MV・A以上のものは1%以下である。

2 無負荷損とその測定

変圧器は負荷が接続されていないときでも，励磁電流による損失分がつねに電力として供給されており，この損失を**無負荷損**とよんでいる。無負荷損 P_0 [W]を測定するには，図2のように変圧器の高圧側を開放（無負荷）にして，低圧側に定格電圧 V_{2n} を加えたときの，電力計Wの指示を測定すればよい。鉄心の鉄損を P_i [W]，励磁電流による巻線の銅損を P_{0c} [W]，誘電損を P_d [W]とすると，無負荷損 P_0 [W]は次のように表される。

$$P_0 = P_i + P_{0c} + P_d \tag{1}$$

なお，P_{0c} や P_d は，P_i に比べてきわめて小さいから，$P_0 \fallingdotseq P_i$ としてさしつかえない。また，無負荷電流を I_0，無負荷力率を $\cos\theta_0$ とすると，P_0 [W]は次のように示される。

$$P_0 = V_{2n} I_0 \cos\theta_0 \tag{2}$$

したがって，無負荷力率 $\cos\theta_0$ は，次のようになる。

$$\cos\theta_0 = \frac{P_0}{V_{2n} I_0} \tag{3}$$

このように，変圧器に負荷をかけないで行う試験を**無負荷試験**という。

3 負荷損とその測定

変圧器に負荷電流 I_1 [A]が流れることによって生じる損失を**負荷損**という。負荷損 P_t [W]を測定するには，図3のように変圧器の低圧側を短絡して，高圧側に低い電圧 V_1 [V]を加えたときの電力計Wの指示を測定すればよい。負荷損 P_t は，銅損 P_c [W]と漂遊負荷損 P_f [W]からなりたっているが，P_f はきわめて小さいので $P_t \fallingdotseq P_c$ と考えてよい。V_1 を変化させて電流計Aの指示が定格一次電流 I_{1n} [A]と等しい電流値（短絡電流）の負荷損 P_t を，**インピーダンスワット** P_s [W]とよび，このとき加えられた低い電圧 V_1 を**インピーダンス電圧** V_{1Z} [V]という。また，力率を $\cos\theta$ とすると，負荷損 P_t [W]（インピーダンスワット P_s [W]）は次のように表される。

$$P_t = P_s = V_{1Z} I_{1n} \cos\theta \quad \text{[W]} \tag{4}$$

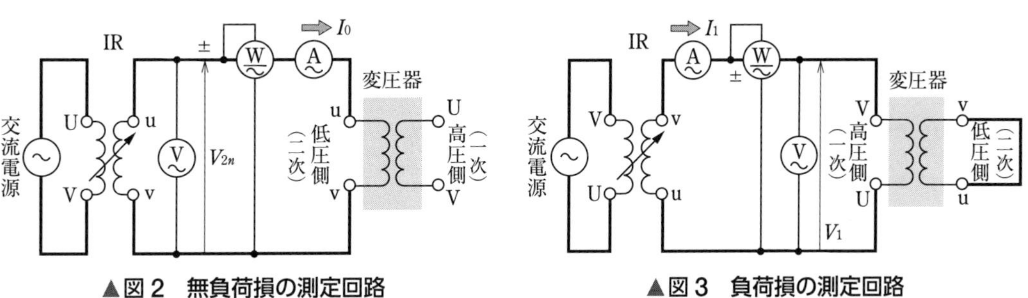

▲図2　無負荷損の測定回路

▲図3　負荷損の測定回路

したがって，力率 $\cos\theta$ は次のようになる。

$$\cos\theta = \frac{P_s}{V_{1Z} I_{1n}} \qquad (5)$$

このように，変圧器の低圧側を短絡して行う試験を**短絡インピーダンス試験**という。

4 負荷損の補正

負荷損は，温度によってある程度変化する。電気機器の試験ではふつう，75℃を標準温度としているので，短絡インピーダンス試験で得られた P_t [W]は温度補正を行う必要がある。すなわち，測定したときの温度における値を75℃の値に換算する。この補正した負荷損 P_{t75} [W]は次の式で略算できる。ただし，巻線が銅線であることとする。なお，アルミニウム線の場合は，235の数値が225となる。

$$P_{t75} = I_1{}^2 R_{t12} \left(\frac{235+75}{235+t}\right) \qquad (6)$$

ここで，t [℃]を P_t を測定したときの巻線の温度(周囲温度)，I_1 [A]を P_t を測定したときの一次電流，R_{t12} [Ω]を一次側に換算した t [℃]における巻線の抵抗とする。

5 電圧変動率

任意の負荷力率 $\cos\theta$ における電圧変動率 ε [%]は，次のように表される。

$$\varepsilon = p\cos\theta + q\sin\theta \qquad (7)$$

p は百分率抵抗降下を，q は百分率リアクタンス降下を表し，次式で示される。

$$\left.\begin{aligned} p &= \frac{P_{s75}}{V_{1n} I_{1n}} \times 100\ [\%] \\ q &= \sqrt{\left(\frac{V_{1Z}}{V_{1n}}\right)^2 - \left(\frac{P_s}{V_{1n} I_{1n}}\right)^2} \times 100\ [\%] \end{aligned}\right\} \qquad (8)$$

ただし，V_{1n} [V]を定格一次電圧，I_{1n} [A]を定格一次電流，P_s [W]をインピーダンスワット，P_{s75} [W]をインピーダンスワットの補正値，V_{1Z} [V]をインピーダンス電圧とする。

6 効率

変圧器の効率には，実測効率と規約効率とがある。無負荷損 P_0 と負荷損 P_{t75} から求める規約効率 η [%]は，次のように表される。

$$\eta = \frac{V_{2n} I_2 \cos\theta}{V_{2n} I_2 \cos\theta + P_0 + P_{t75}} \times 100 \qquad (9)$$

ただし，V_{2n} [V]を定格二次電圧，I_2 [A]を二次電流，$\cos\theta$ を負荷力率，P_0 を無負荷損，P_{t75} を75℃に補正した負荷損とする。

4 実験

実験 1 巻線抵抗の測定

① ホイートストンブリッジを用いて，変圧器の一次側，二次側の巻線抵抗 r_1 [Ω]，r_2 [Ω]を測定し，表 1 のように記録する。

② 変圧器が置かれている周囲温度 t [℃]を記録する。

実験 2 無負荷試験

① 図 2 の測定回路を参考に，図 4 の実体配線図のように結線する。

② 単相誘導電圧調整器 IR のハンドルが 0 の位置にあること，およびスイッチ S_2 が閉じていることを確認してから，スイッチ S_1 を閉じる。

③ 変圧器への供給電圧 V_0 [V](V_0) を IR によって，20 V から 10 V ずつ 120 V まで変化させ，そのつど無負荷損 P_0 [W](W) の値を読み，表 2 のように記録する。また，無負荷電流 I_0 [A](A_0) の値を読み取るさいは，スイッチ S_2 を開いてから行う。

測定上の留意事項

① 変圧器の高圧側（一次側）には，高電圧が誘導されるので，注意すること。

② 無負荷電流 I_0 を測定するとき，スイッチ S_2 を開く理由は，電力計の電圧コイルに流れる電流が測定値に加わるのを防ぎ，誤差を少なくするためである。

③ 測定する電力の誤差を少なくするために，低力率用の電力計を使用する。

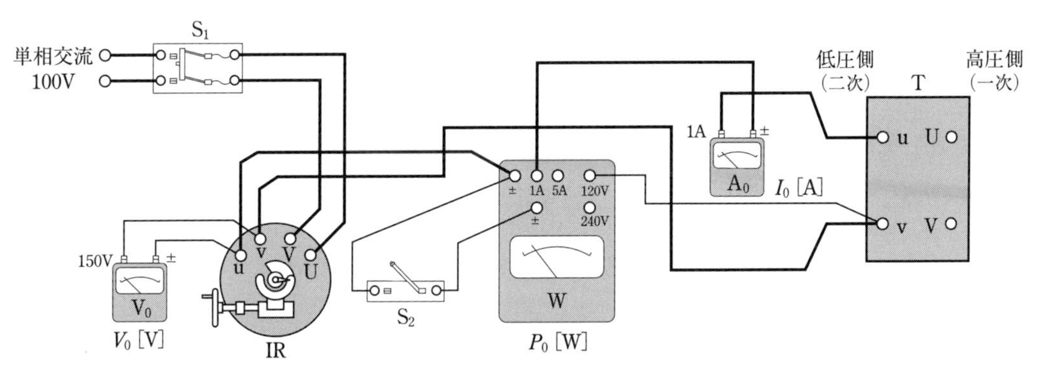

▲図 4 無負荷試験の実体配線図

実験 3 短絡インピーダンス試験

① 図 3 の測定回路を参考に，図 5 の実体配線図のように結線する。

② 単相誘導電圧調整器 IR のハンドルが 0 の位置にあること，およびスイッチ S_2 が閉じていることを確認してから，スイッチ S_1 を閉じる。

③ IR によって，二次電流 I_2 [A](A_2) の値を定格電流の 140%程度まで増加させ，そのつど一次電流 I_1 [A](A_1)，一次電圧 V_1 [V](V_1)，負荷損 P_t [W](W) の値を読み，表 3 のように記録する。

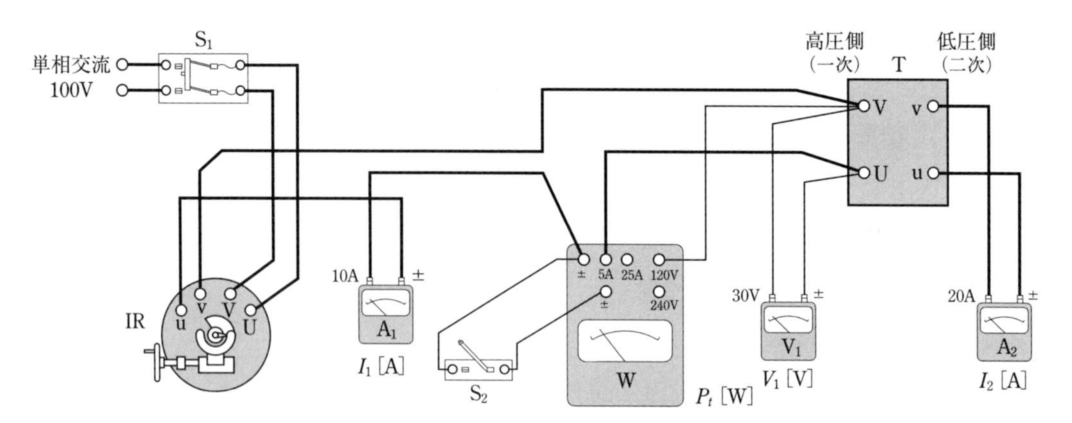

▲図5　短絡試験の実体配線図

5　結果の整理

[1] 実験1 の測定結果を表1のように整理しなさい。なお，一次側に換算した巻線抵抗値 R_{t12} [Ω]は，次の式を用いて計算しなさい。

$$R_{t12} = r_1 + r_2' = r_1 + a^2 r_2 \ [\Omega] \tag{10}$$

ただし，a は巻数比を表す。

[2] 実験2 の測定結果を表2のように整理するとともに，無負荷力率 $\cos\theta_0$ を，次に示す式を用いて，百分率 [%]で求めなさい。

$$\cos\theta_0 = \frac{P_0}{V_0 I_0} \times 100 \ [\%] \tag{11}$$

[3] 実験3 の測定結果を表3のように整理するとともに，負荷損の補正値 P_{t75} [W]を，式 (6) を用いて計算しなさい。また，インピーダンス Z [Ω]，および負荷時の力率 $\cos\theta$ を，次に示す式を用いて，百分率 [%]で求めなさい。

$$\text{インピーダンス}\ Z = \frac{V_1}{I_1} \ [\Omega] \tag{12}$$

$$\text{負荷時の力率}\ \cos\theta = \frac{P_t}{V_1 I_1} \times 100 \ [\%] \tag{13}$$

[4] 供試単相変圧器の使用状態 ($V_{2n} = 100$ V) における効率 (力率 100% の場合) を算出するために，表2と表3の結果から表4を作成しなさい。なお，全損失 P_l [W]，出力 P_2 [W]，入力 P_1 [W]，効率 η [%]については，次に示す式を用いて計算しなさい。

$$\left.\begin{array}{ll} P_l = P_0 + P_{t75} & P_2 = V_{2n} I_2 \cos\theta \\ P_1 = P_2 + P_l & \eta = \dfrac{P_2}{P_1} \times 100 \end{array}\right\} \tag{14}$$

[5] 表2をもとにして，図6のようなグラフを描きなさい。

[6] 表3をもとにして，図7のようなグラフを描きなさい。

[7] 表4をもとにして，図8のようなグラフを描きなさい。

▼表1　巻線抵抗の測定結果

［供試単相変圧器の定格］一次：200 V，5 A　二次：100 V，10 A　巻数比 $a=2$

巻線	巻線の抵抗値［Ω］	変圧器の周囲温度 t［℃］	一次側に換算した巻線抵抗値 R_{t12}［Ω］
一次側(高圧側)　r_1	0.75	26	1.31
二次側(低圧側)　r_2	0.14		

▼表2　無負荷試験の測定結果　変圧器の周囲温度 t：26℃

［供試単相変圧器の定格］一次：200 V，5 A　二次：100 V，10 A　巻数比 $a=2$

供給電圧 V_0［V］(V_0)	無負荷電流 I_0［A］(A_0)	無負荷損 P_0［W］(W)	無負荷力率 $\cos\theta_0$［%］$\left(=\dfrac{P_0}{V_0 I_0}\times 100\right)$
20	0.08	1.0	62.5
30	0.11	2.2	66.7
40	0.12	3.8	79.2
50	0.14	5.5	78.6
60	0.16	7.6	79.2
70	0.19	9.9	74.4
80	0.22	12.3	69.9
90	0.28	15.3	60.7
100	0.36	18.7	51.9
110	0.46	22.1	43.7
120	0.63	26.3	34.8

▼表3　短絡インピーダンス試験の測定結果　変圧器の周囲温度 t：26℃

［供試単相変圧器の定格］一次：200 V，5 A　二次：100 V，10 A　巻数比 $a=2$

二次電流 I_2［A］(A_2)	一次電流 I_1［A］(A_1)	一次電圧 V_1［V］(V_1)	負荷損		インピーダンス Z［Ω］$\left(=\dfrac{V_1}{I_1}\right)$	力率 $\cos\theta$［%］$\left(=\dfrac{P_t}{V_1 I_1}\times 100\right)$
			測定値 P_t［W］(W)	補正値 P_{t75}［W］		
2.0	1.0	1.62	1.1	1.6	1.62	67.9
4.0	2.0	3.2	5.0	6.2	1.60	78.1
6.0	3.0	4.8	11.5	14.0	1.60	79.9
8.0	4.0	6.5	22.0	25.0	1.63	84.6
10.0	5.0	8.1	35.0	39.0	1.63	86.4
12.0	6.0	9.8	50.5	56.2	1.64	85.9
14.0	7.0	11.5	68.5	76.4	1.64	85.1

［定格値］　定格一次電流 I_{1n}：5.0 A，インピーダンス電圧 V_{1Z}：8.1 V
インピーダンスワット P_s：35.0 W，75℃換算のインピーダンスワット P_{s75}：39.0 W

▼表 4　効率の算定（力率 100%（$\cos\theta = 1$）の場合）

二次電圧（定格値）V_{2n} [V]	二次電流 I_2 [A]	無負荷損 P_0 [W]	負荷損 P_{t75} [W]	全損失 P_l [W]（$= P_0 + P_{t75}$）	出力 P_2 [W]（$= V_{2n}I_2$）	入力 P_1 [W]（$= P_2 + P_l$）	効率 η [%] $\left(=\frac{P_2}{P_1}\times 100\right)$
100 V 一定	2.0	18.7 W 一定	1.6	20.3	200	220.3	90.8
	4.0		6.2	24.9	400	424.9	94.1
	6.0		14.0	32.7	600	632.7	94.8
	8.0		25.0	43.7	800	843.7	94.8
	10.0		39.0	57.7	1 000	1 057.7	94.5
	12.0		56.2	74.9	1 200	1 274.9	94.1
	14.0		76.4	95.1	1 400	1 495.1	93.6

└ 表 3 の「P_{t75}」の値を転記する。
└ 表 2 の定格電圧（100 V）における「P_0」の値を転記する。
└ 表 3 の「I_2」の値を転記する。

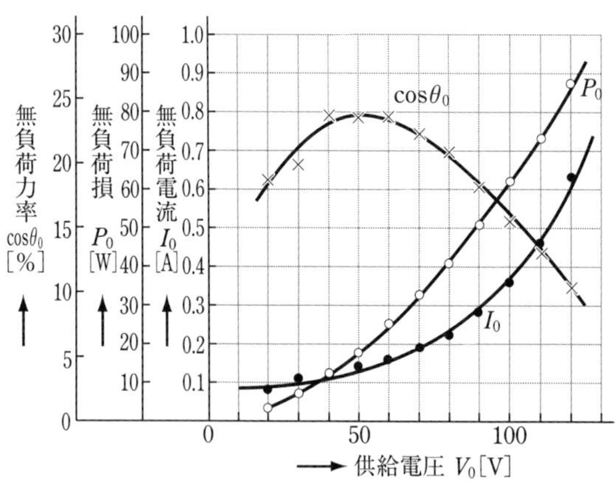

▲図 6　無負荷特性曲線

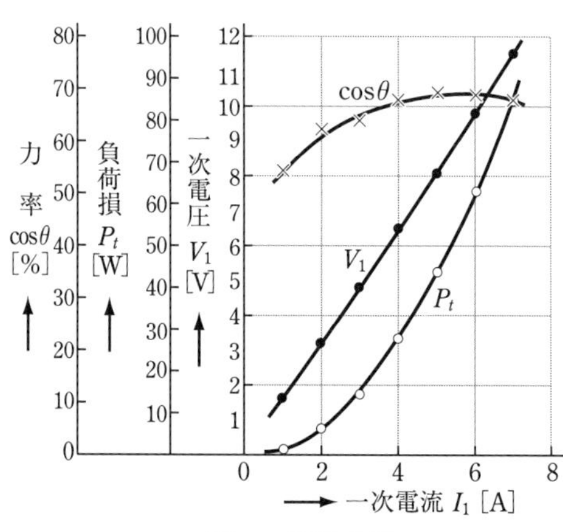

▲図 7　短絡曲線

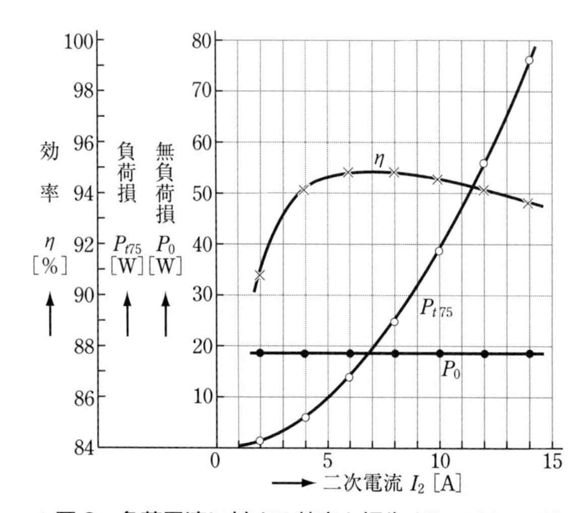

▲図 8　負荷電流に対する効率と損失（$V_2 = 100$ V 一定）

6 結果の検討

[1] 無負荷試験において，定格電圧のときの無負荷銅損 P_{0c} [W]の値を，次に示す式で計算してみよう。また，この P_{0c} が無負荷損 P_0 [W]と比較して，無視できるほど小さい値であることを確かめてみよう。

$$P_{0c}=I_0{}^2r_2$$

[2] 短絡インピーダンス試験の測定結果から，教科書「電気機器」を参考に，短絡インピーダンス% Z [%]を求めてみよう。

[3] 短絡インピーダンス試験の結果から，補正値を用いた百分率抵抗降下 p [%]，百分率リアクタンス降下 q [%]を式 (8) より求めてみよう。さらに，この変圧器の出力に力率 100%と 80%の負荷を接続したときの電圧変動率 ε [%]を，式 (7) より求め，表 5 のようにまとめてみよう（無効率 $\sin\theta$ は，$\cos^2\theta+\sin^2\theta=1$ より求められる）。

▼表 5　補正値を用いたときの値

百分率抵抗降下 p [%]	百分率リアクタンス降下 q [%]	力率 $\cos\theta$	無効率 $\sin\theta$	電圧変動率 ε [%]
		1		
		0.8		

[4] 実験で用いた変圧器が定格運転中に，二次側を短絡したとき，一次側の短絡電流 I_s [A]を調べてみよう。

[5] 変圧器は，どのような条件のときに最大効率を示すか，教科書「電気機器」を参考に調べてみよう。また，実験ではどうであったか，確認してみよう。

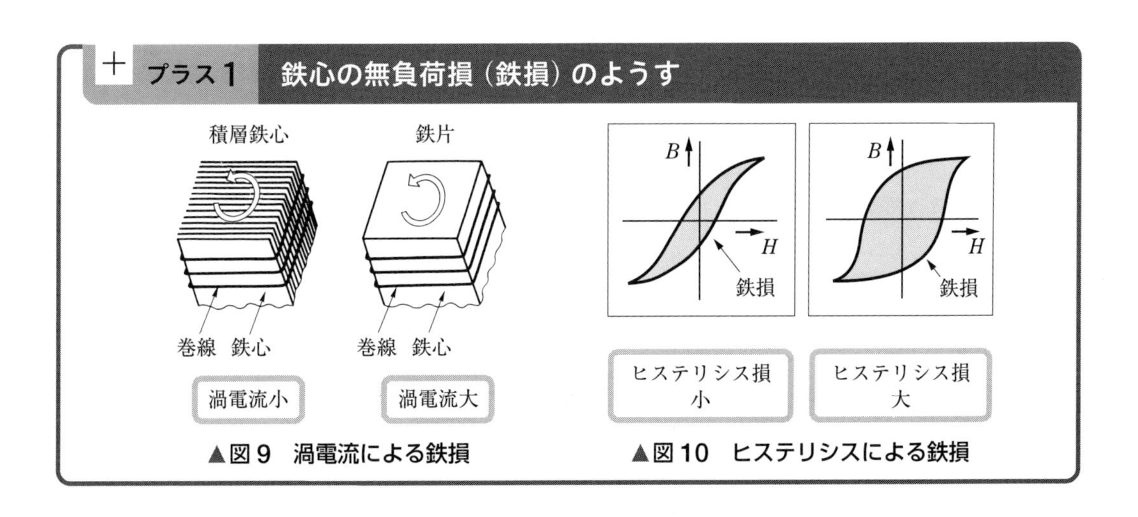

▲図 9　渦電流による鉄損　▲図 10　ヒステリシスによる鉄損

5 単相変圧器の三相結線

1 目的

定格，および巻数比の等しい単相変圧器 3 台を用いて，各種の三相結線を行い，各結線における相電圧と線間電圧を測定し，それらの関係を理解するとともに，各種の結線方法の特徴を学ぶ。

2 使用機器

機器の名称	記号	定格など
供試単相変圧器(3 台)	T_1，T_2，T_3	一次：200 V，5 A　　二次：100 V，10 A
三相誘導電圧調整器	IR	3 kV･A，一次：200 V，二次：200 ± 200 V，8.7 A
交流電圧計(4 台)	V_A，V_{AB}，V_a，V_{ab}	150/300 V，75/150 V

3 関係知識

1 三相結線の種類

単相変圧器 3 台を用いて行う三相結線の種類には，図 1 のように，Y-Y 結線，Y-△ 結線，△-△ 結線，△-Y 結線，V-V 結線などがある。単相変圧器には極性があり，高圧側は U，V，低圧側は u，v の記号で表している。各変圧器を端子記号に従って結線するが，極性があきらかでない場合は，極性試験を行い，極性を確認する必要がある。

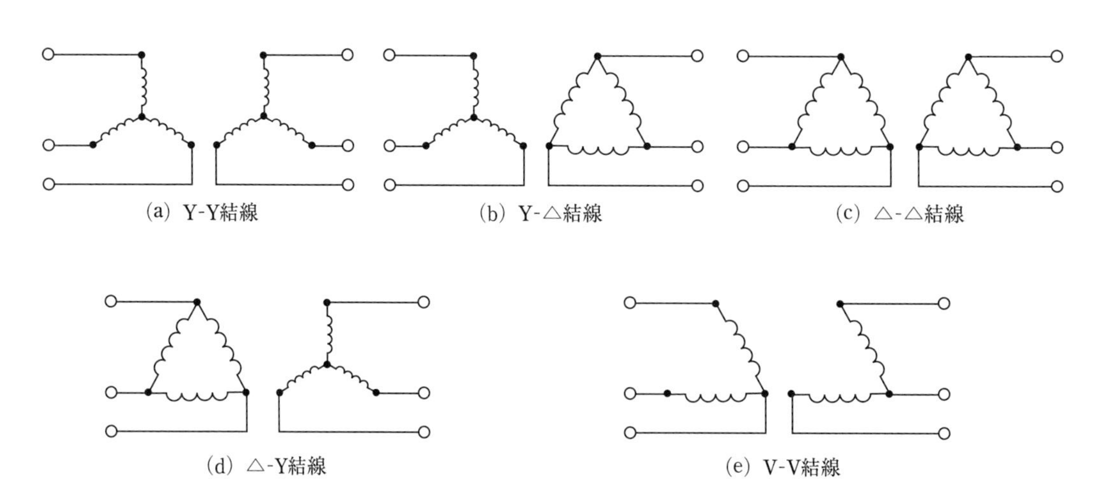

▲図 1　単相変圧器 3 台による三相結線の種類

2 角変位

図2は単相変圧器3台を用いた，△-Y 結線の結線図の例である。図3(a)，(b)は，△-Y 結線の一次・二次電圧のベクトル図である。

図3(a)，(b)において，一次電圧 $\dot{V}_{UV}$ [V]と二次電圧 $\dot{V}_{uv}$ [V]の位相差を**角変位**といい，$\dot{V}_{UV}$ [V]を基準にして $\dot{V}_{uv}$ [V]の位相角を時計まわりに測定した角度で表す。

△-Y 結線の場合，角変位は，図3(c)に示すように，330°である。

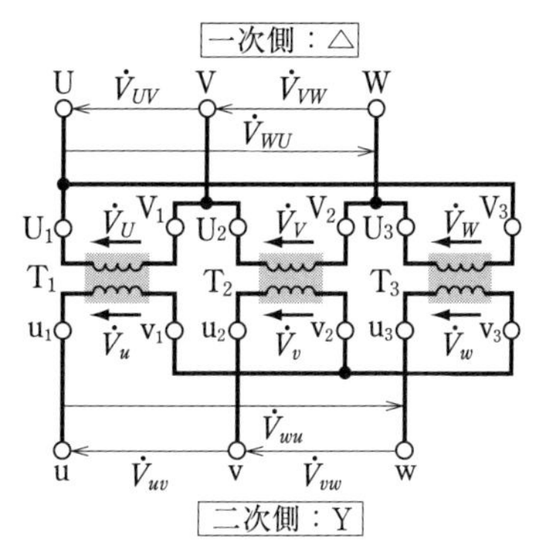

▲図2　△-Y 結線

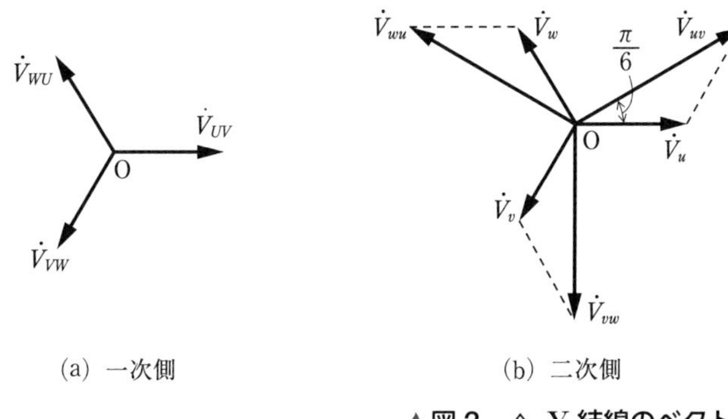

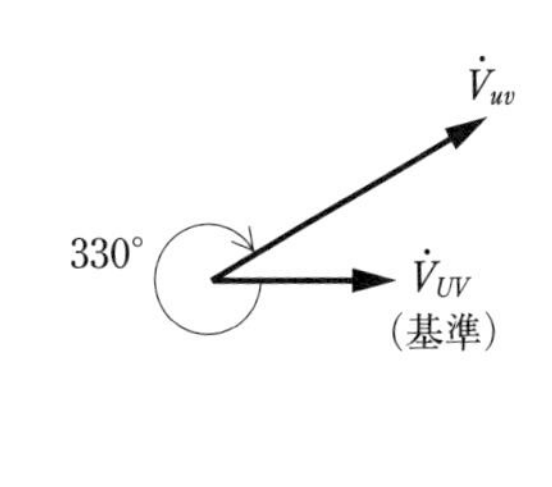

(a) 一次側　　(b) 二次側　　(c) 角変位

▲図3　△-Y 結線のベクトル図

4 実験

実験 1　Y-Y 結線

① 端子記号に注意して，図4の接続図または図5の実体配線図のように結線する。

② 三相誘導電圧調整器 IR のハンドルが，0の位置にあることを確認してから，スイッチSを閉じる。

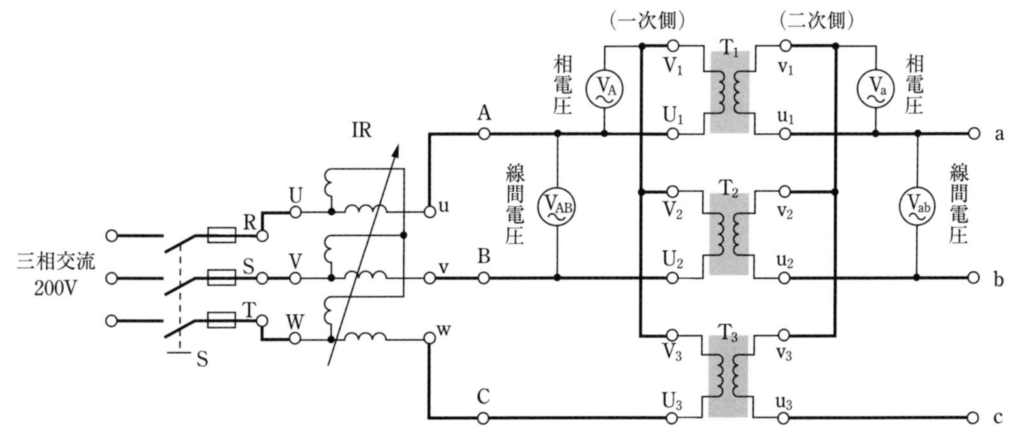

▲図4　Y-Y 結線の接続図

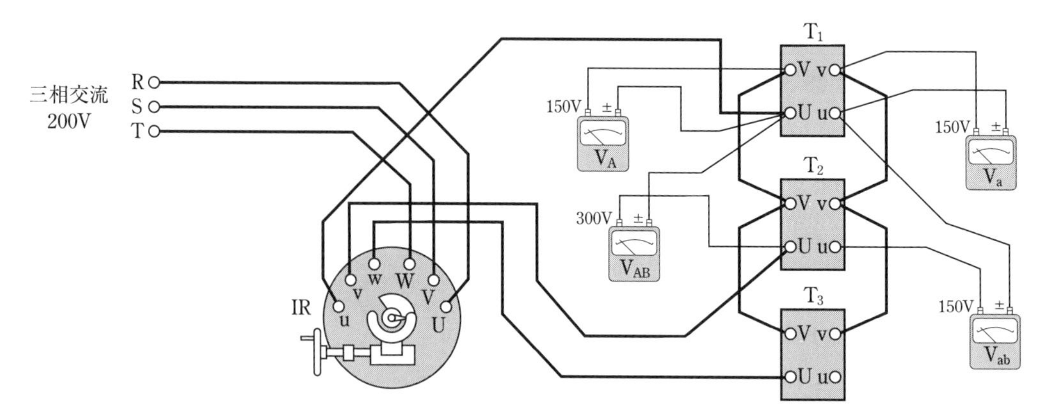

▲図 5　Y-Y 結線の実体配線図

③　IR のハンドルを回して，電圧計 V_{AB} の指示 (一次側の線間電圧) が定格電圧 (200 V) になるように調整する。

④　③のときの一次側・二次側の各相電圧，各線間電圧を測定し，表 1 のように記録する。

実験 2　Y-△結線

①　図 6 のように結線する。

②　三相誘導電圧調整器 IR のハンドルが，0 の位置にあることを確認してから，電源を入れる。

③　IR のハンドルを回して，電圧計 V_{AB} の指示 (一次側の線間電圧) が定格電圧 (200 V) になるように調整する。

④　③のときの一次側・二次側の各相電圧，各線間電圧を測定し，表 1 のように記録する。

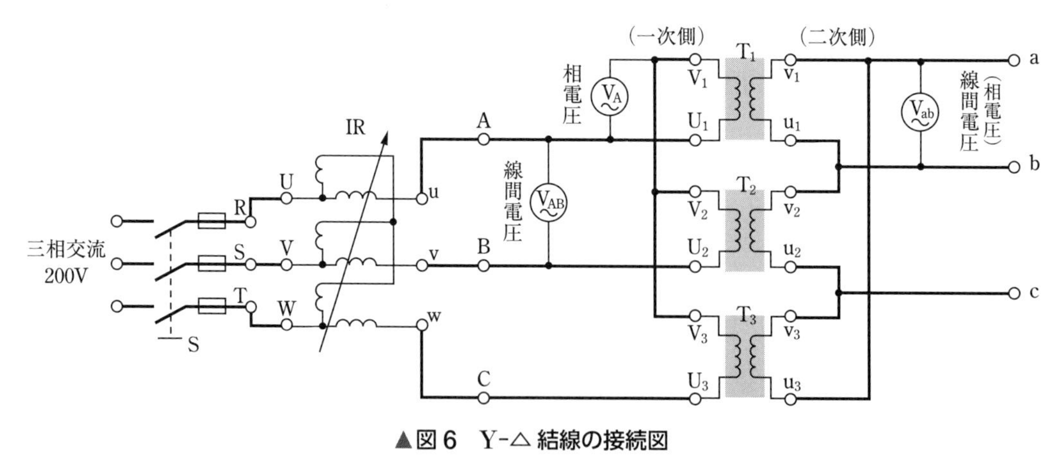

▲図 6　Y-△ 結線の接続図

実験 3　△-△ 結線

①　図 7 のように結線する。

②　実験 1，実験 2 と同じ方法で各部の電圧を測定し，表 1 のように記録する。

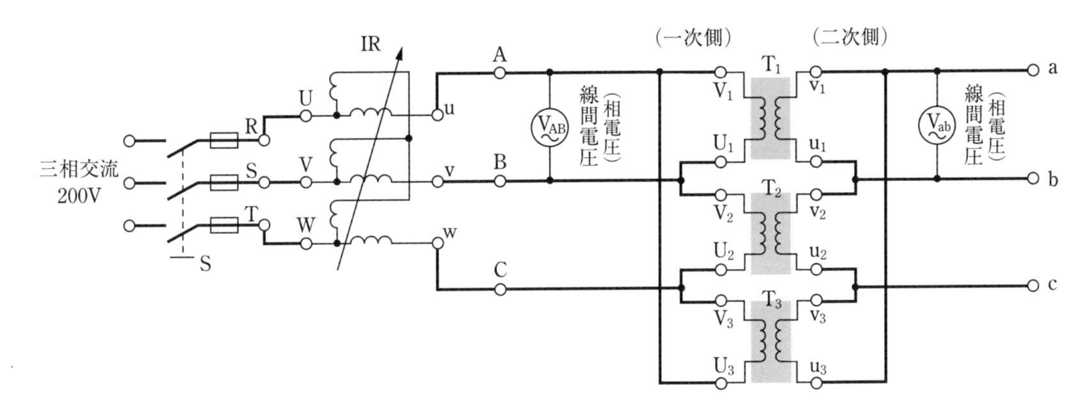

▲図7　△-△ 結線の接続図

実験 4 △-Y 結線

① 図8のように結線する。

② 実験1，実験2と同じ方法で各部の電圧を測定し，表1のように記録する。

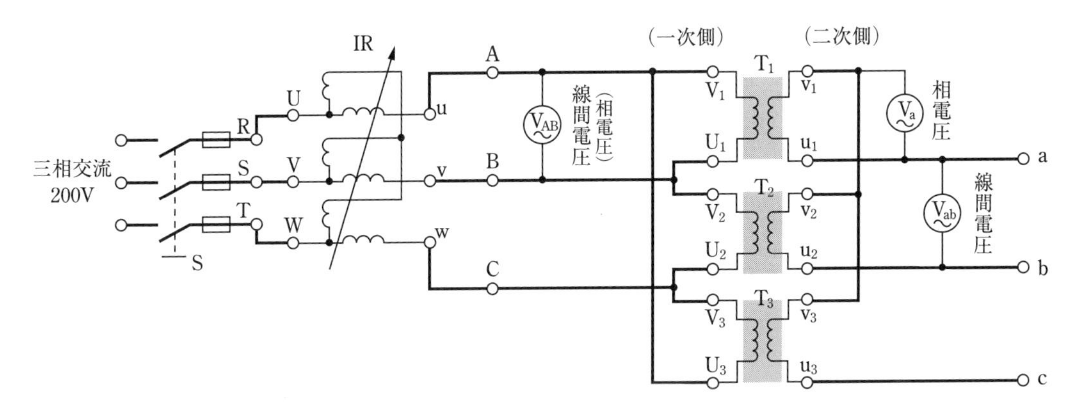

▲図8　△-Y 結線の接続図

実験 5 V-V 結線

5 ① 図9のように結線する。

② 実験1，実験2と同じ方法で各部の電圧を測定し，表1のように記録する。

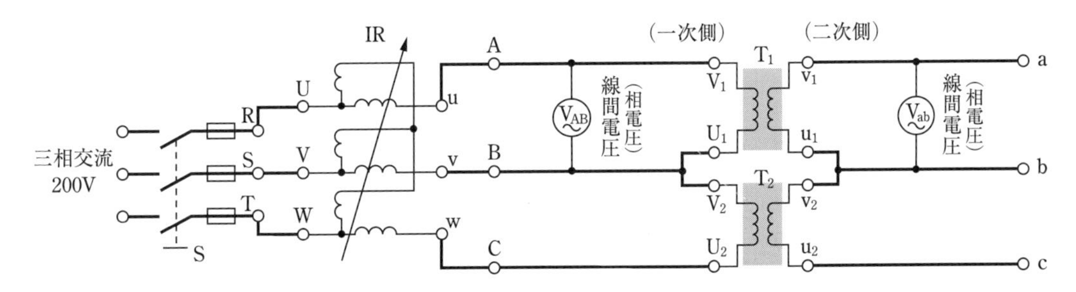

▲図9　V-V 結線の接続図

5 結果の整理

[1] 実験1〜実験5までの結果を，表1のように整理しなさい。

[2] 表1をもとに，次の手順を参考にして，各結線の一次側・二次側のベクトル図を方眼紙に描きなさい。

図10のY-Y結線の場合の手順

（一次側）

① 線間電圧 $\dot{V}_{AB}$ を，基準ベクトルとする。

② 線間電圧 $\dot{V}_{BC}$，$\dot{V}_{CA}$ を，$\dfrac{2\pi}{3}$ rad の位相差で描く。

③ Y結線であるので，$\dot{V}_{AB}+\dot{V}_{B}$ が相電圧 $\dot{V}_{A}$ となる。$\dot{V}_{A}$ は $\dot{V}_{AB}$ より $\dfrac{\pi}{6}$ rad 遅らせて描く。同様にして，$\dot{V}_{B}$，$\dot{V}_{C}$ を描く。なお，$\dot{V}_{AB}$ と $\dot{V}_{A}$ の大きさの比は表1に従う。

（二次側）

① 相電圧 $\dot{V}_{a}$ を，一次側の相電圧 $\dot{V}_{A}$ と同相に，大きさを $\dfrac{1}{2}$（巻数比が2：1の場合）にして描く。同様にして，$\dot{V}_{b}$，$\dot{V}_{c}$ を描く。

② 線間電圧 $\dot{V}_{ab}$ を，$\dot{V}_{a}-\dot{V}_{b}$ として描く。同様に，$\dot{V}_{bc}$，$\dot{V}_{ca}$ を描く。

その他の結線の場合

① Y-△結線の場合も，図11(a)のように，一次側の線間電圧 $\dot{V}_{AB}$ を基準ベクトルとし，Y-Y結線の場合と同様にして，一次側を描く。二次側の相電圧 $\dot{V}_{a}$ は，一次側の相電圧 $\dot{V}_{A}$ と同相に，大きさを $\dfrac{1}{2}$ にして描けばよい。

② △-△結線，△-Y結線，V-V結線も，図11を参考にして描く。

▼表1　三相結線の各電圧の測定結果

［供試単相変圧器の定格］　一次：200 V，5 A　　二次：100 V，10 A
変圧器　No：T_1　No：T_2　No：T_3

結線方法	一次側						二次側					
一次-二次	線間電圧［V］			相電圧［V］			線間電圧［V］			相電圧［V］		
	V_{AB}	V_{BC}	V_{CA}	V_A	V_B	V_C	V_{ab}	V_{bc}	V_{ca}	V_a	V_b	V_c
Y-Y	200	200	200	114	113	115	100	100	100	60	59	60
Y-△	200	200	200	115	115	116	58	58	58	58	58	58
△-△	200	200	200	200	200	200	100	100	100	100	100	100
△-Y	200	200	200	200	200	200	174	175	175	100	100	100
V-V	200	200	200	200	200	−	100	100	100	100	100	−

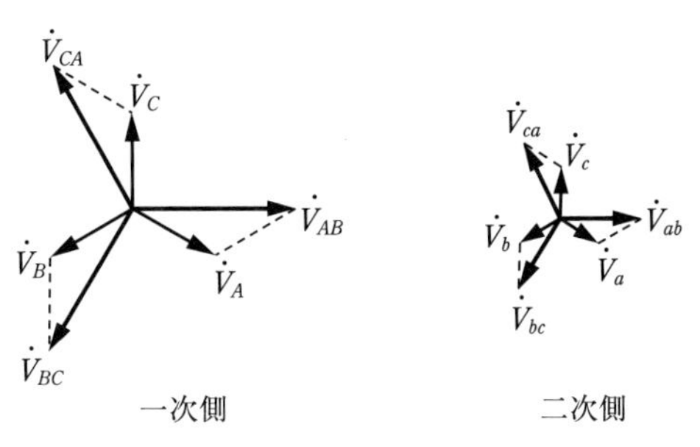

▲図 10　Y-Y 結線のベクトル図

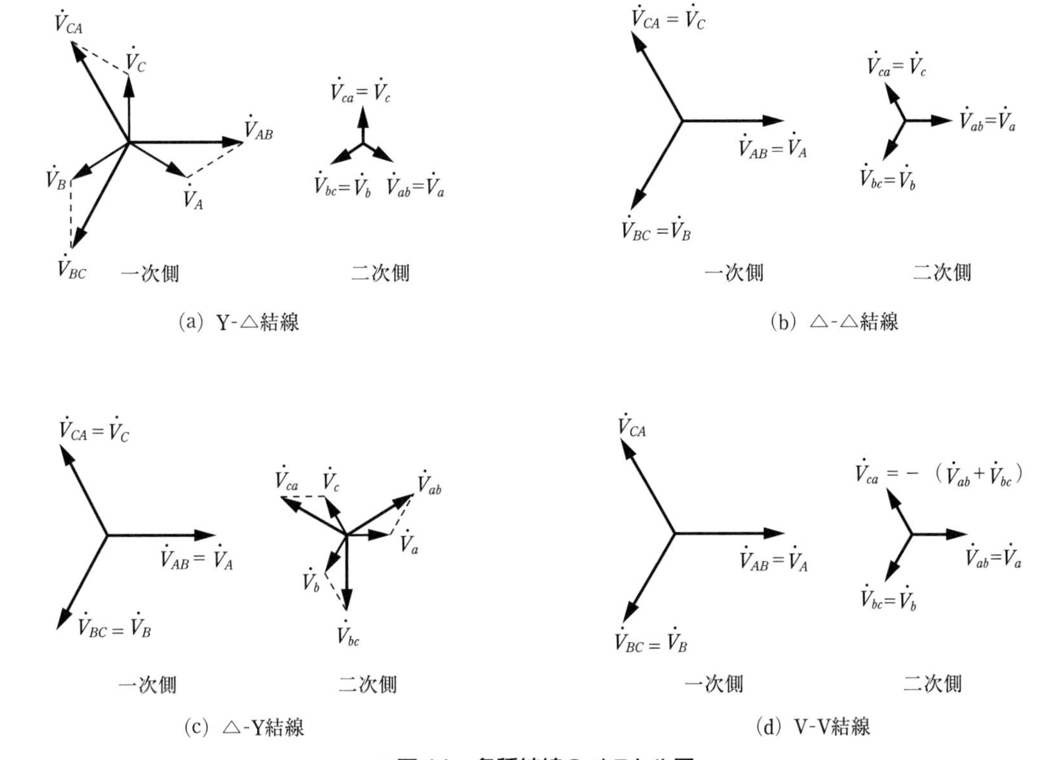

▲図 11　各種結線のベクトル図

6　結果の検討

[1] Y-Y 結線は，変圧器の絶縁がほかの結線方法より容易であるが，特別な場合のほかはあまり使用されない。その理由を調べてみよう。

[2] V-V 結線の場合，各線間電圧の大きさが等しくなっているか（対称三相電圧になっているか），実験結果から調べてみよう。

[3] 図 10 のベクトル図において，一次電圧 $\dot{V}_{AB}$ を基準にして，二次電圧 $\dot{V}_{ab}$ の位相角（角変位）を調べてみよう。また，図 11 の各ベクトル図について，同様に角変位を調べ，それぞれ比べてみよう。

[4] 変圧器の並行運転の条件を，教科書「電気機器」を参考に調べてみよう。

6 三相誘導電動機の構造と運転

1 目的

分解組立用三相誘導電動機を分解し観察して，その構造と原理を学び，かご形誘導電動機の無負荷運転法を習得する。

2 使用機器

機器の名称	記号	定格など
分解組立用三相誘導電動機		かご形または巻線形
供試三相かご形誘導電動機	IM	2.2 kW，200 V，9.4 A，4 極，1 430 min^{-1}，50 Hz
交流電圧計	V	150/300 V
交流電流計	A	10/50 A
単相電力計 (2 台)	W_1，W_2	5/25 A，120/240 V (または三相電力計使用可)
周波数計	Hz	120/240 V，45 ~ 65 Hz
スイッチ (2 台)	S_1，S_2	単極単投形
ストップウォッチ		
分解組立用工具 (一式)		ドライバ，スパナ，プライヤ，ウエスなど

3 関係知識

1 原理と構造

誘導電動機の回転原理は，N，S の磁極間に円筒を置き，磁極を回転させると，円筒には起電力が誘導され，渦電流が流れるので，この電流と磁束との間に力が働き，円筒軸は

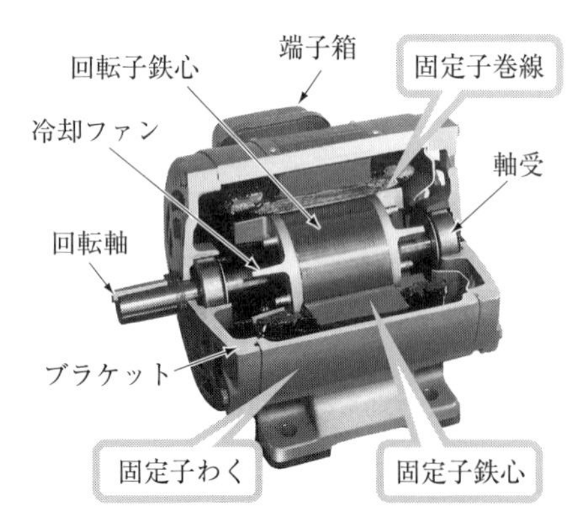

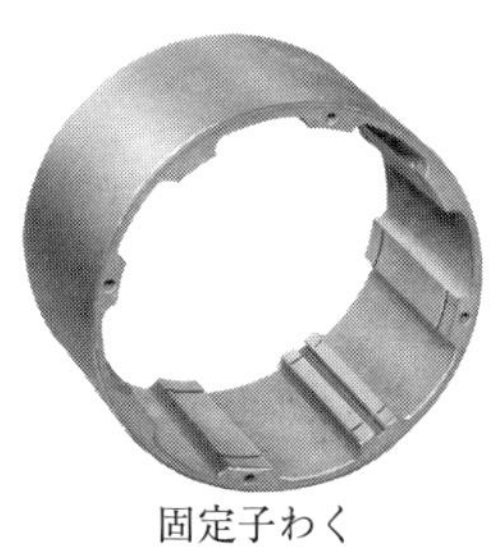

▲図 1　固定子

磁極と同じ向きに回転する。このため誘導電動機は，回転力を発生させる回転子（円筒部分）と回転磁界をつくる固定子（磁極部分）などから構成される。電動機のブラケットをはずし，回転子と固定子を分離して，次の部分を観察する。

［1］**固定子の観察**　固定子の主要部は，図1に示すように，固定子わく・固定子鉄心・固定子巻線の三つの部分からなりたっている。

固定子わく　開放形・密閉形などがあり，固定子鉄心を支え，ブラケットを支持し，内部を保護する。ブラケットは軸受をもち，回転子を保持する。

固定子鉄心　磁束の通路としての役目をもつため，厚さ0.35 mmまたは，0.5 mmの電磁鋼板（けい素の含有率1～3.5%）を重ね合わせた鉄心，いわゆる積層鉄心で構成されている。内周辺に切られた溝（スロット）により，固定子巻線を保持する。

固定子巻線　三相交流を流すためのコイルで，図2(a)に示すきっこう形にする。また，巻線は図2(b)に示すように，巻線絶縁を施してスロットの中に納められ，動かないようにくさびを入れて固定する。巻線には特有の極数がある。図3(a)は，2極，単層，全節巻の巻線であり，図3(b)は4極，2層，短節巻の略図である。

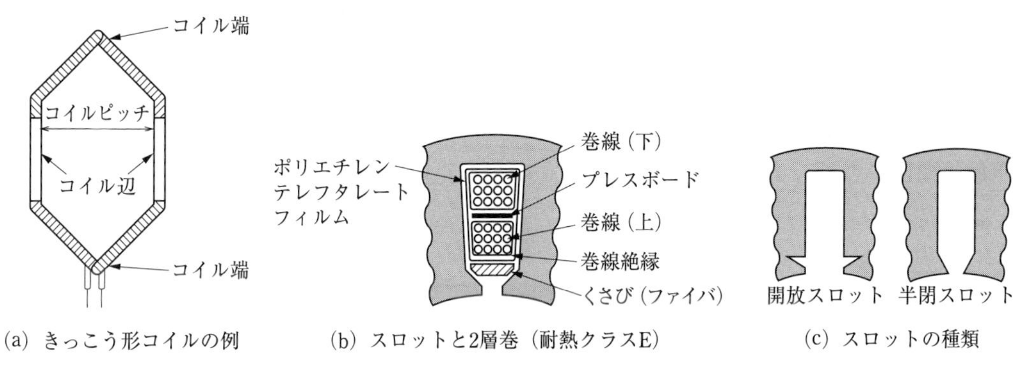

(a) きっこう形コイルの例　(b) スロットと2層巻（耐熱クラスE）　(c) スロットの種類

▲図2　巻線とスロット

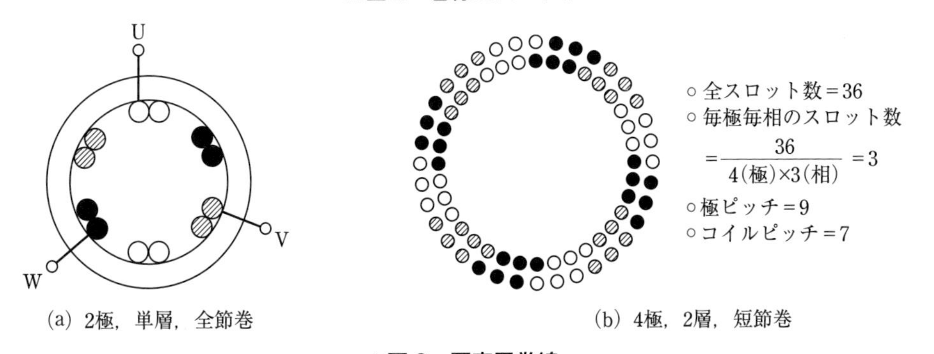

(a) 2極，単層，全節巻　(b) 4極，2層，短節巻

▲図3　固定子巻線

［2］**回転子の観察**　回転子には，図4に示すように，かご形回転子と巻線形回転子とがある。

(a) かご形回転子

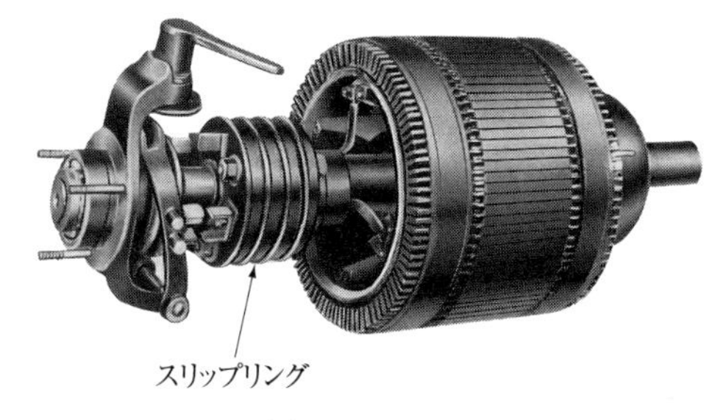

(b) 巻線形回転子

▲図4　回転子

かご形回転子　普通形のほかに，特殊かご形（二重かご形・深溝形）がある。図4(a)は，かご形回転子の構造例である。

巻線形回転子　固定子と同じように，絶縁されたコイル群が三相巻線として配置され，その三つの口出線の端子は，それぞれスリップリングに接続されている。図4(b)は，巻線形回転子の構造例である。

2 無負荷における始動特性

始動するさい，始動電流と始動トルクの特性，つまり始動特性は重要である。始動電流は小さいほどよく，始動トルクは大きいほど良好な特性である。

3 無負荷特性

無負荷特性として重要な要素は，無負荷電流・無負荷損および力率である。無負荷電流・無負荷損は小さく，力率は大きいほど，すぐれた特性である。

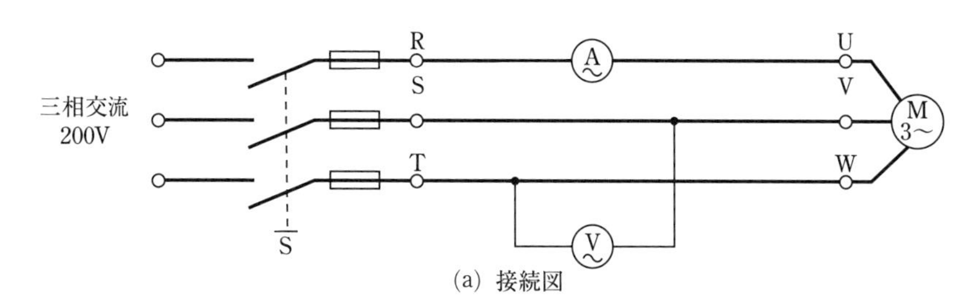

(a) 接続図

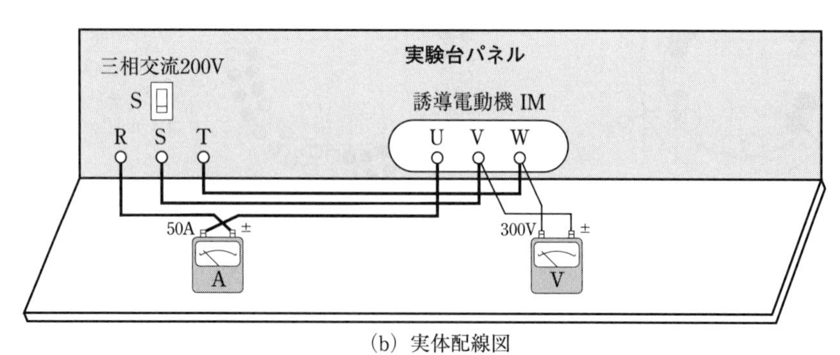

(b) 実体配線図

▲図5　無負荷始動特性

4 実験

実験 1 分解組立用三相誘導電動機の観察

① 分解組立用電動機のブラケットをはずし，固定子と回転子を分離する。

② 固定子の主要部である固定子わく，固定子鉄心，固定子巻線を観察して，スケッチや写真などで記録をとる。

③ かご形回転子または巻線形回転子の構造を観察し，スケッチや写真などで記録をとる。

実験 2 無負荷始動特性

① 供試かご形三相誘導電動機の定格出力 P_n [kW]，定格電圧 V_n [V]，定格電流 I_n [A] などの定格値を表1のように記録する。

② 図5のように結線し，スイッチSを閉じて電流計Aの最大の振れ (始動電流) I_{st} [A] を読み，表1のように記録する。

実験 3 無負荷特性

① 図6のように結線し，電流計および電力計の電流端子がスイッチ S_1，S_2 で短絡されている (閉じている) ことを確認して，スイッチSを閉じ，無負荷運転する。

② 運転状態になったら，スイッチ S_1，S_2 を開き，各計器の値を表2のように記録する。

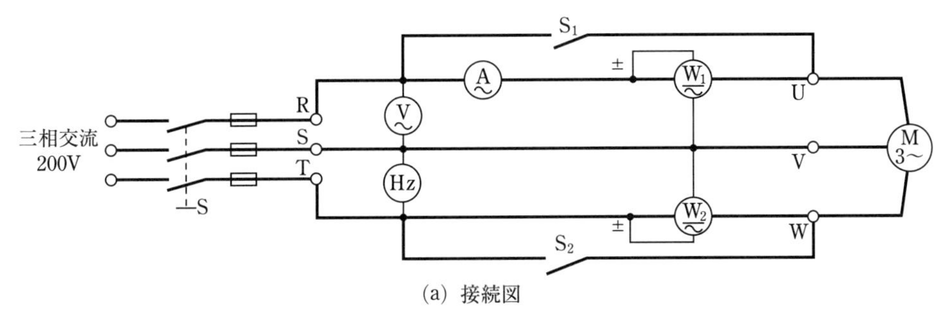

(a) 接続図

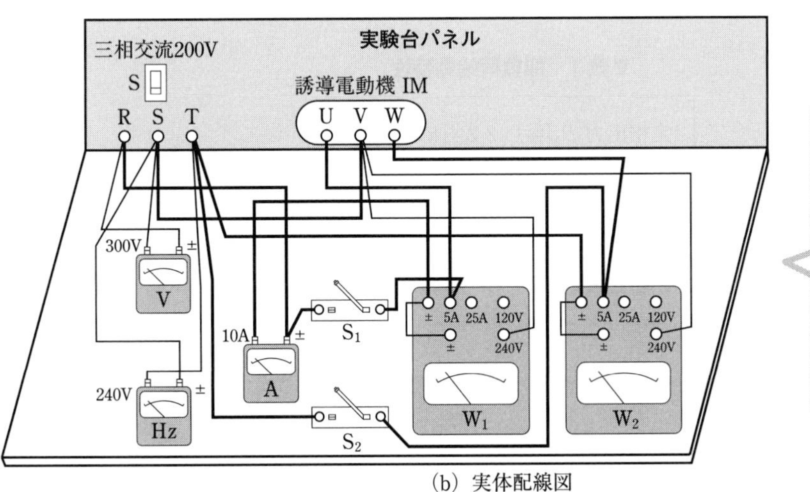

(b) 実体配線図

注意
電力計が逆に振れたとき，切換スイッチがある場合はスイッチを切り換えて読み，スイッチがない場合は電圧端子の接続替えをして読み，その読みに－をつけて $W_1+(-W_2)$ のように表す。

▲図6 無負荷特性

電気機器編

5 結果の整理

[1] 実験 1 で記録した構造の図や写真に，各部の名称を記入しなさい。

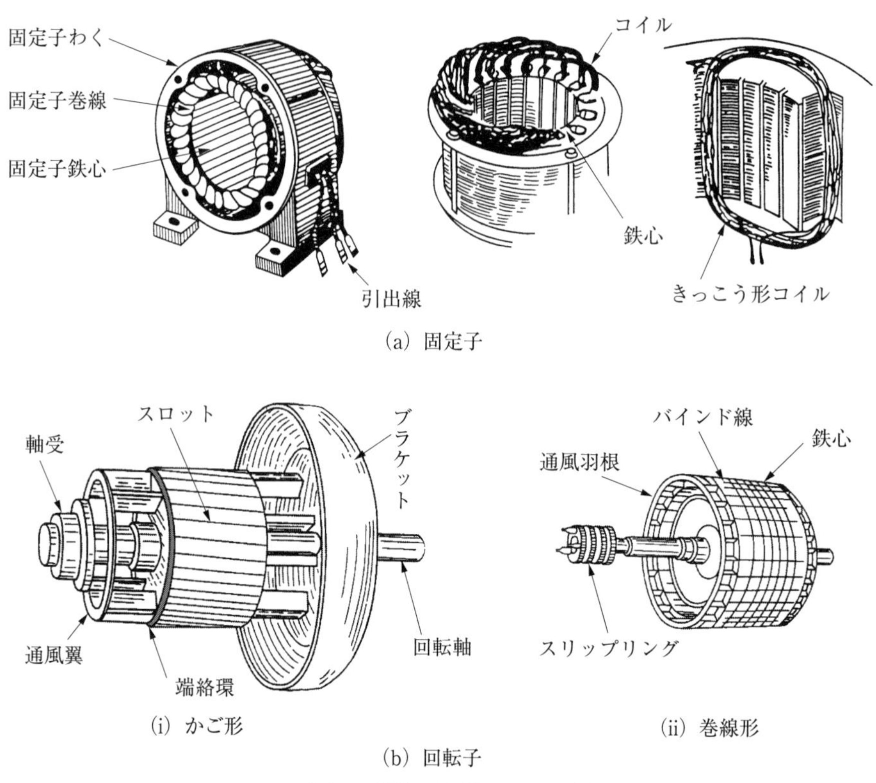

(a) 固定子

(i) かご形　(ii) 巻線形

(b) 回転子

▲図 7　構造の記録図と記入例

[2] 供試三相かご形誘導電動機の定格出力 P_n [kW]，定格電圧 V_n [V]，定格電流 I_n [A] と，実験 2 で測定した始動電流 I_{st} [A]を表 1 のように整理しなさい。

▼表 1　無負荷始動特性

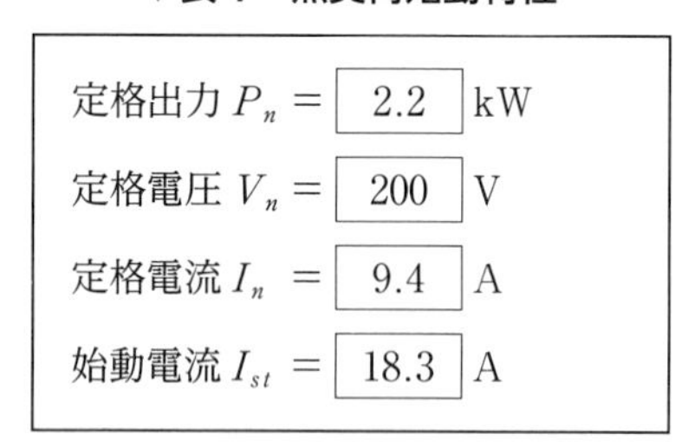

定格出力 P_n =	2.2	kW
定格電圧 V_n =	200	V
定格電流 I_n =	9.4	A
始動電流 I_{st} =	18.3	A

[3] 実験3 の測定結果から，無負荷損 P_0 [W]，力率 $\cos\theta$，百分率無負荷電流 I_0' [%] および百分率無負荷損 P_0' [%]を求めて，表2のように整理しなさい。

▼表2　無負荷特性

供給電圧（V の読み）　$V_n = \boxed{203}$ V

周波数（Hz の読み）　$f = \boxed{50}$ Hz

無負荷電流（A の読み）　$I_0 = \boxed{4.9}$ A

無負荷損（W_1 の読み P_1，W_2 の読み P_2）$P_0 = P_1 + P_2 = \boxed{0 + 110 = 110}$ W

$$力率 = \cos\theta = \frac{有効電力}{皮相電力} = \frac{P_0}{\sqrt{3}\,V_n I_0} = \boxed{\frac{110}{\sqrt{3} \times 203 \times 4.9} = 0.064}$$

$$百分率無負荷電流\ I_0' = \frac{I_0}{I_n} \times 100 = \boxed{\frac{4.9}{9.4} \times 100 = 52.1}\ \%$$

$$百分率無負荷損\quad P_0' = \frac{P_0}{P_n} \times 100 = \boxed{\frac{110}{2\,200} \times 100 = 5}\ \%$$

6 結果の検討

[1] 実験1 の分解組立用電動機において，記録したスケッチや写真の回転子からその形式を判断してみよう。また，固定子鉄心と回転子鉄心の厚さはどちらが厚いか。その違いの理由を考えてみよう。

[2] 実験1 の分解組立用電動機の全スロット数を数え，銘板に示された極数を確認し，毎極・毎相のスロット数を求めてみよう。また，コイルピッチ（コイル間隔：電気角 [rad]，距離 [mm]またはスロット数で表す）がスロット数でいくらになるか調べ，図3(b)のような略図を描きなさい。

[3] 実験2 において，始動電流 I_{st} [A]と定格電流 I_n [A]の大きさを比べてみよう。また，始動のさいに注意するべきことを考えてみよう。

[4] 実験3 の表2で，無負荷における力率 $\cos\theta$ が悪い理由を考えてみよう。

7 円線図法による三相誘導電動機の特性

1 目的

三相誘導電動機について，固定子巻線の抵抗測定・無負荷試験・拘束試験を行い，それらから得られた測定値を用いて円線図の描きかたを習得するとともに，負荷を直結せずに円線図から三相誘導電動機の諸特性の読み取りかたを学ぶ。

2 使用機器

機器の名称	記号	定格など
供試三相誘導電動機	IM	2.2 kW，200 V，8.5 A，4 極，1 500 min^{-1}，50 Hz
三相誘導電圧調整器	IR	3 kV·A，一次：200 V，二次：200 ± 200 V，8.7 A
ホイートストンブリッジ		0.01 Ω ~ 1 MΩ
交流電圧計	V	150/300 V
交流電流計	A	10/50 A
単相電力計 (2 台)	W_1，W_2	5/25 A，120/240 V (三相電力計でも可)
回転計		2 000/20 000 min^{-1}

3 関係知識

図 1 (a)の三相誘導電動機の一次側に換算した簡易等価回路において，一次電流 $\dot{I}_1$ [A] のベクトルの先端の軌跡は，図 1 (b)のように半円を描く。この線図を**円線図**といい，簡易等価回路をもとにして描いた円線図を**ハイランド円線図**という。円線図を用いると，誘導電動機に実際に負荷をかけないで，任意の負荷状態における特性を知ることができる。

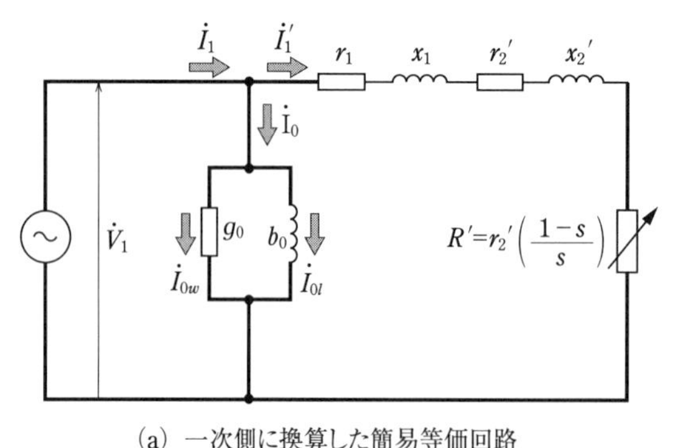

(a) 一次側に換算した簡易等価回路

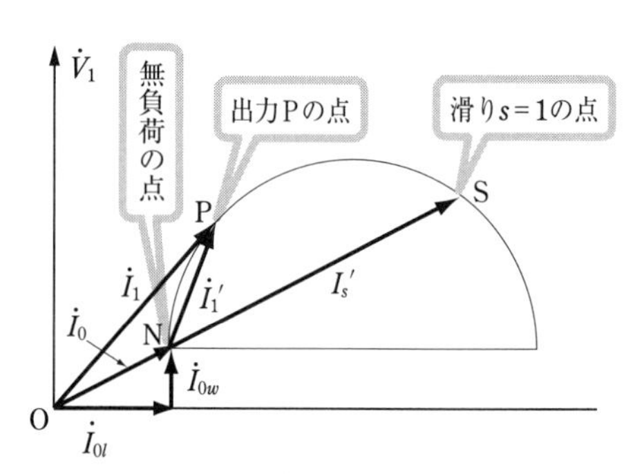

(b) 円線図

▲図 1　簡易等価回路と円線図

4 実験

実験 1 固定子巻線の抵抗測定

図2のようにホイートストンブリッジを用いて，三相誘導電動機の端子U，V間，V，W間，W，U間の各抵抗を測定する。あわせて，室内温度を測定し，表1のように記録する。

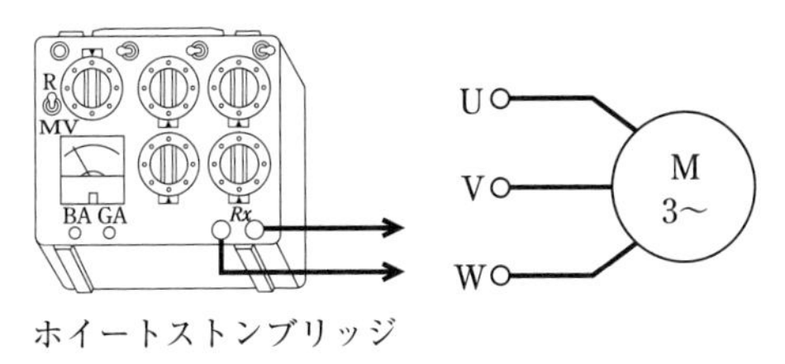

▲図2 固定子巻線の抵抗測定

実験 2 無負荷試験

① 図3のように結線する。

② 三相誘導電圧調整器IRのハンドルが0の位置にあることを確認してから，スイッチSを閉じる。

③ 電圧計Vの読みが最小であることを確かめて，電動機が始動するところまでIRを操作する。この場合，すばやく電圧を上昇させる。

④ IRを調整して，電圧計Vの読みを定格電圧 $V_n = 200$ V にし，このときの各計器の指示および回転速度を，表2のように記録する。電力計の指針が逆に振れたときは，電圧コイルの接続を逆にする。

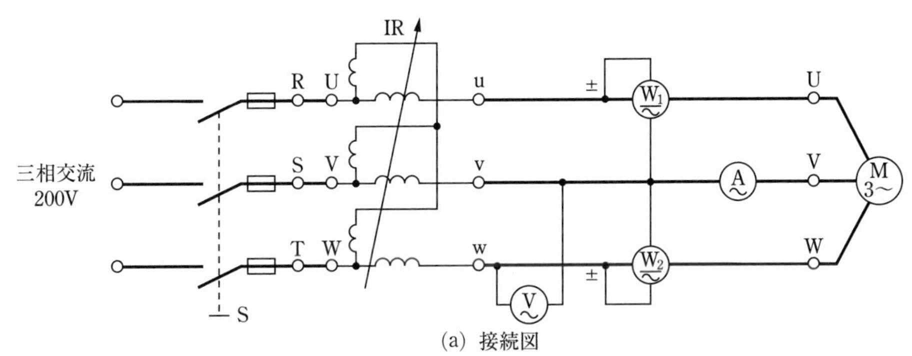

(a) 接続図

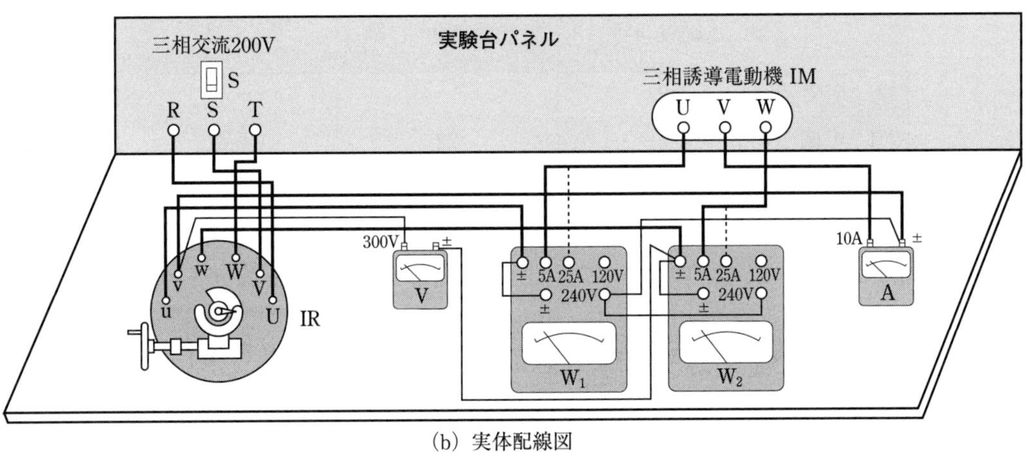

(b) 実体配線図

▲図3 無負荷試験回路

実験 3 拘束試験

① 図3の結線において，IRのハンドルが0の位置にあることを確かめてSを閉じる。

② 電動機の回転子が回転しないようにプーリを両手で押さえる(拘束する)。

③ IRを操作して，少しずつ電流計Aの値を定格値またはそれに近い値にする。この電流は回転子の拘束位置によって多少異なるので，最終的な拘束位置を図4の方法で定める。

④ 最終的な固定位置に電動機を拘束し，IRの操作によって供給電圧を変化させ，電流計Aの指示を定格値 I_{sn} [A]に調整し，そのときの各計器の指示を読み，表3のように記録する。

> 図4のように，プーリについて，極間隔に等しい区間を5等分し，各位置における拘束電流（短絡電流）を測定し，その平均電流を算出する。
> この平均電流に近い電流の流れる位置が，最終的に固定するところである。

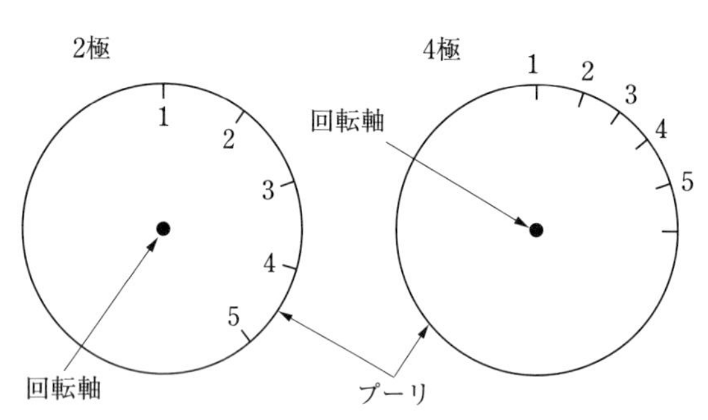

▲図4 拘束位置の決定

5 結果の整理

[1] 実験1 の結果を表1のように整理しなさい。

▼表1 固定子巻線の抵抗の測定結果

	抵抗値 [Ω]	室内温度 [℃]	1相の平均抵抗値 R_v [Ω]
U，V間	1.22	22	0.61
V，W間	1.21		
W，U間	1.21		

この測定値から，式(1)のように，1相分の抵抗の平均値を求めなさい。

$$1\text{相の平均抵抗値}\quad R_v = \frac{1.22 + 1.21 + 1.21}{6} \fallingdotseq 0.61\ \Omega \qquad (1)$$

[2] 実験2 の結果を表2のように整理しなさい。

▼表2　無負荷試験の測定結果

定格電圧 V_n [V]	無負荷電流 I_0 [A]	無負荷損 P_0 [W]			回転速度 n [min^{-1}]
		W_1 の読み P_1	W_2 の読み P_2	$P_1 + P_2$	
200	3.2	− 210	350	140	1 500

[3] 実験3 の結果を表3のように整理しなさい。

▼表3　拘束試験の測定結果

供給電圧 V_{sn} [V]	短絡電流 I_{sn} [A]	入力 P_{sn} [W]		
		W_1 の読み P_1	W_2 の読み P_2	$P_1 + P_2$
36	8.5	37	286	323

[4] 円線図の作成

(1)　次の手順で，円線図の作図に必要な数値を算出しなさい。

1)　基準巻線温度における固定子巻線1相分の抵抗 R_{75}

実験1 で測定した固定子巻線1相分の抵抗は，式 (2) のように，室温 t [℃]から75℃の値に換算する。

$$R_{75} = R_v \times \frac{235 + 75}{235 + t} = 0.61 \times \frac{235 + 75}{235 + 22} \fallingdotseq 0.74\ \Omega \tag{2}$$

2)　無負荷電流

表2で，定格電圧 V_n のときの無負荷電流が I_0，無負荷損が P_0 であるので，無負荷電流の有効分 I_{0w}，無効分 I_{0l} は，式 (3) のように計算できる。

$$\left.\begin{aligned} &\text{無負荷電流の有効分}\ I_{0w} = \frac{P_0}{\sqrt{3}\,V_n} = \frac{140}{\sqrt{3} \times 200} \fallingdotseq 0.4\ \text{A} \\ &\text{無負荷電流の無効分}\ I_{0l} = \sqrt{I_0{}^2 - I_{0w}{}^2} = \sqrt{3.2^2 - 0.4^2} \fallingdotseq 3.17\ \text{A} \end{aligned}\right\} \tag{3}$$

3)　短絡電流 (拘束時の電流)

表3で，定格電流またはそれに近い短絡電流が I_{sn} であり，このときの供給電圧を V_{sn}，一次入力を P_{sn} とすれば，定格電圧 V_n のときの短絡電流 I_s，その有効分 I_{s1}，無効分 I_{s2} は，式 (4) のように計算できる。

$$\left.\begin{aligned} &\text{短絡電流}\quad I_s = I_{sn} \times \frac{V_n}{V_{sn}} = 8.5 \times \frac{200}{36} \fallingdotseq 47.2\ \text{A} \\ &\text{短絡電流の有効分}\quad I_{s1} = \frac{P_{sn}}{\sqrt{3}\,V_{sn}} \times \frac{V_n}{V_{sn}} = \frac{323 \times 200}{\sqrt{3} \times 36 \times 36} \fallingdotseq 28.8\ \text{A} \\ &\text{短絡電流の無効分}\quad I_{s2} = \sqrt{I_s{}^2 - I_{s1}{}^2} = \sqrt{47.2^2 - 28.8^2} \fallingdotseq 37.4\ \text{A} \end{aligned}\right\} \tag{4}$$

(2) 次の手順で，円線図を作図しなさい。

1) 尺度の決定

① 電流尺度　円の直径が 200 mm 以上になるように作図する。式 (4) の I_s はほぼ直径に等しいので，たとえば円の直径をおよそ 200 mm にするには，次のように，電流尺度を定める。

$$I_s = 47.2\ \mathrm{A} \rightarrow 200\ \mathrm{mm}\ \text{として，1 A あたり}\quad 1\ \mathrm{A} = \frac{200}{47.2} \fallingdotseq 4\ \mathrm{mm}$$

$$\text{ゆえに，}1\ \mathrm{mm} = 0.25\ \mathrm{A}\ (4\ \mathrm{mm/A},\ 0.25\ \mathrm{A/mm}) \tag{5}$$

② 電力尺度　定格電圧 V_n は一定であるから，有効電流 1 A のときの電力 P_1 は，

$$P_1 = \sqrt{3}\,V_n \times (\text{電流の有効分}) = \sqrt{3} \times 200 \times 1 = 346\ \mathrm{W}$$

1 A = 4 mm より，次のように，電力尺度が決まる。

$$346\ \mathrm{W} = 4\ \mathrm{mm}$$

$$\text{ゆえに，}1\ \mathrm{kW} = 11.5\ \mathrm{mm} \tag{6}$$

2) 作図

① グラフ用紙に x 軸，y 軸を描き，式 (5) の目盛で y 軸上に電流の目盛を描く (図 5)。

② 式 (3) の I_{0w} を y 軸上に，I_{0l} を x 軸上にとり，ベクトル $\dot{I}_0$ の先端 N を決める (図 6)。

③ 式 (4) から点 O を起点とし，I_{s1} を y 軸上に，I_{s2} を x 軸上にとり，ベクトル $\dot{I}_s$ の先端 S を決める (図 7)。

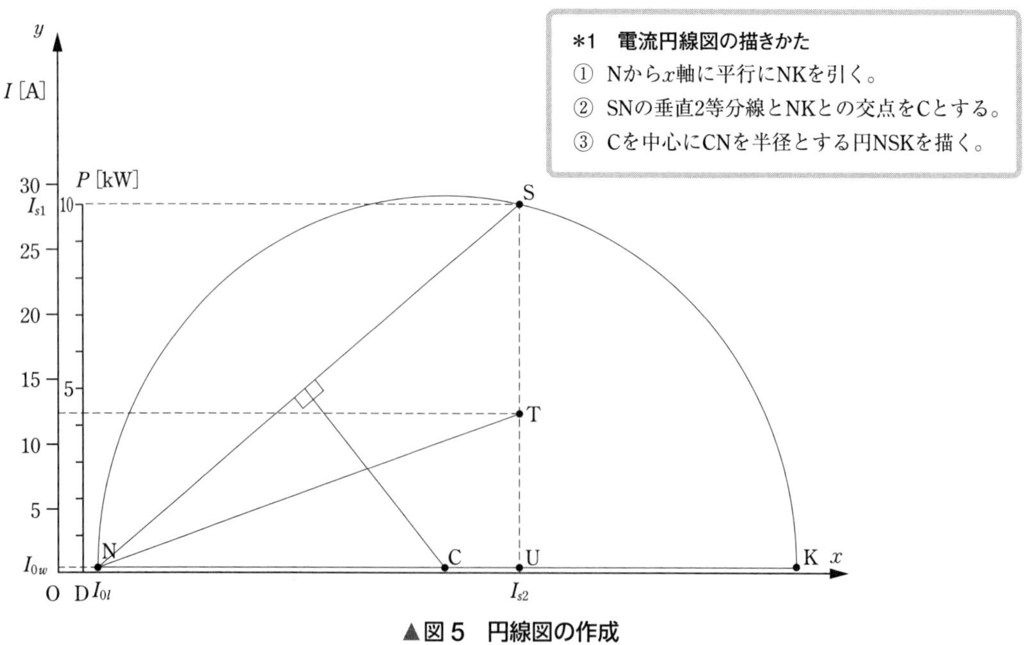

▲図 5　円線図の作成

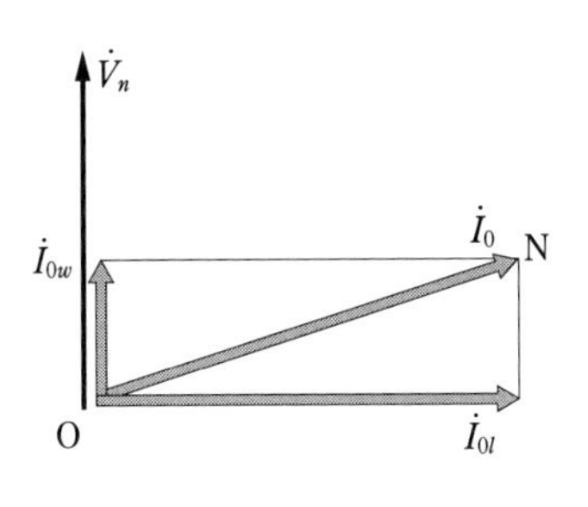

▲図6　$\dot{V}_n$ に対する $\dot{I}_0$ の関係

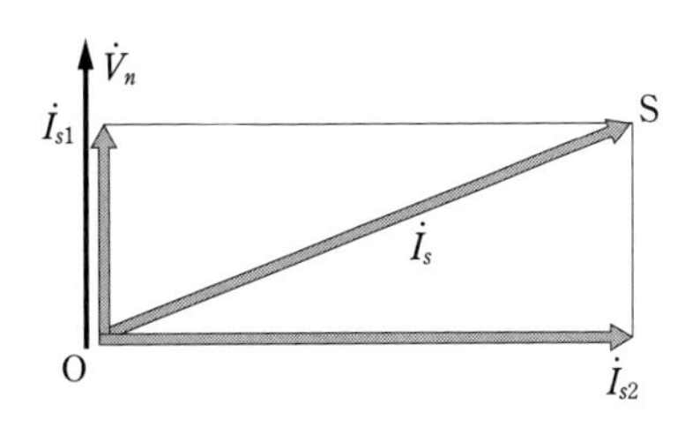

▲図7　$\dot{V}_n$ に対する $\dot{I}_s$ の関係

④　図5の＊1の描きかた②より，点Cを求め，同じく③より電流円線図NSKを描く。

⑤　$\overline{SN}$ を延長して，x 軸との交点をDとする。これが出力線となる。図5のように点Dより y 軸と平行な電力線を引き，式(6)を用いて電力目盛を描く。

⑥　図5のように，点Sから $\overline{NK}$ に垂線を引き，その交点をUとする。

5　$\overline{SN}$ の長さを測定し，電流に換算した値を $\overline{SN}$ [A]とすると，一次抵抗損 P_{c1} は次式から求められる。

$$一次抵抗損\ P_{c1} = 3R_{75}\,(\overline{SN})^2 \qquad (7)$$

P_{c1} を式(6)の電力尺度で長さに換算して，これを $\overline{US}$ 上に $\overline{UT}$ としてTを決定する。TとNを結んだ線 $\overline{TN}$ がトルク線である。

10　⑦　図8の＊2の描きかたのように，Oを中心とした任意の半径 $\overline{OM}$ での力率円と，y 軸の左側に力率目盛[%]を描く。

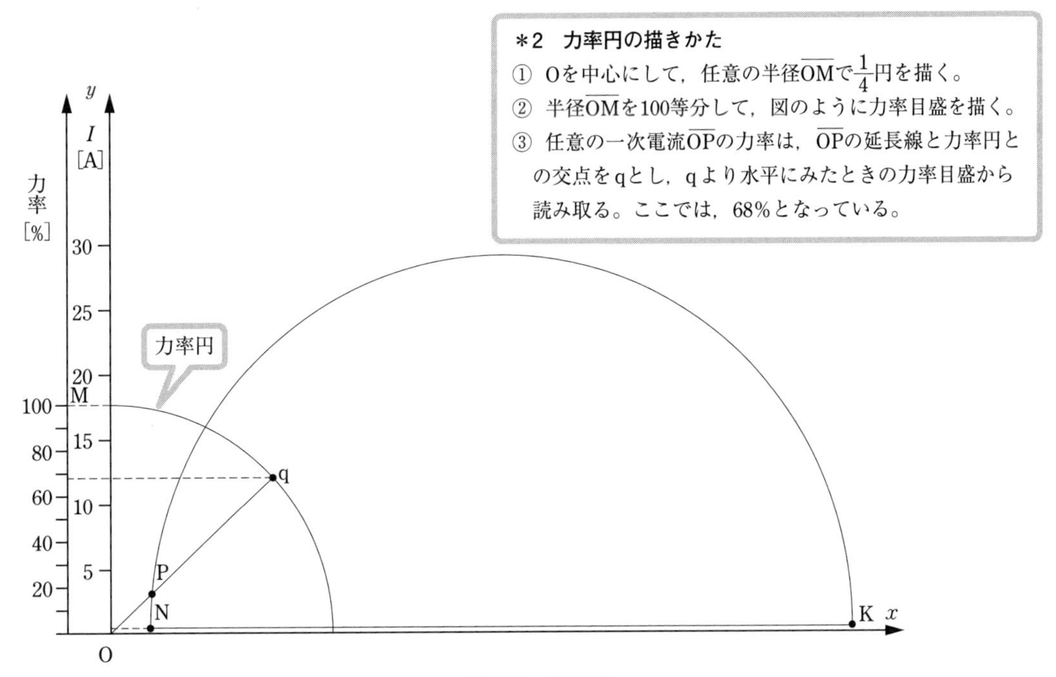

▲図8　力率円

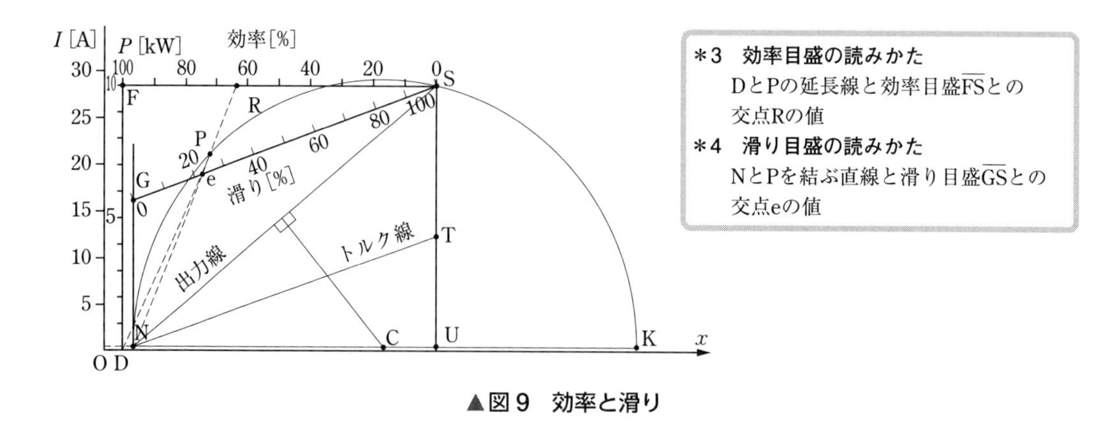

▲図9　効率と滑り

⑧　図9のように，点Sまたは$\overline{\mathrm{SN}}$の延長上の任意の点から，x軸に平行な線を引き，電力線との交点をFとする。Fを100，Sを0として，$\overline{\mathrm{FS}}$に100等分線を施すと，$\overline{\mathrm{FS}}$は効率目盛［%］となる。

⑨　図9のように，点Sから$\overline{\mathrm{TN}}$に平行な線を引く。点Nから$\overline{\mathrm{NK}}$に垂直な線を引き，その交点をGとする。Gを0，Sを100として$\overline{\mathrm{GS}}$に100等分目盛を施すと，$\overline{\mathrm{GS}}$は滑り目盛［%］となる。

(3)　図7，8，9を一つにまとめた図10の円線図から，次の手順で各種データを読み取り，表4のように記入しなさい。

①　電力目盛において，定格出力の0～200%の範囲内で，等間隔の10点を決める。これらの各点から出力線$\overline{\mathrm{NS}}$を基準に平行な線を引き，電流円線図NSKとの交点$\mathrm{P_1}$，$\mathrm{P_2}$…$\mathrm{P_{10}}$を定める。

②　各値を以下のように求める。

・一次電流I［A］($=\overline{\mathrm{OP}_n}$)…線分$\overline{\mathrm{OP}_n}$を電流目盛で読む。ただし，$P_n$は$P_1$，$P_2$，…$P_{10}$とする。

・出力（機械的出力）P［kW］($=\overline{\mathrm{P}_n\mathrm{a}}$)…$P_n$から$x$軸に垂線を引き，出力線$\overline{\mathrm{SN}}$との交点をaとして，線分$\overline{\mathrm{P}_n\mathrm{a}}$を電力目盛で読む。

・二次入力（回転子入力）P_{2n}［kW］($=\overline{\mathrm{P}_n\mathrm{b}}$)…$P_n$から$x$軸に垂直な線を引き，$\overline{\mathrm{TN}}$との交点をbとする。線分$\overline{\mathrm{P}_n\mathrm{b}}$を電力目盛で読む。

・同期速度n_s［min^{-1}］…fを周波数［Hz］，pを極数として，$n_s=\dfrac{120f}{p}$より求める。

・出力トルクT［N·m］…P_{2n}とn_sを$T=\dfrac{P_{2n}}{2\pi\left(\dfrac{n_s}{60}\right)}$に代入して，計算から求める。

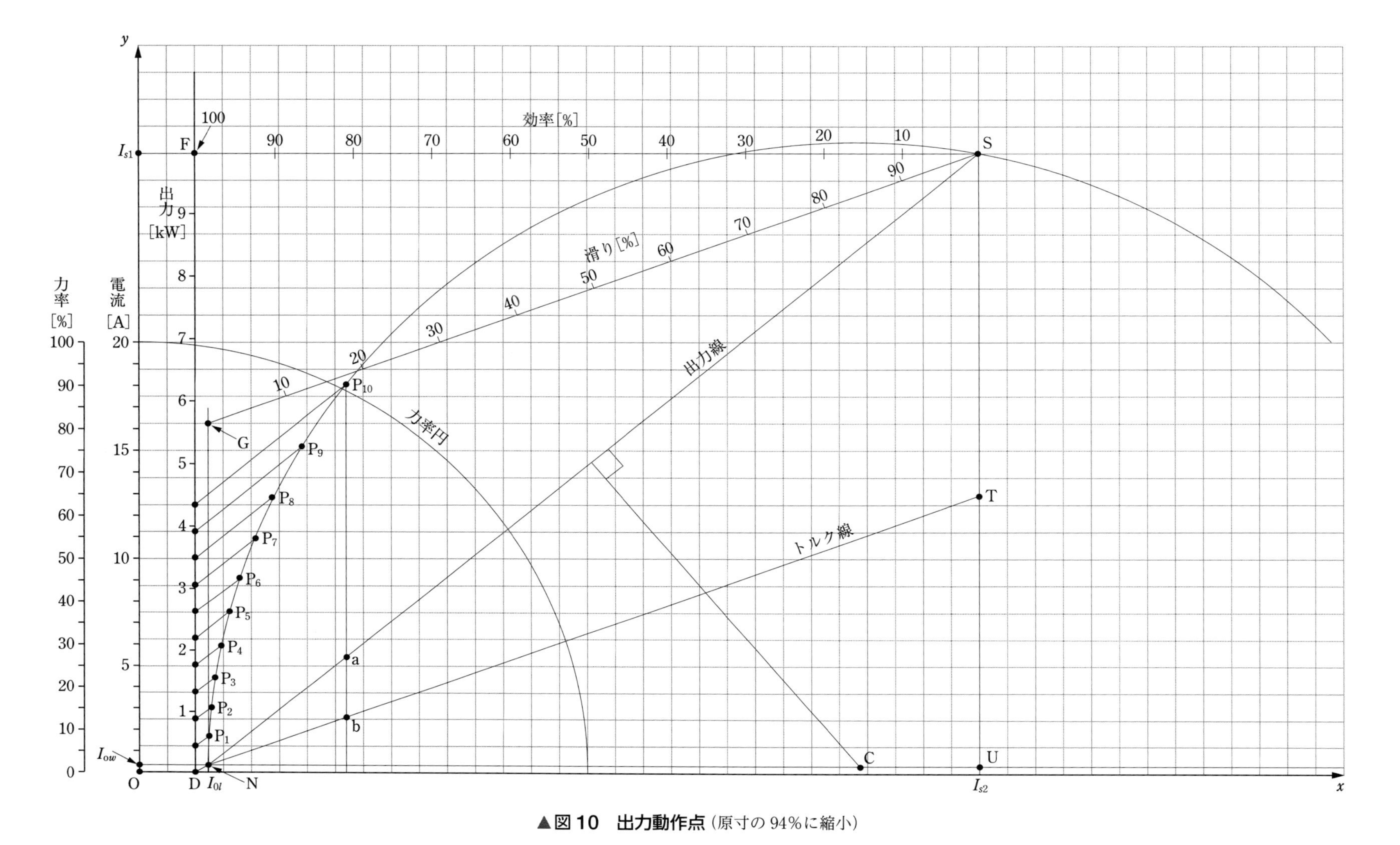

▲図 10　出力動作点（原寸の 94%に縮小）

・力率 $\cos\theta$ [%]…線分 $\overline{\mathrm{OP}_n}$ の延長線と力率円との交点を，力率目盛で読む。

・効率 η [%]…線分 $\overline{\mathrm{DP}_n}$ の延長線と効率目盛との交点を読む。

・滑り s [%]…線分 $\overline{\mathrm{NP}_n}$ の延長線と滑り目盛との交点を読む。

・回転速度 n [min^{-1}]…n_s と s を $n = n_s(1 - s)$ に代入して，計算から求める。

▼表4　円線図から求めた出力特性

[供試三相誘導電動機の定格] 出力 $P_n = 2.2$ kW，電圧 $V_n = 200$ V
電流 $I_n = 8.5$ A，極数 $p = 4$
回転速度 n_n (同期速度 n_s) $= 1\,500$ min^{-1}
電源周波数 $f = 50$ Hz

運転状態	一次電流 I [A]	出力 P [kW]	二次入力 (回転子入力) P_{2n} [kW]	出力トルク T [N・m]	力率 $\cos\theta$ [%]	効率 η [%]	滑り s [%]	回転速度 n [min^{-1}]
P_1	3.6	0.44	0.435	2.77	48.5	76.1	0.7	1 490
P_2	4.5	0.88	0.913	5.81	69.5	82.9	2.0	1 470
P_3	5.6	1.32	1.391	8.86	80.0	85.7	3.1	1 454
P_4	7.0	1.76	1.870	11.90	85.5	85.0	4.4	1 434
P_5	8.6	2.20	2.391	15.22	88.0	84.0	6.1	1 409
P_6	10.3	2.64	2.870	18.27	90.0	82.5	7.5	1 388
P_7	12.1	3.08	3.435	21.87	91.5	80.7	9.2	1 362
P_8	14.3	3.52	3.957	25.19	91.5	78.2	11.5	1 328
P_9	16.9	3.96	4.609	29.34	90.5	74.6	14.2	1 287
P_{10}	20.4	4.40	5.348	34.05	87.5	70.0	18.0	1 230

出力トルク $T = \dfrac{P_{2n}}{2\pi\left(\dfrac{n_s}{60}\right)}$

同期速度 $n_s = \dfrac{120f}{p}$

回転速度 $n = n_s(1 - s)$

6 結果の検討

[1] 表4から，図11のような出力特性曲線を描いてみよう。

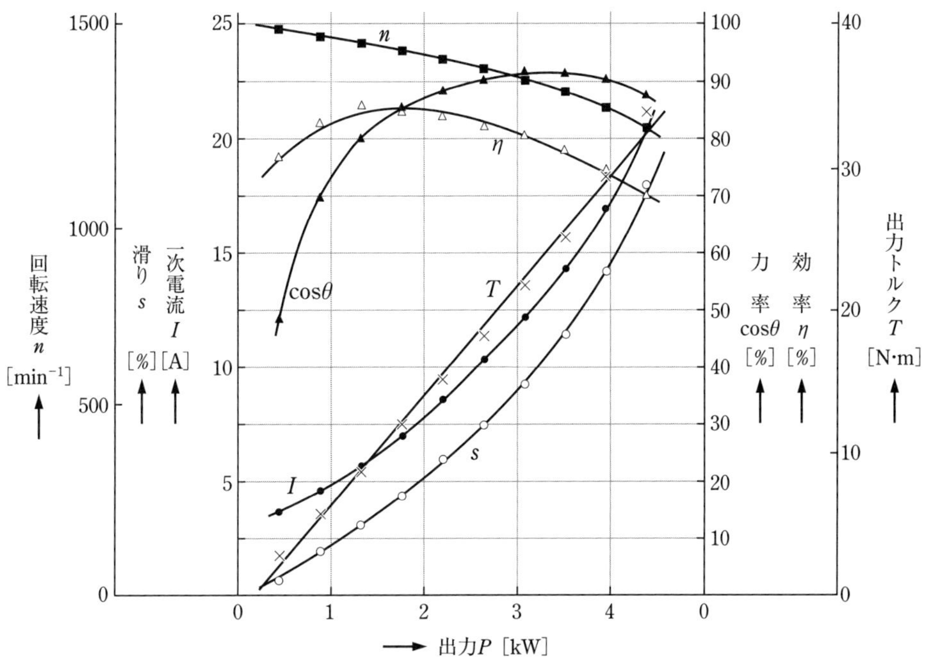

▲図 11　三相誘導電動機の出力特性

[2] 描いた出力特性曲線から，定格出力に対する力率 $\cos\theta$，効率 η などの値を求めてみよう。

[3] 出力に対する各値の変化のようすを検討してみよう。

8 電気動力計による三相誘導電動機の負荷特性

1 目的

渦電流制動形電気動力計を用いて，三相誘導電動機の実負荷試験を行い，出力の変化に対する各種の負荷特性を測定し，三相誘導電動機について理解を深める。

2 使用機器

機器の名称	記号	定格など
供試三相誘導電動機	IM	1.5 kW，200 V，6.8 A，4 極，1 420 min^{-1}，50 Hz
渦電流制動形電気動力計	ECM	2 kW，100 V，3.2 A，4 極，1 500 min^{-1}，50 Hz
三相誘導電圧調整器	IR	3 kV·A，一次：200 V，二次：200 ± 200 V，8.7 A
交流電圧計	V	150/300 V
交流電流計	A	2/5/10/20 A
直流電流計	A_f	1/3/10/30 A
三相電力計	W	5/25 A，120/240 V
界磁抵抗器	R_f	実験台パネルに付属
トルク表示器		電気動力計の付属品（ディジタル式）

3 関係知識

1 電気動力計の原理と構造

図 1 (a)は，渦電流制動形電気動力計の構造図である。回転円板をはさむように，両側に磁極が配置されている。また，磁極を取りつけている支持わくは，軸受を二重にして，自由に回転できるようになっている。電動機と連結して，回転円板が回転する。

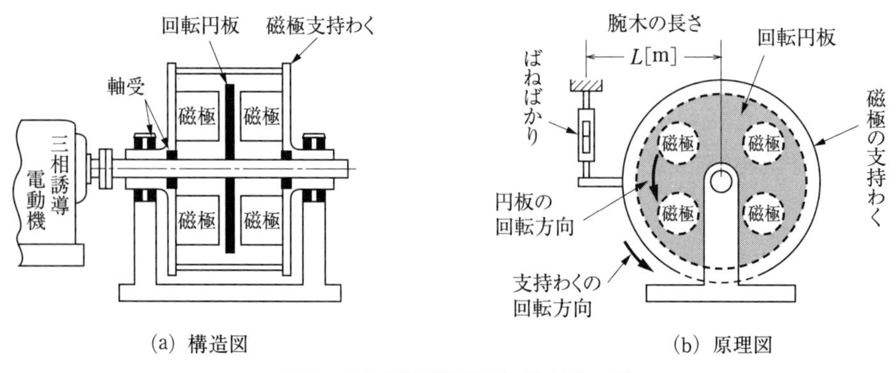

▲図 1　渦電流制動形電気動力計の例

図1(b)において，回転円板を電動機で回転させ，磁極に界磁電流を流すと，円板内にはフレミングの法則により，渦電流が発生し制動力が加わる。この制動力と同じトルクが磁極にも生じるので，磁極の支持わくも回転しようとする。そこで，支持わくにばねばかりを取りつけておけば，ばねばかりはある長さだけ伸びた状態で平衡する。このとき，ばねばかりの読みが W [kg]，腕木(うでぎ)の長さが L [m]であれば，トルク T は次のように表せる。

$$T = 9.8\,WL \ \ [\mathrm{N \cdot m}] \tag{1}$$

2 電動機のトルクと出力

供試電動機と電気動力計を連結し回転させたとき，電動機の駆動トルクを T [N·m]，回転速度を n [min^{-1}]とすると，出力 P_o [W]は式 (2) のように表される。

$$P_o = 2\pi \frac{n}{60} T \ \ [\mathrm{W}] \tag{2}$$

また，式 (1) を用いて，式 (2) を整理すると，P_0 [W]は式 (3) のように表される。

$$P_o = 2\pi \frac{n}{60} \times 9.8\,WL \ \ [\mathrm{W}] \tag{3}$$

すなわち，ばねばかりの読み W [kg]と，回転速度 n [min^{-1}]を測定することによって，出力 P_o を計算することができる。なお，腕木の長さ L [m]は，電気動力計の銘板などに記載されている。

3 誘導電動機の特性測定

出力特性は，出力に対して入力側のいろいろな値（電圧，電流，効率，力率など）が，どのような関係にあるかを示すものであって，電動機としては重要な特性の一つである。

誘導電動機に一般の負荷を接続したとき，出力は変えられるが，その値を知ることはできない。そこで，誘導電動機に電気動力計を接続すれば，出力は磁極の界磁電流により変えられるうえに，式 (3) から，その出力の値を知ることができる。よって，誘導電動機の特性を知るための実負荷試験では，電気動力計を用いることが多い。

4 実験

① 図2のように結線する。

② ディジタル表示器の電源を入れ，電気動力計のトルク表示が0となるように，動力計のバランスウエイトにより左右の平衡をとる。

③ 直流電源のスイッチ S_2 が開いており，三相誘導電圧調整器 IR のハンドルが0の位置にあることを確認してから，交流電源のスイッチ S_1 を閉じる。

④ IR のハンドルを徐々に回して電圧を上昇させ，三相誘導電動機 IM を始動させる。

⑤ IR を調整して，誘導電動機 IM に定格電圧 (200 V) を加え，その後，一定に保つ。

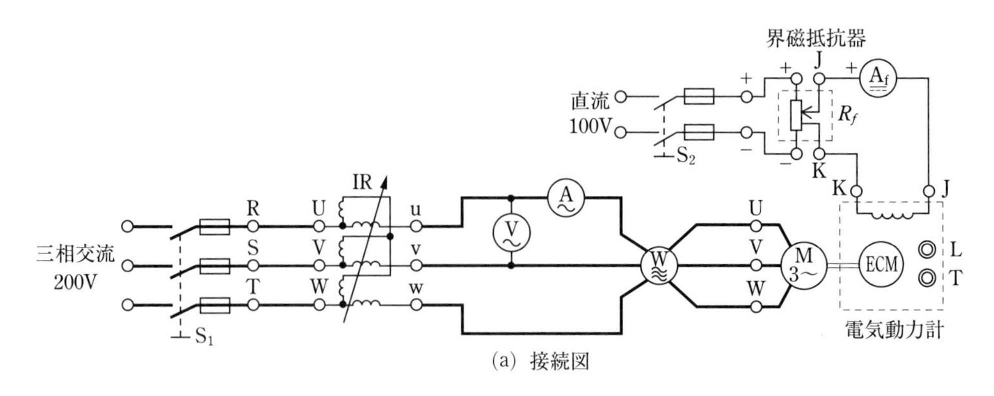

(a) 接続図

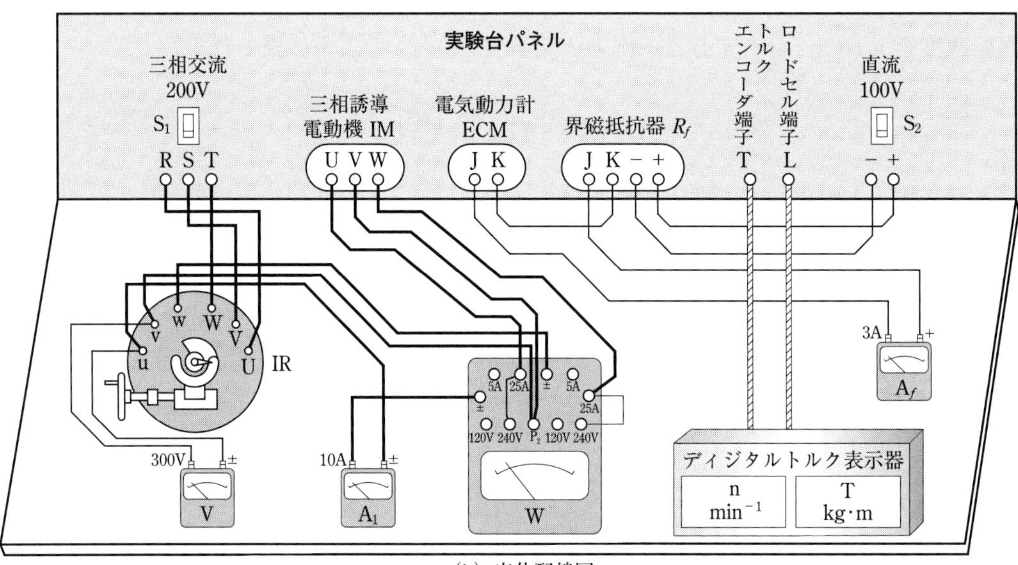

(b) 実体配線図

▲図 2　三相誘導電動機の負荷試験

⑥　直流電源のスイッチ S_2 を開いた状態（動力計の界磁電流 $I_f = 0$ A）で，そのときの各計器 A_1，W，n，T の指示（I_1，P，n，T）を読み，表 1 のように記録する。

⑦　界磁抵抗器 R_f の値を最大にして，S_2 を閉じる。

⑧　R_f を調整して，動力計の界磁電流 I_f を 0.2 A ずつ増加させ，そのつど各計器の指示を読み，表 1 のように記録する。なお，測定は誘導電動機の一次電流 I_1 の値が，定格の 120％程度になるまで行う。

5　結果の整理

[1] 実験⑥～⑧の結果を，表 1 のように整理しなさい。

[2] 出力 P_o [W]を，式 (2) を用いて求めなさい。

> **電気動力計に，はかりを使用している場合の出力 P_0 の計算方法**
> 　実験⑥～⑧において，はかりの読み W [kg]を測定・記録し，それをもとに式 (1) よりトルク T [N·m]を，また，式 (2) より出力 P_o [W]を計算する。

[3] 力率 $\cos\theta$ [%]，効率 η [%]，滑り s [%]を，式 (4) より求めなさい。

$$\left.\begin{aligned} &\cos\theta\ \ [\%] = \frac{P}{\sqrt{3}\,VI_1} \times 100 \qquad \eta = \frac{P_o}{P} \times 100 \\ &s = \frac{n_s - n}{n_s} \times 100 \left(n_s = \frac{120f}{p} \qquad (p\text{ は極数})\right) \end{aligned}\right\} \qquad (4)$$

[4] 表 1 の結果から，出力 P_o を横軸にして，図 3 のようなグラフを描きなさい。

▼表 1　三相誘導電動機の負荷特性の測定結果

[供試三相誘導電動機の定格]　1.5 kW，200 V，6.8 A，4 極，1 420 min⁻¹，50 Hz

三相誘導電動機				動力計		三相誘導電動機の諸量の計算			
供給電圧 V [V] (V)	一次電流 I_1 [A] (A_1)	入力電力 P [W] (W)	回転速度 n [min^{-1}] (n)	界磁電流 I_f [A] (A_f)	トルク T [N·m] (T)	出力 P_o [W]	力率 $\cos\theta$ [%]	効率 η [%]	滑り s [%]
200 V 一定	4.10	280	1 499	0	0.225	35.3	19.7	12.6	0.07
	4.10	290	1 499	0.2	0.314	49.3	20.4	17.0	0.07
	4.10	300	1 498	0.4	0.441	69.1	21.1	23.0	0.13
	4.15	330	1 495	0.6	0.706	110.5	23.0	33.5	0.33
	5.94	1 530	1 456	2.2	7.78	1 186	74.4	77.5	2.93
	6.69	1 860	1 444	2.4	9.52	1 439	80.3	77.4	3.73
	7.85	2 310	1 427	2.6	11.98	1 789	85.0	77.4	4.87
	9.60	2 970	1 396	2.8	15.16	2 215	89.3	74.6	6.93

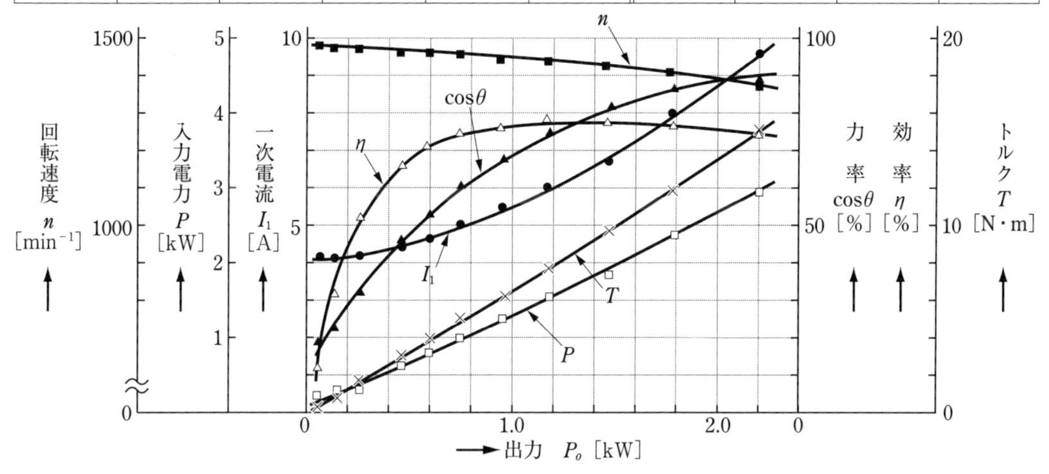

▲図 3　三相誘導電動機の負荷特性

6 結果の検討

[1] 図 3 の負荷特性において，出力 P_o の変化に対してトルク T はどのように変化しているか，式 (2) を参考にして検討してみよう。

[2] 供試誘導電動機の定格出力における効率 η は，およそ何%であるか，図 3 の特性曲線から求めてみよう。

9 三相同期発電機の特性

1 目的

三相同期発電機の無負荷試験・短絡試験を行い，得られた測定結果から三相同期発電機の特性についての理解を深める。

2 使用機器

機器の名称	記号	定格など
供試三相同期発電機	GS	2 kV·A，200 V，5.8 A，1 500 min^{-1}，50 Hz
直流分巻電動機	DM	2.2 kW，100 V，29 A，1 500 min^{-1}
直流電流計（2台）	A_{fa}，A_{fd}	0.1/0.3/1/3 A
直流電圧計	V	30/100/300/1 000 V
交流電流計	A	1/3/10/30 A
交流電圧計	V_0	150/300 V
周波数計	Hz	120/240 V，45 ~ 65 Hz
スイッチ	S_3	ヒューズ付き3極単投形

3 関係知識

1 三相同期発電機の原理

図1(a)は，三相同期発電機の原理図である。各相の電機子巻線は電気角 $\frac{2}{3}\pi$ rad ずつへだてて巻いた三相巻線で，磁極は外部の直流電源からブラシとスリップリングを通して励磁されている。磁極を図1(a)の矢印の向きに回転させると，図1(b)に示すように各相に e_a，e_b，e_c の起電力が誘導され，対称三相起電力が発生する。

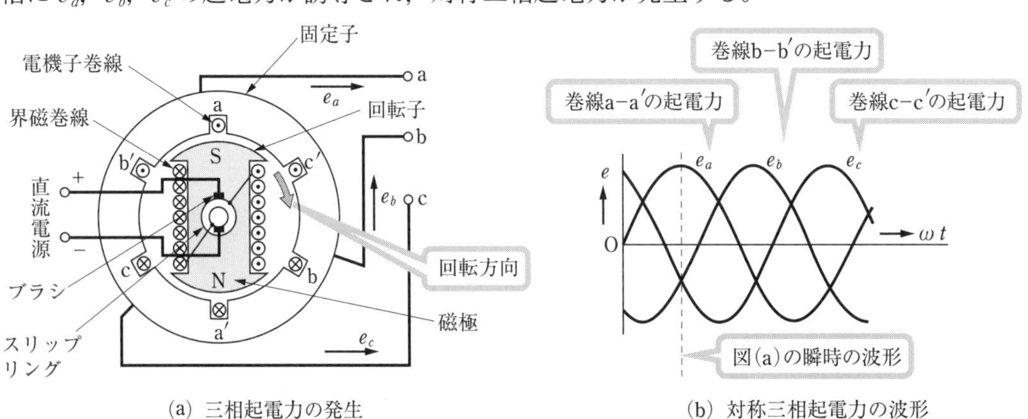

(a) 三相起電力の発生　(b) 対称三相起電力の波形

▲図1　三相同期発電機の原理

同期発電機は，図 1 (a)のように界磁巻線を回転子に設け，スリップリングを通して直流の界磁電流が供給される。このように，磁極が回転する発電機を**回転界磁形同期発電機**という。図 2 は，4 極の同期発電機の原理図である。同期発電機はごく小形のものを除き，電機子巻線を固定子に設けることで，絶縁が容易で大きな電流を取り出せる。

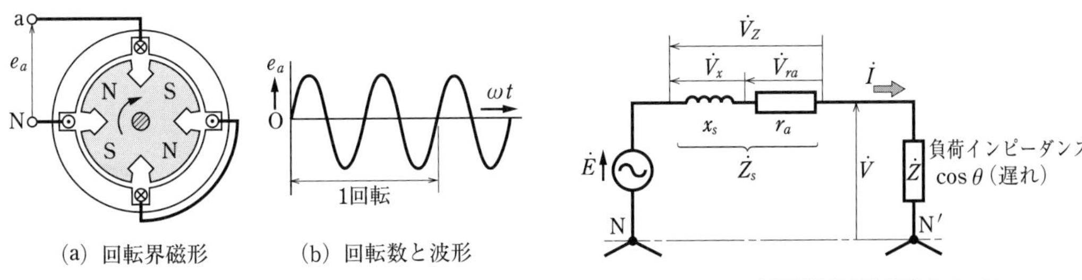

(a) 回転界磁形　(b) 回転数と波形

▲図 2　4 極発電機

▲図 3　発電機等価回路（1 相分）

2 発電機の等価回路

同期発電機が負荷に電力を供給して，発電機の電機子巻線に電機子電流が流れると，この電流により回転磁界が発生して電機子反作用が生じる。この電機子反作用を回路要素に置き換えた等価回路を用いると，発電機の誘導起電力と端子電圧の関係を理解するうえでたいへん便利である。図 3 は，同期発電機の 1 相分の等価回路である。

図 3 において，x_s [Ω] は**同期リアクタンス**とよばれ，電機子巻線抵抗を r_a [Ω] とすると，そのインピーダンス $\dot{Z}_s$ [Ω] は，式 (1) のように表される。

$$\dot{Z}_s = r_a + jx_s \ [\Omega], \qquad Z_s = \sqrt{r_a^{\,2} + x_s^{\,2}} \ [\Omega] \tag{1}$$

$\dot{Z}_s$ [Ω] は，**同期インピーダンス**とよばれ，Z_s [Ω] はその大きさを表す。

3 無負荷飽和曲線

図 4 (a)のように，同期発電機の端子を無負荷にして，定格回転速度で運転する。このとき，界磁電流 I_f [A] と端子電圧 V [V] の関係を調べる。界磁電流 I_f によって生じる磁束を Φ [Wb] とすると，端子電圧 V は磁束 Φ と比例関係になる。また，I_f と Φ との関係は，磁極鉄心による飽和特性になる。したがって，I_f と V との関係は，図 4 (b)に示すように飽和特性を示す。これを同期発電機の**無負荷飽和曲線**という。

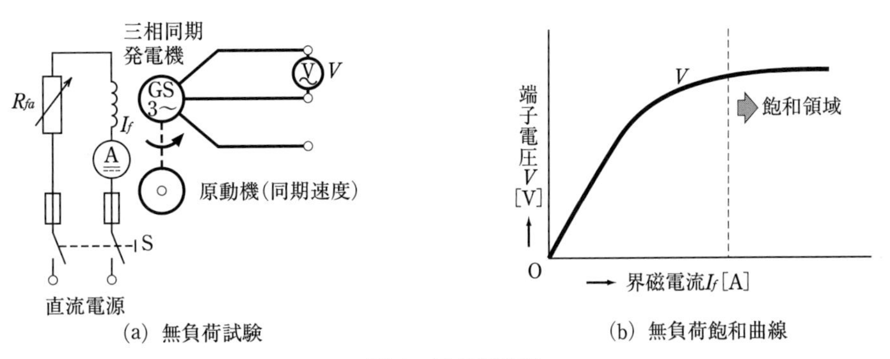

(a) 無負荷試験　(b) 無負荷飽和曲線

▲図 4　無負荷特性

4 短絡曲線

図5(a)のように，同期発電機の端子を電流計で短絡し，定格回転速度で運転させる。このとき，界磁電流 I_f [A]と電機子短絡電流 I_s' [A]の関係を調べると，図5(b)のように，比例関係になる。この特性曲線を**短絡曲線**という。

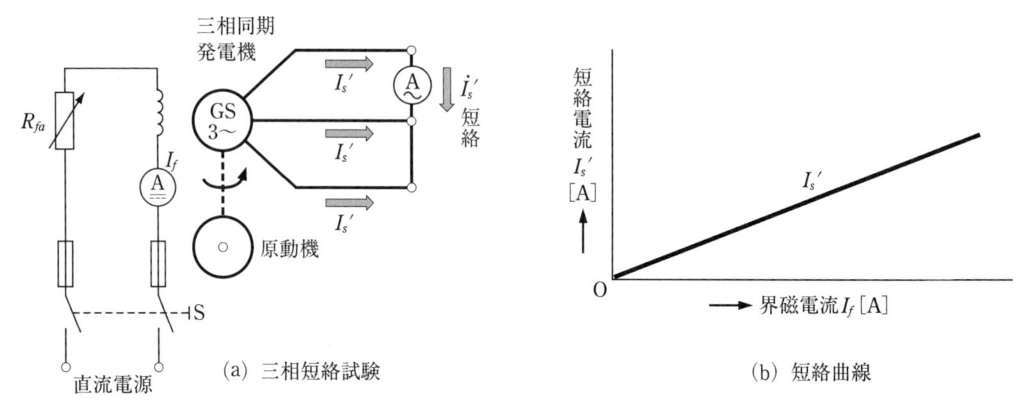

(a) 三相短絡試験　　(b) 短絡曲線

▲図5　短絡曲線

5 同期インピーダンスの求めかた

無負荷飽和曲線と短絡曲線の二つの特性曲線から同期インピーダンスを求めることができる。ここで，V_n [V]を定格電圧，I_s [A]を短絡電流とすると，図6の特性曲線から，同期インピーダンス Z_s [Ω]は，次式で表される。

$$Z_s = \frac{V_n}{\sqrt{3}I_s} = \frac{\overline{\mathrm{fb}}}{\sqrt{3}\ \overline{\mathrm{db}}} = \overline{\mathrm{hb}}\ \ [\Omega] \tag{2}$$

同期インピーダンスをΩ単位で表さないで，%単位で表す場合がある。これを**百分率同期インピーダンス** z_s [%]といい，次式で定義される。

$$z_s = \frac{Z_s I_n}{\frac{V_n}{\sqrt{3}}} \times 100 = \frac{I_n}{I_s} \times 100\ \ [\%] \tag{3}$$

ここで，I_n [A]は定格電流，I_s [A]は無負荷で定格電圧を発生するときの界磁電流と等しい界磁電流における短絡電流である。

6 短絡比の求めかた

図7において，無負荷で定格電圧 V_n [V]を発生させるのに要する界磁電流 I_{fs} と，定格電流に等しい短絡電流 I_n の発生に要する界磁電流 I_{fn} との比を**短絡比**といい，短絡比 S は，次式で表される。

$$S = \frac{I_{fs}}{I_{fn}} = \frac{I_s}{I_n} = \frac{100}{z_s} \tag{4}$$

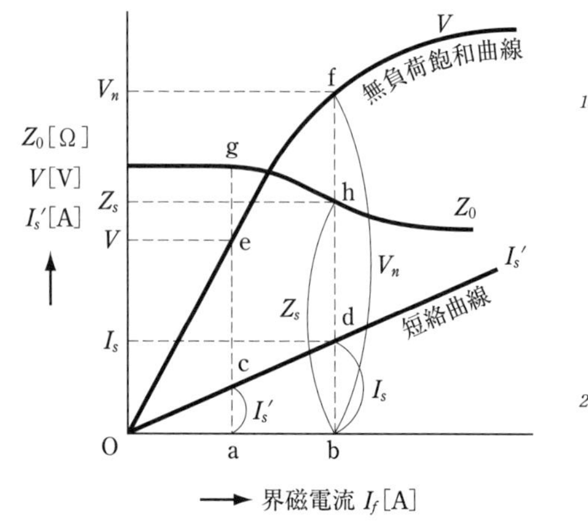

▲図6　特性曲線

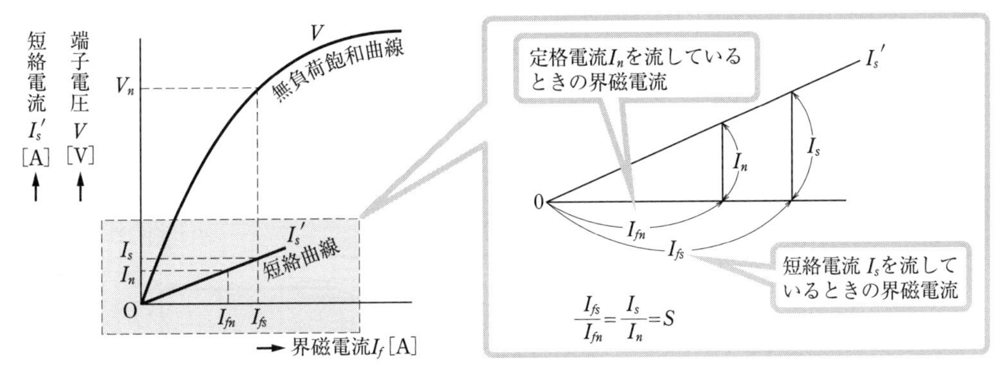

▲図7　短絡比の算出

4 実験

実験1 無負荷試験

① 図8のように結線する。

② 直流電動機DMと三相同期発電機GSをカップリングで直結する。

③ 直流電動機の界磁抵抗 R_{fd} を最小にし，S_2，S_3 が開いていることを確認してから，S_1 を閉じて始動器を操作し，直流電動機DMを始動させる。

④ 界磁抵抗 R_{fd} を調整して，三相同期発電機GSの回転速度 n を定格値にする。

⑤ S_3 を開いたまま，三相同期発電機の界磁抵抗 R_{fa} の抵抗値を最大にして，S_2 を閉じる。周波数計Hzの指示は定格値のはずであるが，異なるときは，R_{fd} を調整して，Hzの指示を定格値にし，以後，R_{fd} の調整によって，Hzの指示を一定にする。

⑥ 界磁抵抗 R_{fa} を調整して，界磁電流 A_{fa} の指示 I_{fa} を0，0.2，0.4のように0.2Aずつ変化させる。そのつど発電機の端子電圧 V_0 の指示を読み，表1のように記録する。

⑦ 発電機の端子電圧 V_0 の指示が定格電圧の130%程度になるまで，測定する。

測定上の注意

① DMとGSがカップリングで，正しく連結されているか確認する。

② 回転速度および周波数を，つねに定格値に保持する。

実験2 短絡試験

① 無負荷試験の運転状態のまま，三相同期発電機の界磁抵抗 R_{fa} を最大にする。発電機の電圧 V_0 の指示が小さくなったことを確認して，S_3 を閉じ，短絡状態にする。

② R_{fa} を調整して，界磁電流 A_{fa} の指示 I_{fa} を0，0.1，0.2と0.1Aずつ変化させ，そのつど交流電流計Aの指示 I_s を読み，表2のように記録する。

③ 交流電流計Aの指示 I_s が定格電流の150%程度になるまで測定する。

測定上の注意

実験中，回転速度に注意し，つねに回転速度を定格値に保持する。

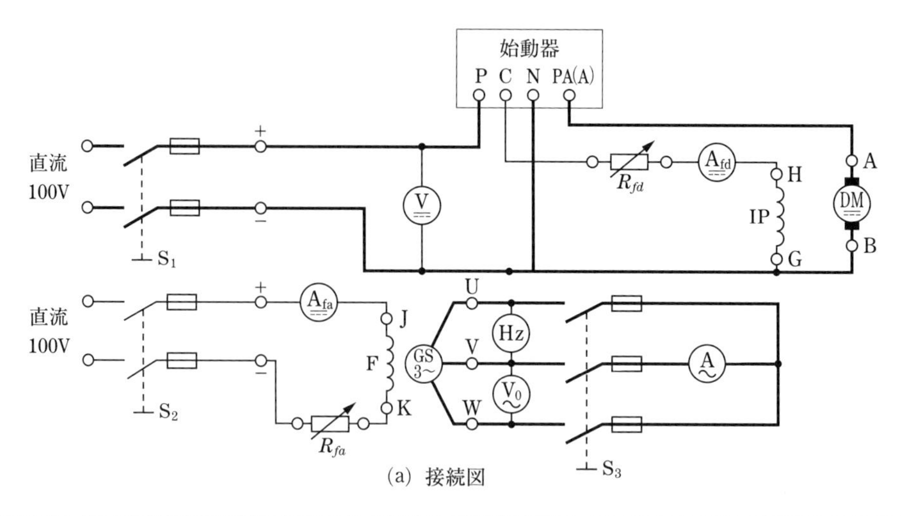

(a) 接続図

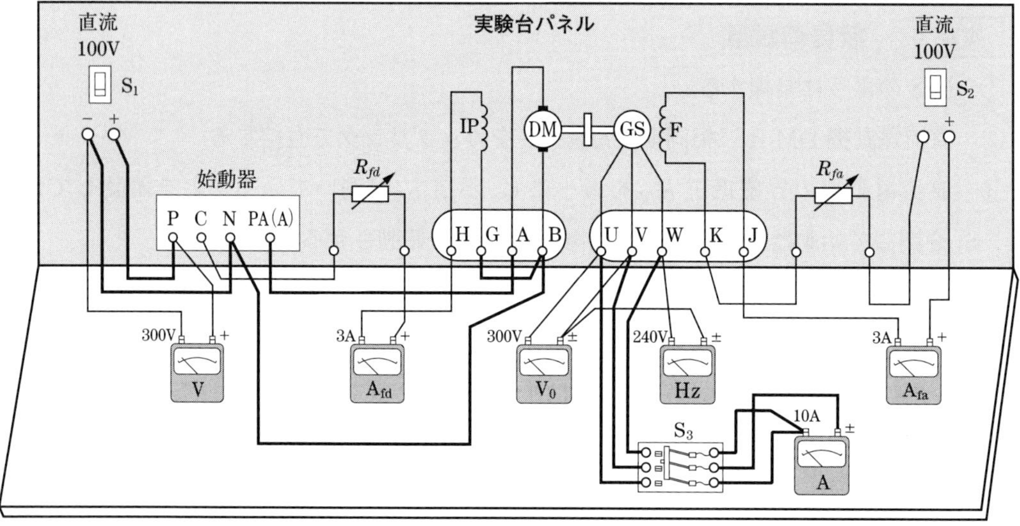

(b) 実体配線図

▲図 8　三相同期発電機の実験回路

5　結果の整理

[1] 実験 1 の測定結果を，表 1 のように整理しなさい。

▼表 1　無負荷飽和特性の測定結果

（供試三相同期発電機の定格：2 kV·A，200 V，5.8 A，1 500 min^{-1}）

界磁電流 I_{fa} [A] (A_{fa})	端子電圧 V_0 [V] (V_0)	周波数 f [Hz] (Hz)
0.0	10	50 Hz 一定
0.26	40	
0.4	61	
0.6	92	
0.8	124	
1.0	146	
1.2	166	50 Hz 一定
1.4	184	
1.6	198	
1.8	208	
2.0	218	

[2] 実験2 の結果を，表2のように整理しなさい。

▼表2　短絡特性の測定結果

界磁電流 I_{fa} [A] (A_{fa})	短絡電流 I_s [A] (A)	回転速度 n [min^{-1}] (n)
0.0	0.0	1500 min^{-1} 一定
0.26	3.3	
0.3	3.8	
0.4	4.4	
0.5	5.1	

界磁電流 I_{fa} [A] (A_{fa})	短絡電流 I_s [A] (A)	回転速度 n [min^{-1}] (n)
0.6	5.6	1500 min^{-1} 一定
0.7	6.4	
0.8	7.0	
0.9	7.8	
1.0	8.6	

[3] 表1，2の結果から，図9のグラフを描きなさい。

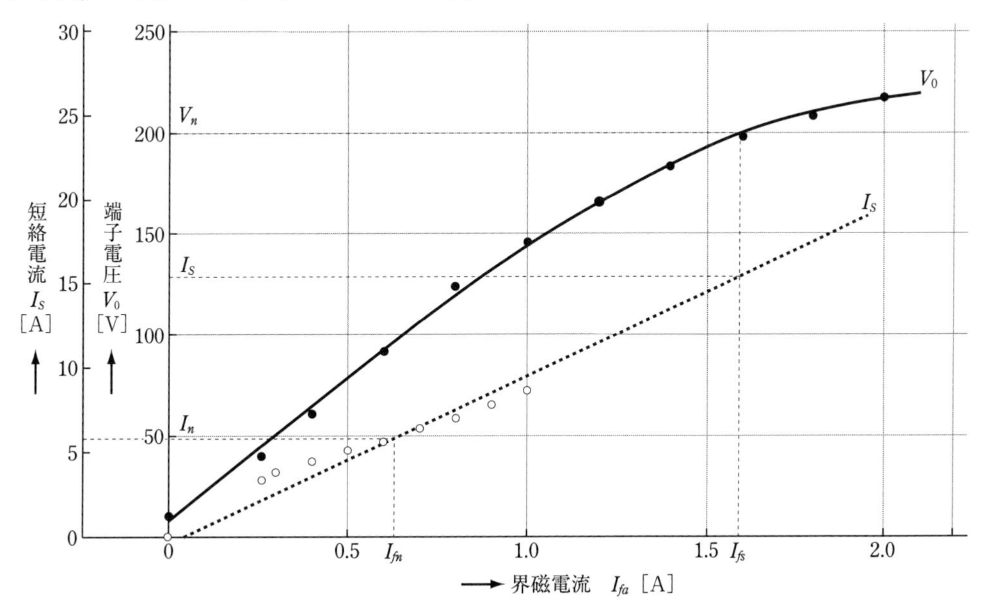

▲図9　無負荷飽和曲線と短絡曲線

6 結果の検討

[1] 図9のグラフから，式 (2) を用いて定格時の同期インピーダンス Z_s を求めてみよう。

[2] 図9のグラフから，式 (4) を用いて短絡比 S を求めてみよう。

[3] 式 (3) を用いて，百分率同期インピーダンス z_s [%] を求めてみよう。

[4] 定格時における発電機1相分の内部インピーダンスによる電圧降下はいくらか，計算してみよう。

[5] 短絡比の大小によって，三相同期発電機のどのような性質がわかるか，教科書などで調べてみよう。

10 三相同期発電機の並行運転

1 目的

2台の三相同期発電機の並行運転に必要な条件，および負荷分担の理論を学び，さらに，同期発電機の並行運転の操作方法を習得する。

2 使用機器

機器の名称	記号	定格など
供試三相同期発電機（2台）	GS_1，GS_2	2 kV·A，200 V，5.8 A，1 500 min^{-1}，50 Hz
直流分巻電動機（2台）	DM_1，DM_2	2.2 kW，100 V，29 A，1 500 min^{-1}
直流電流計（2台）	A_{f1}，A_{f2}	1.5/3 A
交流電流計（2台）	A_1，A_2	10 A
交流電圧計	V	300 V
周波数計	Hz	120/240 V，45 ~ 65 Hz
三相電力計（2台）	W_1，W_2	5/25 A，120/240 V
同期検定器	L_1，L_2，L_3	200 V 電球
可変三相平衡負荷	R_L	5 kV·A
スイッチ（2台）	S_4，S_5	2極双投形，ヒューズ付き3極単投形

3 関係知識

1 並行運転

[1] 並行運転の条件

2台以上の交流発電機を一つの母線に並列に接続し並行運転するには，次の条件を満足する必要がある。

① 起電力の大きさが等しい。　② 起電力の周波数が等しい。
③ 起電力の位相が一致している。　④ 起電力の波形が等しい。

[2] 同期検定器と検定灯

図1は，並行運転の接続図である。上記の①については，図1で，界磁回路の抵抗 R_{fg1}，R_{fg2} を調節して任意に変えることができ，電圧計 V で測定できる。②については，原動機の回転速度を変えることによって調整でき，周波数計 Hz で測定できる。③は，次のように，ランプ L_1，L_2，L_3 で検定する（三相同期発電機 GS_1，GS_2 の同相を検定する）。

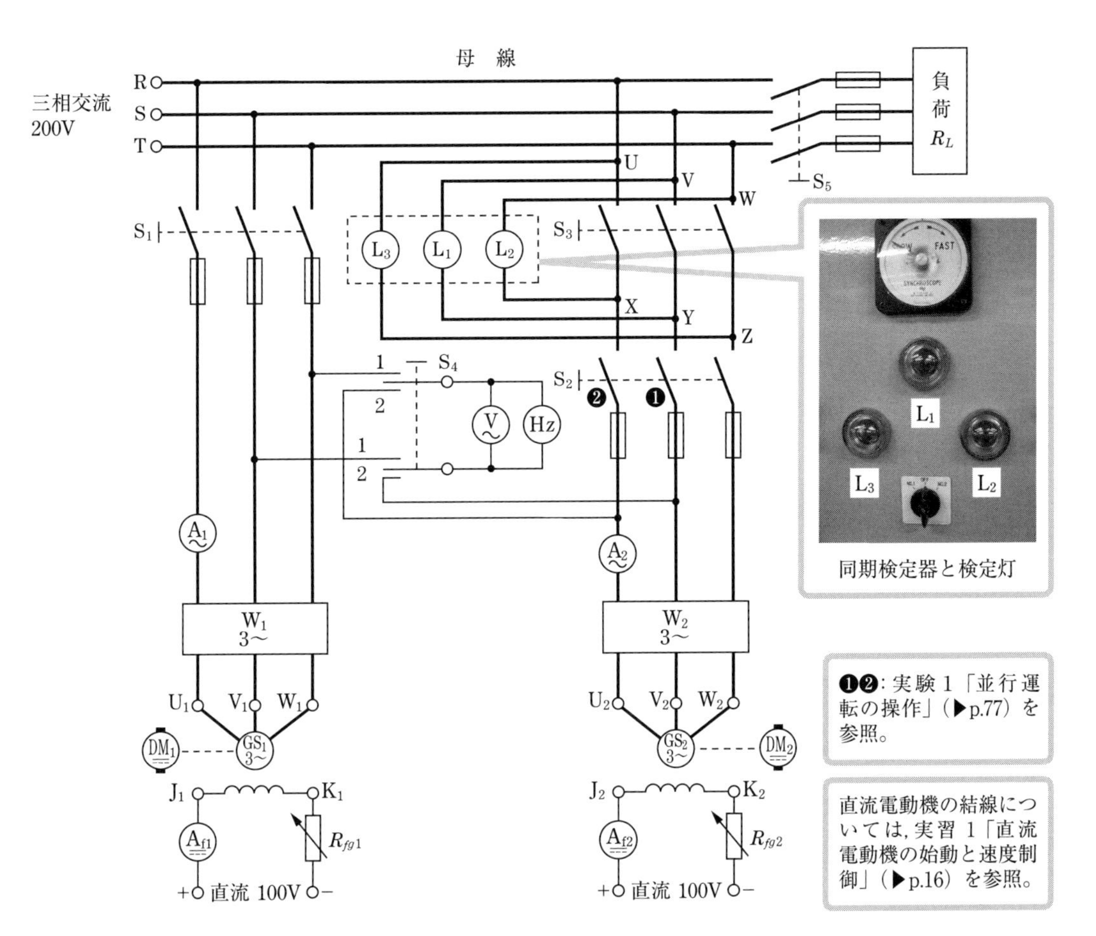

▲図 1　並行運転の接続図

いま, GS_1, GS_2 の相電圧が, 図 2 のように, θ だけずれているとき,

ランプ L_1 に加わる電圧　$\dot{V}_{VY} = \dot{V}_V - \dot{V}_Y$

ランプ L_2 に加わる電圧　$\dot{V}_{WX} = \dot{V}_W - \dot{V}_X$

ランプ L_3 に加わる電圧　$\dot{V}_{UZ} = \dot{V}_U - \dot{V}_Z$

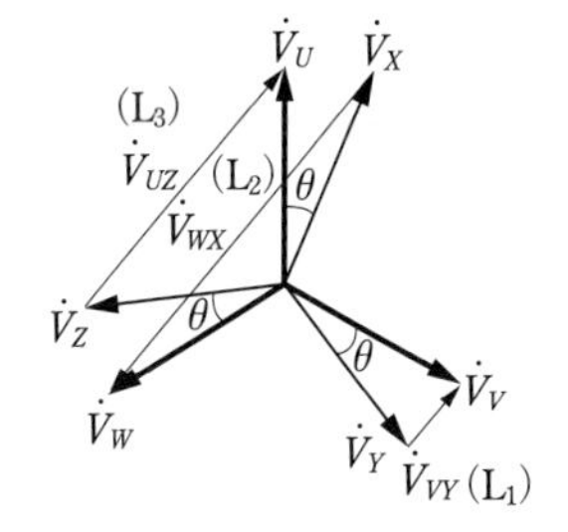

▲図 2　ベクトル図

となり, ベクトル図からわかるように, 電圧の大きさに比例してランプの明るさは L_2, L_3, L_1 の順になる。また, 並行運転では, 周波数と位相が一致しているかをみる同期検定器も利用されている。

(1) 同期・同相

図 2 の状態で, GS_1 と GS_2 の回転速度が等しければ, ランプの明るさは前記のままで, 変わらない。

GS_1 の回転速度を減らすか, GS_2 の回転速度を増すと, θ は小さくなる。すなわち, L_1 はますます暗くなり, L_2 は明るさを減じ, L_3 は明るさを増す。

図3は，図2において，θ が0になったとき同相であり，L_1 は消え，L_2，L_3 は等しい明るさになる。このとき，GS_1，GS_2 は回転速度も等しく同期しているという。

このようにして，図1のように検定灯を接続すれば，L_1 が消え，L_2，L_3 が同じ明るさになったことから，GS_1，GS_2 が同期・同相になったことがわかる。

(2) 明るさの点滅回転

図2で，GS_2 の回転速度が遅くなると，θ はますます大きくなる。そのとき，L_2 は，ますます明るくなって最高に輝き，続いて，しだいに暗くなる。L_3 は，L_2 の次に明るいが，しだいに暗くなる。L_1 ははじめは暗いが，しだいに明るくなる。すなわち，明るさの点滅順序は L_2，L_3，L_1，L_2，…の順で，回転してみえる（図4）。GS_2 の回転速度が遅ければ遅いほど，点滅回転は速くなる。

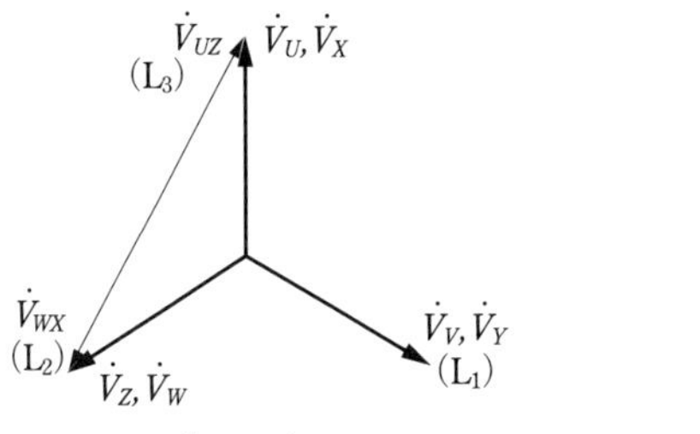

▲図3　同期・同相のベクトル図

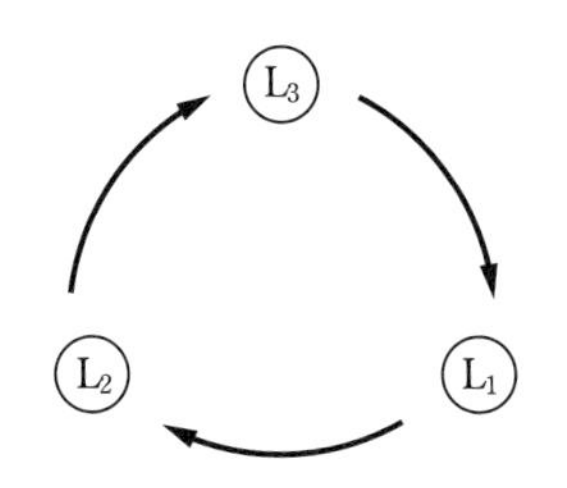

▲図4　ランプの点滅順序

2 負荷分担

［1］無効横流

図5のように，GS_1 と GS_2 が無負荷で並列に接続されているものとする（1相分について描いてある）。両機の誘導電圧 $\dot{V}_U$ と $\dot{V}_X$ が等しいとき，ベクトル図は，図6(a)のようになり，循環電流は流れない。

いま，GS_1 の界磁を強めると，図6(b)のようになり，$\dot{V}_C = \dot{V}_U - \dot{V}_X$ によって，90°遅れた循環電流 $\dot{I}_C$ が流れる（インダクタンスだけの回路であるから）。

この $\dot{I}_C$ を，GS_2 側で $\dot{V}_X$ と同じ向きに考えると，$\dot{I}_C'$ になり，これは90°進んだ電流である。そこで，$\dot{I}_C$，$\dot{I}_C'$ の電機子反作用は，GS_1 側では減磁作用，GS_2 側では増磁作用となって，母線電圧は少し高くなる。

このように，界磁電流を加減することによって，母線電圧が変えられる。この場合，流れる電流 $\dot{I}_C$ は無効電流で，とくに，**無効横流**という。

［2］有効電流（同期化電流）

図5で，GS_1 の原動機の回転速度を速めるように操作すると，$\dot{V}_U$ の位相が進み，そのベクトル図は図7のようになり，$\dot{V}_C = \dot{V}_U - \dot{V}_X$ によって，$\dot{I}_C$ が流れる。

この $\dot{I}_C$ を GS_2 側で $\dot{V}_X$ と同じ向きに考えると，$\dot{I}_C'$ となる。$\dot{V}_U$ と $\dot{I}_C$ はほぼ同相で，有効電力を形成し，電気エネルギーを放出していることになる（発電機作用）。一方，$\dot{V}_X$ と

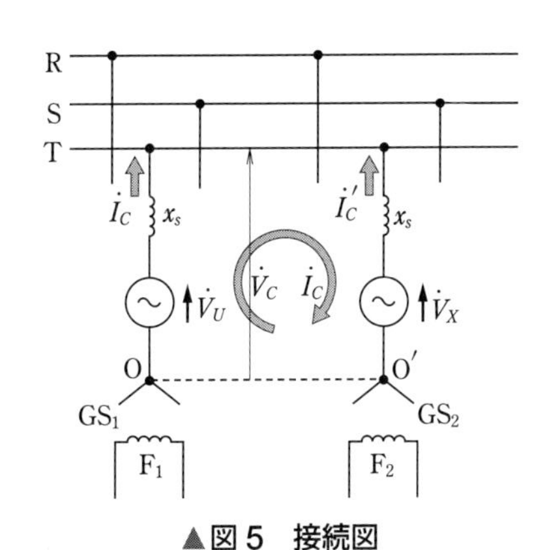

▲図５　接続図

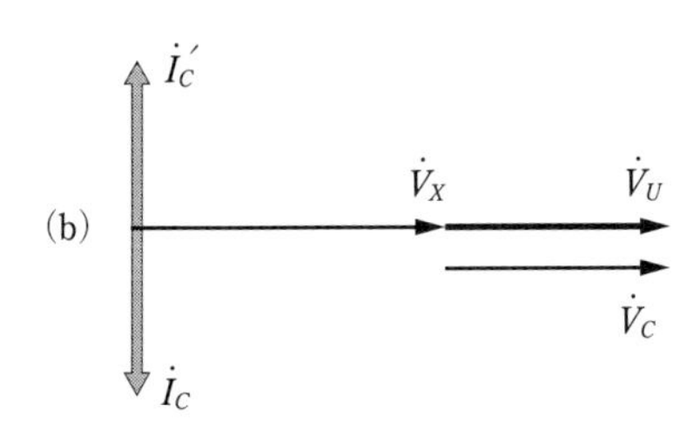

▲図６　無効横流のベクトル図

$\dot{I}_C$（または$\dot{I}_C'$）は，負の有効電力となり，電気エネルギーを受け取ることになる（電動機作用）。

このように，発電機として負荷分担を増すためには，原動機の回転速度を速める操作が必要である。

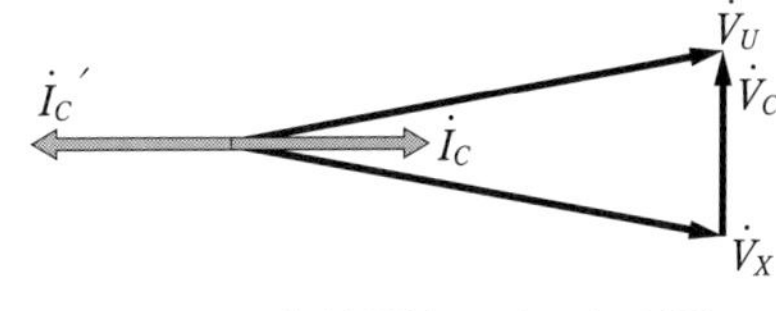

▲図７　有効電流のベクトル図

4　実験

実験１　並行運転の操作

① 図１のように結線する。なお，図８は実体配線図である。

② 直流電動機DM_1と三相同期発電機GS_1をカップリングで直結し，DM_1によって，GS_1を運転する。

③ スイッチS_4を１側に閉じ，DM_1の界磁抵抗R_{fm1}により回転速度を調整して，周波数計Hzの指示をGS_1の定格値にする。続いてGS_1の界磁抵抗R_{fg1}を調節して，電圧計Vの指示がGS_1の定格電圧になるようにする。

④ 定格電圧・定格周波数になったら，S_3，S_5が開いていることを確認し，S_1を閉じて，母線に接続する。

⑤ DM_2とGS_2をカップリングで直結し，DM_2によって，GS_2を運転する。

⑥ S_4を２側に閉じ，DM_2の界磁抵抗R_{fm2}およびGS_2の界磁抵抗R_{fg2}を調整して，GS_2の定格周波数と定格電圧にする。

⑦ S_2を閉じると，L_1，L_2，L_3がゆっくり交互に点滅して，回転してみえるはずである。もし，３個のランプが同時に点滅するときは，配線を点検し誤りがなければS_1，S_2を開き，S_2端子❶❷の接続を入れ替える。

⑧ R_{fm2}とR_{fg2}を調整してGS_2の回転速度を速くしたり，遅くしたりすることによって，ランプの点滅回転が遅くなったり，速くなったり，さらに，逆回転になったりすることを確かめる。

⑨　点滅回転を遅くし，L_1 のランプが消え，L_2，L_3 のランプが同じ程度の明るさになったとき，すばやく S_3 を閉じて，GS_2 を母線に接続する。

実験 2　負荷分担

①　GS_1 および GS_2 は運転状態のままにし，いったん S_3 を開いて並列接続をはずす。S_4 は 1 側に閉じておく。

5

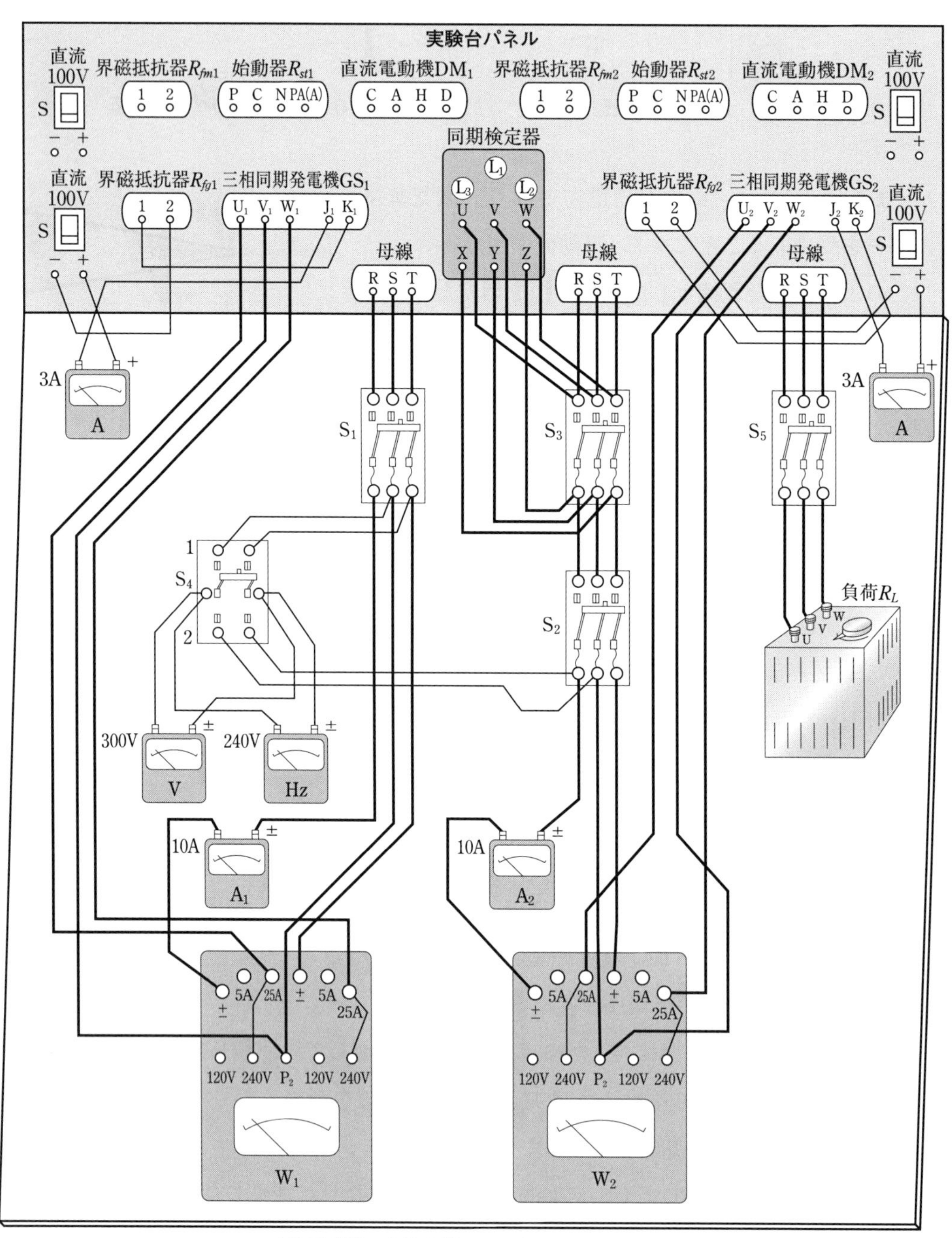

直流電動機の実体配線図は，実習項目 1「直流電動機の始動と速度制御」を参照。

▲図 8　並行運転の実体配線図

② 負荷 R_L を最小（インピーダンス最大）にして，S_5 を閉じ，GS_1 だけに負荷を接続する。

③ 負荷 R_L をしだいに大きくする。なお，このとき，V および Hz の指示が変わるから，V の指示は GS_1 の界磁抵抗 R_{fg1}，Hz の指示は DM_1 の R_{fm1} により回転速度を調整して，それぞれ GS_1 の定格値に保持する。

④ 上記③の操作によって，V，Hz，A の指示が GS_1 の定格電圧・定格周波数・定格電流になるようにする。

⑤ 実験 1 の⑥以下の操作で，GS_2 を母線に並列に投入する。

⑥ DM_2 の界磁抵抗 R_{fm2} により界磁電流を大きくして GS_2 の回転速度を増すように操作すると，GS_2 への入力が増し，A_2，W_2 の指示が増加する。一方，増加した回転速度分を GS_1 の回転速度を減らすように DM_1 の界磁電流を小さくすると，A_1，W_1 の指示は減少する。すなわち，負荷はしだいに GS_1 から GS_2 に移ることになる。

⑦ 端子電圧・周波数を一定に保ちながら，GS_2 の操作，および GS_1 の操作を適切に行い，負荷の分担を変えたときの各計器の指示を読み，表 1 のように記録する。

実験 3 並行運転

① GS_1，GS_2 を並行運転し，負荷を接続して，A_1，A_2，V，Hz の指示が GS_1 と GS_2 の定格値に，W_1，W_2 は出力に比例するようにそれぞれ調整する。

② ①のように調整したら，以後，GS_1，GS_2 の操作は行わないで，負荷だけを操作する。

③ 負荷をしだいに小さくして，そのつど各計器 A_1，A_2，W_1，W_2 の指示を読み，表 2 のように記録する。

④ A_1，A_2，W_1，W_2 のいずれか一つが 0 になるまで測定する。

5 結果の整理

[1] 実験 2 の結果を，表 1 のように整理しなさい。

▼表 1　負荷分担の測定結果

端子電圧 V [V] (V)	周波数 f [Hz] (Hz)	GS_1		GS_2		負荷 P [W] ($=P_1+P_2$)	備考
		負荷電流 I_1 [A] (A_1)	出力 P_1 [W] (W_1)	負荷電流 I_2 [A] (A_2)	出力 P_2 [W] (W_2)		
200 V 一定	50 Hz 一定	0.2	0	5.2	1 710	1 710	GS_1：三相同期発電機の定格 2 kV・A 200 V 5.8 A 1 500 min^{-1} 50 Hz GS_2：同上
		0.5	200	4.5	1 500	1 700	
		1.0	400	4.0	1 350	1 750	
		2.0	520	3.5	1 210	1 730	
		2.5	750	3.0	1 000	1 750	
		3.5	950	2.7	750	1 700	
		4.5	1 210	2.5	420	1 630	
		5.4	1 490	2.7	250	1 740	

[2] 実験3 の結果を，表2のように整理しなさい。

▼表2　並行運転の測定結果

端子電圧 V[V] (V)	周波数 f[Hz] (Hz)	GS_1		GS_2		負荷 P[W] $(=P_1+P_2)$	備考
		負荷電流 I_1[A](A_1)	出力 P_1[W](W_1)	負荷電流 I_2[A](A_2)	出力 P_2[W](W_2)		
200	50.0	5.3	1700	5.2	1710	3410	GS_1：三相同期発電機の定格 2 kV・A 200 V 5.8 A 1500 min^{-1} 50 Hz GS_2：同上
205	50.4	5.2	1650	4.8	1600	3250	
210	51.0	5.0	1600	4.4	1450	3050	
215	51.8	4.7	1500	4.0	1230	2730	
220	52.4	4.4	1420	3.5	1100	2520	
225	53.1	4.2	1300	2.9	900	1900	
232	53.9	3.6	1150	2.5	680	1830	
241	55.0	2.8	900	2.0	390	1290	
252	56.2	2.3	600	1.8	100	700	
255	56.6	2.0	500	1.5	0	500	

6 結果の検討

[1] 図1の接続図で，L_3が消えている瞬間の位相関係を，図2のようなベクトル図に描いてみよう。また，L_2が消えている場合のベクトル図も描いてみよう。

[2] GS_2の回転速度をGS_1より速くすると，ランプの点灯順序はどうなるか考えてみよう。

[3] GS_1に加わる負荷をGS_2に移す場合の操作をまとめてみよう。

[4] 表1から，GS_1とGS_2とは，平等に負荷を分担しているかどうか考えてみよう。平等に分担していないとすれば，その理由は何かまとめてみよう。

＋ プラス1　自動同期投入装置

発電機を並列接続するときに，二つの発電機の電圧，周波数，位相を調べ，差が規定の値以内であれば，同期投入の信号を出力する機能をもっている。

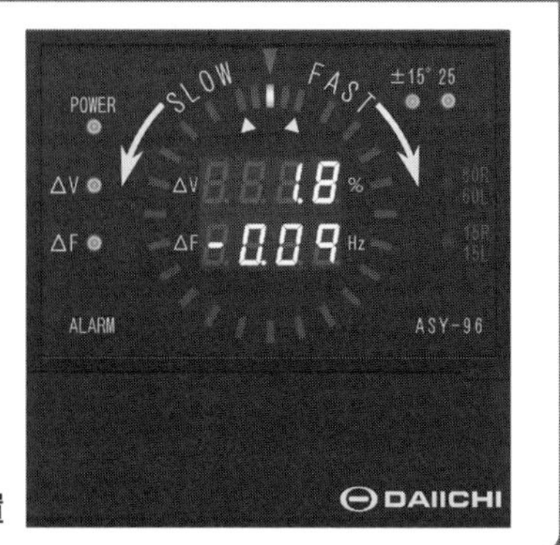

▶図9　自動同期投入装置

＋ プラス１　発電装置の設置例　―ディーゼル発電装置の例―

図10は，ディーゼル機による発電装置を3台設置した例である。図11は，ディーゼル発電装置を2台配置した例を上部と側面からみたものである。

発電装置が複数台ある場合の発電電力の制御は，ベース機以降の後続運転機器を，負荷の所要電力の増減に応じて順次発電と停止する方法で行っている。

発電装置のおもな仕様

① 定格：容量 625kV･A×3台
(500kW×3台)
相数 3相（3相3線）
電圧 6,600V
周波数 50Hz
② 形式：励磁方式 ブラシレス
③ 用途：常用発電（コージェネレーション）
④ ディーゼル機器：
出力 739ps（543.5kW）×3台

▲図10　発電装置の設置例

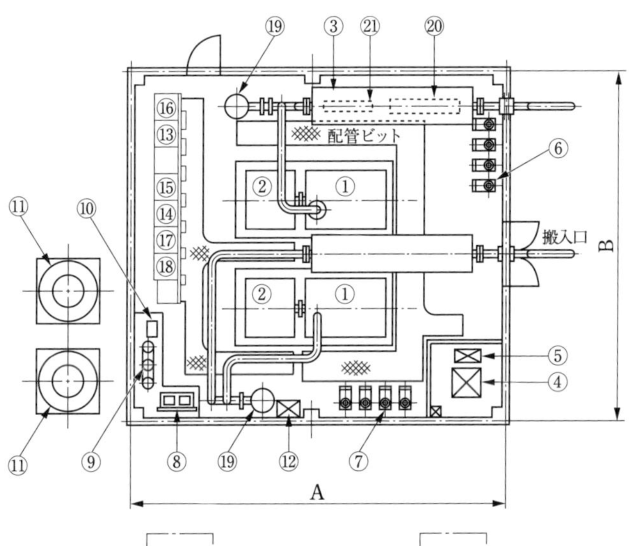

容量(kW)	発電機室寸法 A	B	C	搬入口 幅×高サ
400	12.0	10.0	5.0	2.5×3.0
500	12.0	11.0	5.5	2.5×3.0
600	12.0	11.5	5.5	2.5×3.0
800	13.0	11.5	6.0	3.0×4.0
1000	14.0	12.0	6.0	3.0×4.2

（単位：m）

番号	機器名称	数量
1	ディーゼル機関	2
2	交流発電機	2
3	消音器	2
4	燃料小出槽	1
5	潤滑油補給槽	1
6	一次冷却水ポンプ	4
7	二次冷却水ポンプ	4
8	空気圧縮機	1
9	空気槽	3
10	空気制御盤	1
11	冷却塔	2
12	膨張水槽	1
13	発電機遮断器盤	2
14	発電機制御盤	2
15	同期盤	1
16	補機電源盤	1
17	補機盤	1
18	直流電源盤	1
19	ガス/水熱交換器	2
20	排熱回収 水/水熱交換器	1
21	清水冷却器	2

▲図11　ディーゼル発電装置2台の配置例

11 三相同期電動機の始動および位相特性

1 目的

三相同期電動機の始動方法を習得するとともに，位相特性の測定を通して，進みおよび遅れ力率について理解を深める。

2 使用機器

5

機器の名称	記号	定格など
供試三相同期電動機	MS	2 kV·A，200 V，5.8 A，4 極，1 500 min^{-1} 界磁電圧 100 V，界磁電流 1.35 A
直流分巻発電機（負荷用）	DG	2.2 kW，100 V，29 A，2 極
界磁抵抗器（2 台）	R_{fm}，R_{fg}	1.5 A，200 Ω，および 2 A，255 Ω
単相負荷抵抗器	R_L	AC100 V，DC100 V，4 kW，2 ～ 40 A
始動補償器	$\mathrm{T_{st}}$	200 V，7.2 A，3 相，起動段数 2
直流電圧計	$\mathrm{V_g}$	10/30/100/300 V
直流電流計（3 台）	$\mathrm{A_g}$	1/3/10/30 A
	$\mathrm{A_{fa}}$，$\mathrm{A_{fd}}$	0.3/1/3/10 A
交流電流計	$\mathrm{A_m}$	2/5/10/30 A
交流電圧計	$\mathrm{V_m}$	150/300 V
単相電力計（2 台）	$\mathrm{W_1}$，$\mathrm{W_2}$	5/25 A，120/240 V
スイッチ（4 台）	$\mathrm{S_1}$	単極単投形（切換形で可）
	$\mathrm{S_2}$	2 極双投形
	$\mathrm{S_3}$，$\mathrm{S_4}$	ヒューズ付き 2 極単投形

図 1 に，実験で用いるおもな機器の外観例を示す。

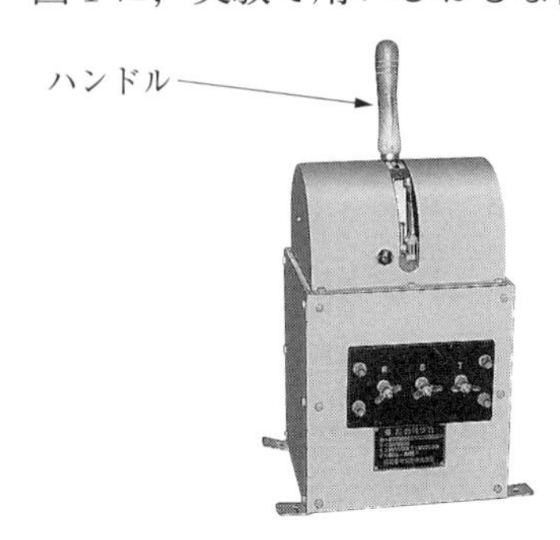

始動補償器

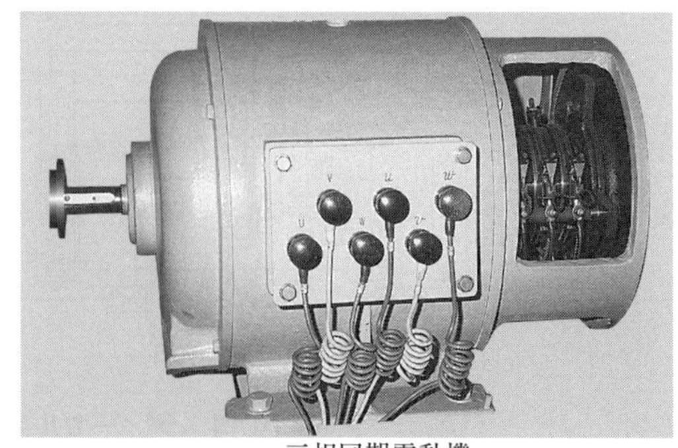

三相同期電動機

▲図 1　始動補償器と三相同期電動機の外観例

3 関係知識

1 回転

図2(a)は，三相同期電動機の固定子巻線の略図である。この三相巻線に三相交流電流が流れると，回転磁束が生じ，同期速度で回転する。この回転磁束を磁極として考えると，固定子鉄心から磁束の出る部分がⓃ極で，磁束が鉄心に入る部分がⓈ極である。このⓃ，Ⓢが図2(b)のように，同期速度 n_s で回転しているのである。

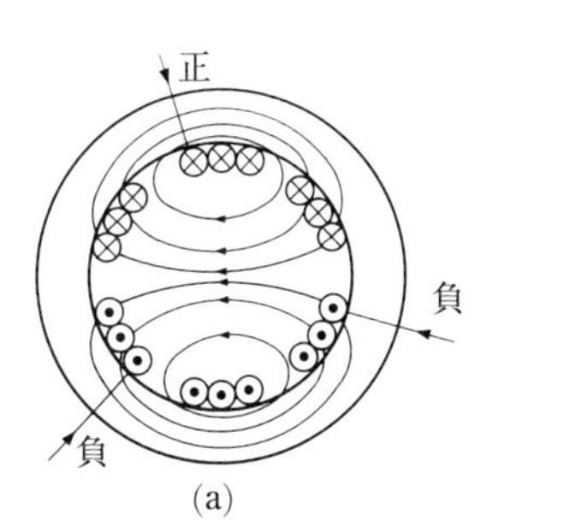

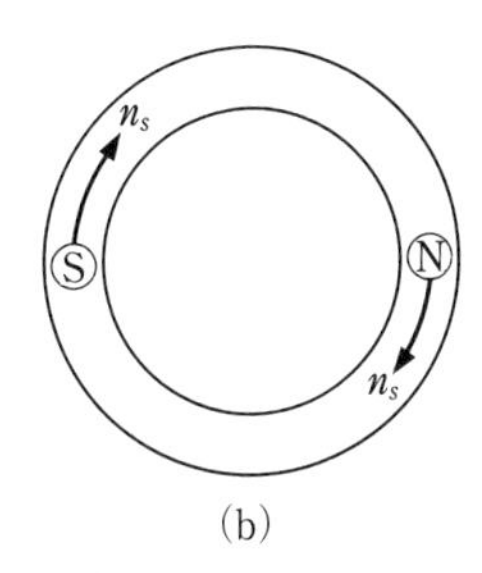

▲図2　固定子巻線の略図

図3(a)のように，回転子磁極N，Sが，回転磁極Ⓝ，Ⓢと，図の位置関係にあって，同期速度で回転しているときは，SとⓃ，NとⓈとの吸引力によって，回転子軸にトルク T を生じ，回転磁極の回転方向に回転を続ける。これは，図3(b)に示すように，スプリングで引っ張られて，回転子磁極が回転していると考えることができる。

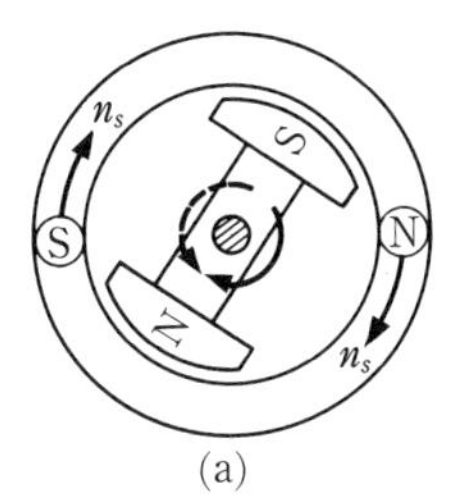

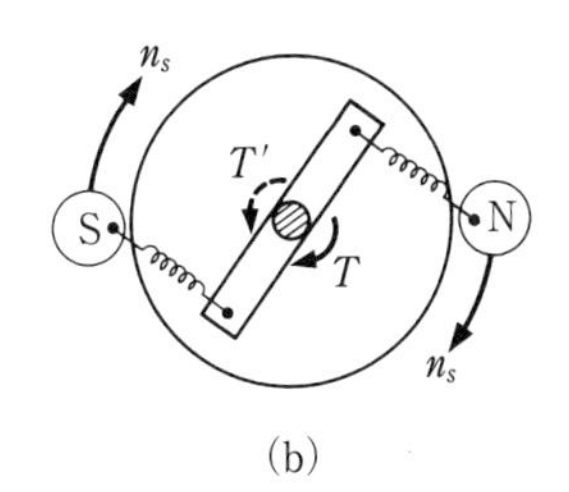

▲図3　回転子軸に生じるトルク (1)

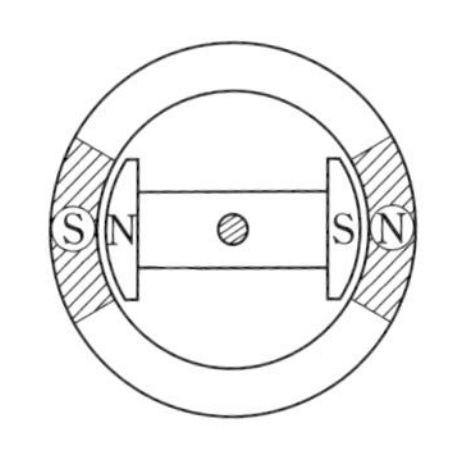

(a) トルクT，T' が0の場合

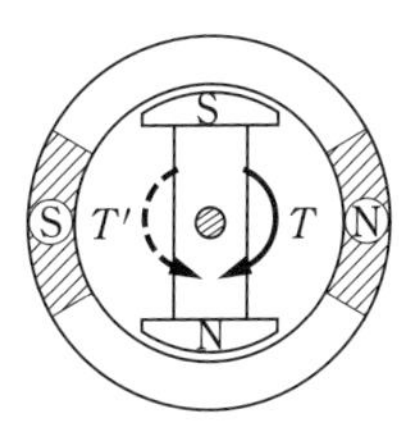

(b) トルクT，T'が最大の場合

発生トルクTおよび負荷トルクT'が最大になるのは，Ⓝ,Ⓢに対して，S，Nが90°の位置にあるときである。

▲図4　回転子軸に生じるトルク (2)

負荷トルク T' が小さくなれば，ⓃとSは近づき，吸引力は減少し（スプリングは縮み），T も小さくなって，T' とつり合い，同期速度で回転する。もし，T' が0になれば，T も0になり，図4(a)の位置関係で回転する。

トルク T または T' の最大は，図4(b)のように，Ⓝ，Ⓢに対し，S，Nが90°の位置関係になったときである。図4では，Ⓝ，Ⓢはある幅をもっていることを示し，図4(b)では，吸引力だけでなく，反発力も働き，トルクが最大になることを示している。

2 始動法

磁極S，Nは，Ⓝ，Ⓢに対し，上記のように回転するから，S，Nの回転速度は，Ⓝ，Ⓢと等しい同期速度となる。もし，S，Nが同期速度以外の回転速度で回転しているとすれば，S，Nに対するⓃ，Ⓢの位置は，交互に左右になり，S，Nはそのつど逆方向のトルクを受け，その平均トルクは0になるため，停止してしまう。

このように，同期電動機は，同期速度以外の回転速度では回転できない。

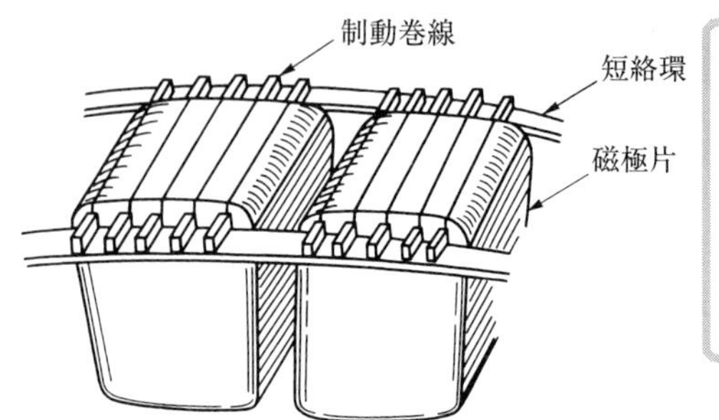

制動巻線は磁極片のスロットに銅棒などを差し込み，その両端を短絡環に溶着したものである。
制動巻線の目的は，乱調防止である。

▲図5　制動巻線

回転子が静止しているときも同様に，その平均トルクは0であるので，電動機自身では回転しはじめる力はない。

そこで，同期電動機を始動するときは，図5のような制動巻線を利用し，三相誘導電動機の原理で始動する。そして，三相誘導電動機として同期速度付近まで加速してから，磁極を励磁すると，同期速度まで回転速度が上がり，同期電動機として回転するようになる。

3 位相特性

同期電動機を一定の相電圧 $\dot{V}_a$ で運転しているとき，電機子コイルに誘導する相電圧 $\dot{V}_a{}'$ は，$\dot{V}_a$ と平衡を保つ必要がある。

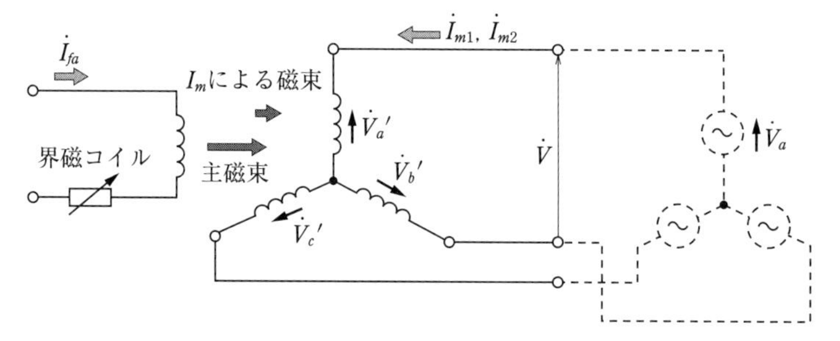

▲図6　増磁・減磁作用

いま，図6で，電動機の界磁を弱めると，$\dot{V}_a$ と $\dot{V}_a{}'$ の電圧平衡が失われて，$\dot{V}_a$ より90°位相の遅れた電機子電流 $\dot{I}_{m1}$ が流れる。しかし，その電流によってできる磁束は，磁極の磁束と同方向になるので，増磁作用によって，誘導電圧 $\dot{V}_a{}'$ は増加し，電圧 $\dot{V}_a$ と平衡を取り戻す。

もし，電動機の界磁を強めると，$\dot{V}_a$ より90°位相の進んだ $\dot{I}_{m2}$ が流れるが，それによってできる磁束は，減磁作用により，平衡を取り戻す。このような電機子反作用による増磁作用や減磁作用は，図7(a)のリアクタンス x_s における電圧降下で表現される。

図7(b)は，界磁を弱めることによって，90°位相の遅れた電流 $\dot{I}_{m1}$ が流れ，$jx_s \cdot \dot{I}_{m1}$ で平衡を保つことを示すベクトル図である。図7(c)は，界磁を強めると90°位相の進んだ電流 $\dot{I}_{m2}$ が流れ，$jx_s \cdot \dot{I}_{m2}$ で平衡を保つことを示す。この場合，磁束の増減を多くすればするほど，$\dot{I}_{m1}$, $\dot{I}_{m2}$ は大きくなる。なお，コイルには抵抗があるので，その抵抗損を供給し，さらに，電動機の無負荷損や出力を供給するため，$\dot{V}_a{}'$ と同相の電流分が含まれる。

そこで，界磁電流 I_{fa} を横軸に，電機子電流 I_m を縦軸にしてグラフを描くと，p.89の図10のようになる。これを同期電動機の**位相特性曲線**または**V曲線**という。この曲線の最低点は力率1の点で，その右側は進み力率，左側は遅れ力率である。

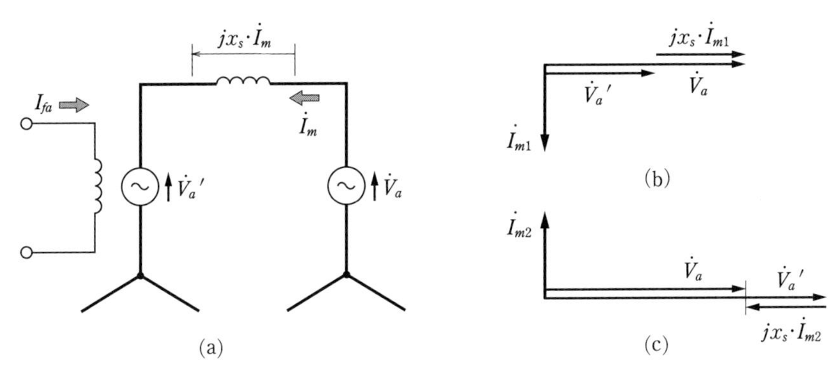

▲図7　リアクタンス x_s の電圧降下と界磁の平衡

4 実験

実験1 始動操作

① 図8のように結線する。なお，図9は図8の実体配線図である。

② スイッチ S_1 を閉じ，S_2 は❷側に閉じる。なお，S_3 は開放しておく。

5 ③ 電力計 W_1，W_2 の電流端子を短絡する。

④ 始動補償器 T_{st} のハンドルが停止の位置にあることを確認する。

⑤ スイッチSを閉じる。

⑥ 始動補償器 T_{st} のハンドルを始動側に閉じ，三相同期電動機MSを始動する。

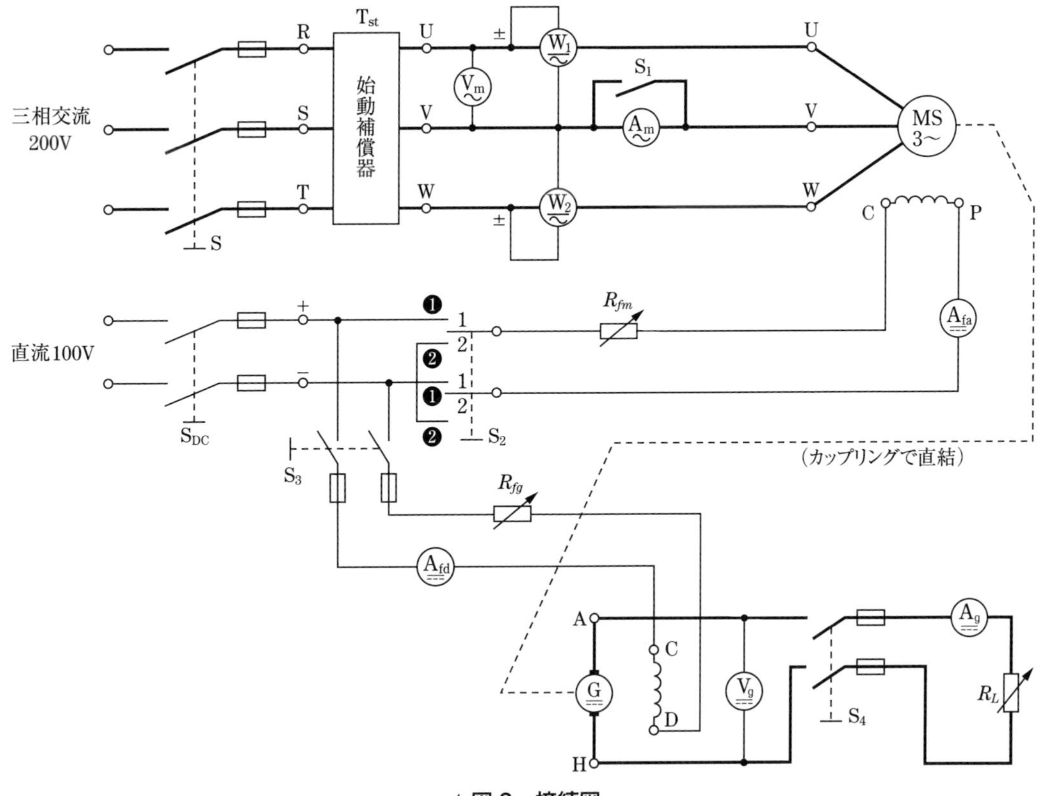

▲図8　接続図

⑦ 一定速度まで加速したら，T_{st} のハンドルを運転側に切り換える（定格電圧で，三相誘導電動機として運転している状態である）。

⑧ スイッチ S_2 を❶側に閉じる。次に S_{DC} を閉じ，界磁抵抗 R_{fm} を調整し，電流計 A_{fa} を定格界磁電流になるように調整する（同期運転の状態である）。

⑨ スイッチ S を開き，三相同期電動機 MS を停止する。

⑩ 以上の操作をグループ全員が行ってみる。

測定上の注意

① 直流分巻発電機 DG と三相同期電動機 MS を接続しているカップリングをはずしておく。

② 電力計に電流短絡用の端子がない場合は，電流端子をリード線で短絡する。

③ 電力計 W_1，W_2 の指針が逆に振れたときは，電圧端子の接続を逆にして測定する。

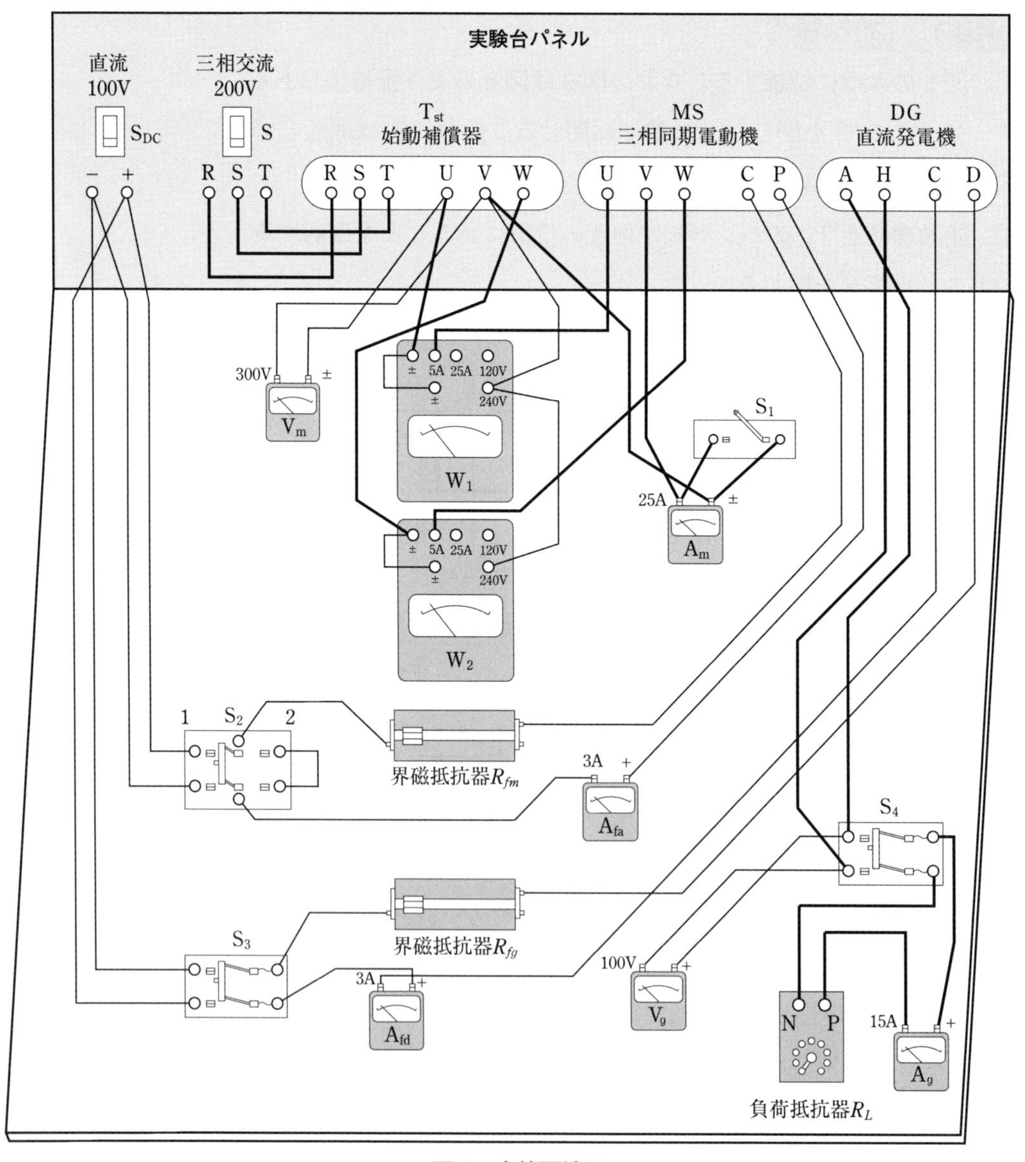

▲図 9　実体配線図

実験2 位相特性

[1] 無負荷における位相特性

① 実験1 の①～⑧と同様の手順で，三相同期電動機MSを運転状態（無負荷）にする。

② 電力計 W_1，W_2 の電流端子の短絡をはずすとともに S_1 を開く。

③ 三相同期電動機の界磁抵抗 R_{fm} を変化させ，交流電流計 A_m の指示がある値で最小になることを確かめ，そのときの A_m，W_1，W_2 の各計器の指示を読み，表1のように記録する。

④ 界磁抵抗 R_{fm} を調整し，界磁電流 A_{fa} の指示 I_{fa} を0.4Aから0.1Aずつ増加（定格値の1.5倍まで）させ，そのつど A_m，W_1，W_2 の各計器の指示を読み，表1のように記録する。

⑤ スイッチSを開いて，いったん三相同期電動機MSの運転を停止する。

[2] $\dfrac{1}{2}$ 負荷における位相特性

① 直流分巻発電機DGと三相同期電動機MSをカップリングで接続する。

② ふたたび三相同期電動機MSを 実験1 の①～⑧と同様の手順で運転する。

③ 直流分巻発電機の界磁抵抗 R_{fg} と負荷抵抗 R_L が最大になっていることを確認してから，スイッチ S_3 と S_4 を閉じる。

④ 三相同期電動機の界磁抵抗 R_{fm} を変化させ，電流計 A_m の読みが最小になる点に固定する（このときの状態が力率1である）。

⑤ 負荷抵抗 R_L を調整し，力率1の状態のまま，電流計 A_m の読みが定格値の $\dfrac{1}{2}$ になるようにする。このときの A_m，W_1，W_2 の各計器の指示を読み，表1のように記録する。

⑥ 直流分巻発電機の界磁抵抗 R_{fg} と負荷抵抗 R_L を一定 $\left(\dfrac{1}{2}\text{負荷のまま}\right)$ にしたまま，界磁抵抗 R_{fm} をしだいに小さくし，界磁電流 I_{fa} (A_{fa}) を0.4Aから0.1Aずつ増加させ，そのつど A_m，W_1，W_2 の各計器の指示を読み，表1のように記録する。

[3] 全負荷における位相特性

① 直流分巻発電機DGと三相同期電動機MSのカップリングを接続したままの運転状態を保つ。

② 三相同期電動機の界磁抵抗 R_{fm} と負荷抵抗 R_L，および直流分巻発電機の界磁抵抗 R_{fg} を調整し，電流計 A_m の読みが定格電流でかつ最小値になる点に固定する。このときの A_m，W_1，W_2 の各計器の指示を読み，表1のように記録する（このときの状態が全負荷時の力率1である）。

③ 界磁抵抗 R_{fg} と負荷抵抗 R_L を一定（全負荷のまま）にしたまま，界磁抵抗 R_{fm} をしだいに小さくし，界磁電流 I_{fa} (A_{fa}) を0.7Aから0.1Aずつ増加させ，そのつど A_m，W_1，W_2 の各計器の指示を読み，表1のように記録する。

5 結果の整理

[1] 実験 2 の無負荷・$\frac{1}{2}$負荷・全負荷における結果を，表 1 のように整理しなさい。

[2] それぞれの負荷における位相特性曲線のグラフを図 10 のように描きなさい。

▼表 1 位相特性の測定結果 ［供試三相同期電動機の定格］ 2 kV･A，200 V，5.8 A，1 500 min^{-1}

	端子電圧 V_m [V] (V_m)	界磁電流 I_{fa} [A] (A_{fa})	入力電流 I_m [A] (A_m)	入力電力 P [W]		
				入力電力 P_1 [W] (W_1)	入力電力 P_2 [W] (W_2)	P_1+P_2 [W]
無負荷	204 V 一定	0.4	5.53	− 492	660	168
		0.5	4.77	− 428	575	147
		1.1	0.52	− 21	100	79
		1.16	0.25	57	45	102
		1.2	0.30	95	20	115
		1.8	4.29	523	− 340	183
		1.9	4.85	598	− 400	198
$\frac{1}{2}$負荷	204 V 一定	0.4	6.60	24	1 182	1 206
		0.5	5.84	105	1 065	1 170
		1.1	2.92	532	550	1 082
		1.12	2.93	565	503	1 068
		1.2	2.91	612	490	1 102
		1.8	5.58	1 072	60	1 132
		1.9	6.14	1 445	20	1 465
全負荷	204 V 一定	0.7	8.55	538	1 663	2 201
		0.8	7.90	755	1 395	2 150
		1.3	5.85	1 309	746	2 055
		1.35	5.81	1 305	700	2 005
		1.4	5.85	1 352	668	2 020
		1.8	7.60	1 727	409	2 136
		1.9	8.25	1 771	380	2 151

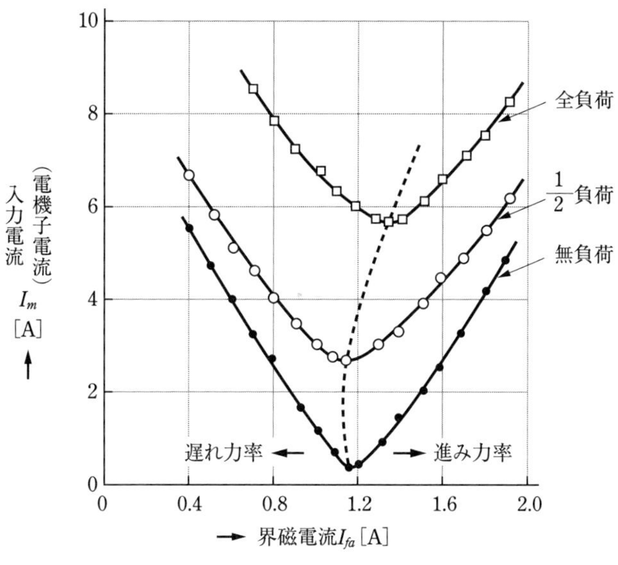

▲図 10　位相特性曲線

6 結果の検討

[1] **始動操作**

① 始動補償器の内部構造について調べてみよう。

② 三相同期電動機は，始動時には，誘導電動機として運転し，実験 1 の⑧ではじめて同期電動機となるが，最初から直流励磁をして始動できない理由について，教科書等を参考に調べてみよう。

[2] **位相特性**

① 結果の整理で描いた図 10 の位相特性曲線のグラフに，進み電流・遅れ電流の範囲を記入してみよう。

② 三相同期電動機の界磁電流が小さいとき遅れ電流に，界磁電流が大きいとき進み電流になる理由について，教科書等を参考に調べてみよう。

[3] 三相同期電動機がどのような機器や設備等で使用されているか，応用例について調べてみよう。

＋ プラス 1　三相同期電動機自動始動器

始動補償器のハンドル操作を自動的に行う装置で，抵抗で始動時に流れる電流を制限して始動させる。始動後は，抵抗を切り離して運転状態にする。

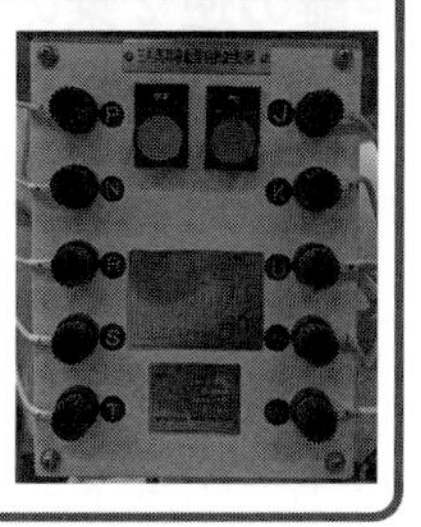

▶図 11　自動始動器

電力応用編

12 LED 電球の光度測定

1 目的

LED 電球の光を照度計によって測定し，距離の逆 2 乗の法則を用いてその光度を求める。また，LED 電球の配光曲線を求め，LED 電球の光度分布特性を調べる。

2 使用機器

機器の名称	記号	定格など
測光ベンチ (定盤)		スリット，電球取付台など
電球回転台		回転台 (ろくろ等で代用可能)
交流電圧計	V	150/300 V
LED 電球	L	100 V40 W 形
スライダック	SD	0 ~ 130 V，10 A
照度計		

3 関係知識

1 光度

点光源からある方向の単位立体角あたりに放射される光束の大きさを，その方向の光度という。光度は I で示され，単位にはカンデラ [cd] が用いられる。図 1 のように，光源からある向きへ，立体角 $\Delta\omega$ [sr] に，ΔF [lm] の光束が出ている場合，その方向の光度 I [cd] は次の式で示される。

$$I = \frac{\Delta F}{\Delta\omega} \text{ [cd]} \qquad (1)$$

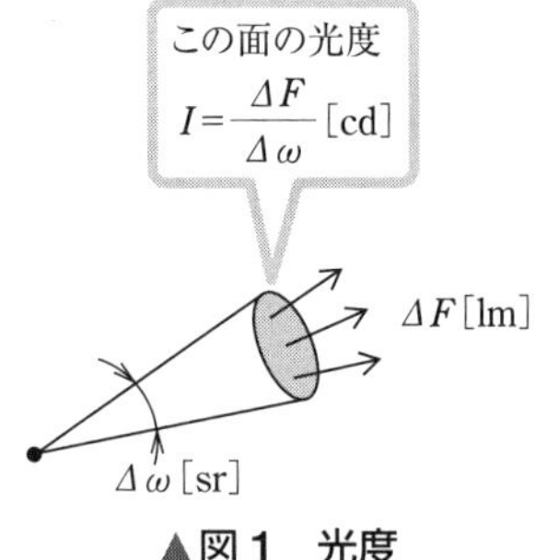

▲図 1　光度

2 照度と距離の逆 2 乗の法則

図 2 (a)のように，点光源からの距離が大きくなると，照らされる面が拡大するので，単位面積あたりの入射光束は小さくなる。点光源の光度を I [cd] とすると，点光源からすべての向きに放射される全光束 F [lm] は，式 (1) より $\omega = 4\pi$ sr となるので，$4\pi I$ [lm] である。よって照度 E [lx] は，点光源からの距離を l [m] とすると，球の表面積 A [m^2] は $4\pi l^2$ [m^2] より，次の式で表される。

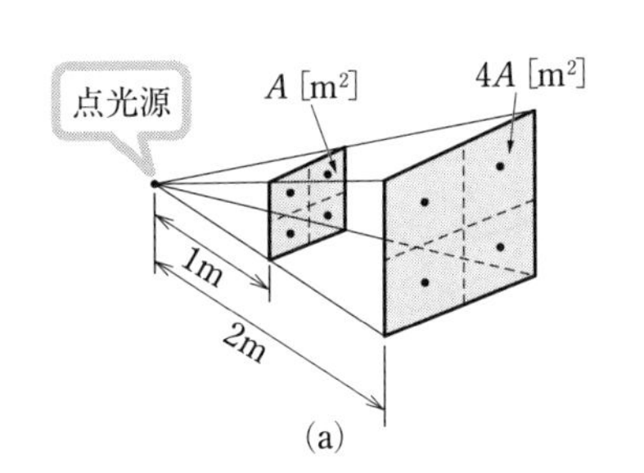

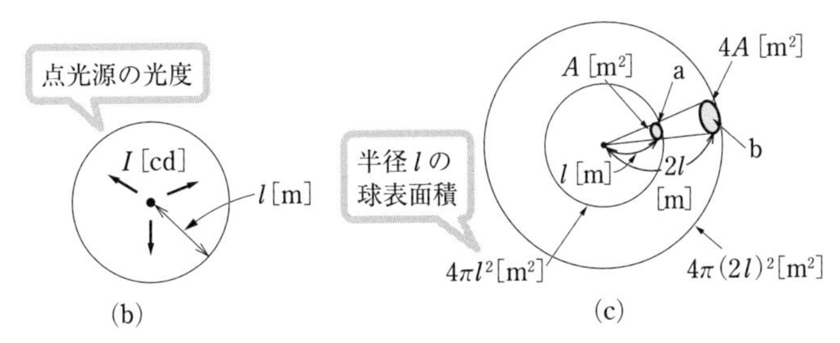

▲図 2　距離の逆 2 乗の法則

$$E = \frac{F}{A} = \frac{4\pi I}{4\pi l^2} = \frac{I}{l^2}\ [\mathrm{lx}] \tag{2}$$

式 (2) より，照度 E [lx]は，光源からの距離の 2 乗に反比例していることを示している。これを**距離の逆 2 乗の法則**という。

3 配光曲線

光源のそれぞれの向きの光度分布を**配光**といい，配光のようすを示したものを**配光曲線**という。光源の中心を通る鉛直面上の光度分布を**鉛直配光曲線**，水平面上のものを**水平配光曲線**という。図 3 に，白熱電球と電球形 LED ランプの鉛直配光曲線を示す。

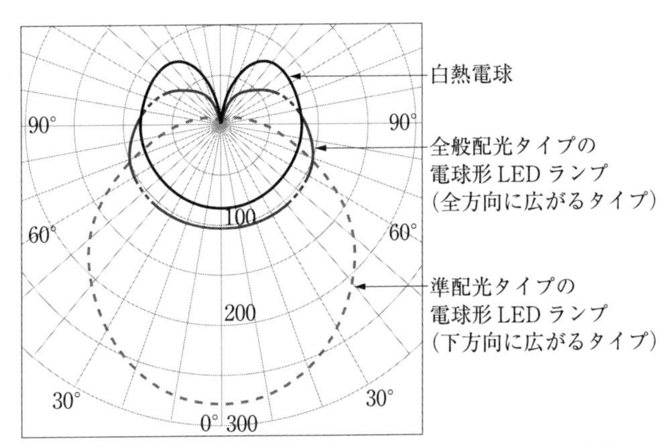

▲図 3　白熱電球と電球形 LED ランプの鉛直配光曲線

4 実験

実験 1　LED 電球の光度測定

① 図 4 のように結線し，レセプタクルに LED 電球，測定ベンチに照度計を取りつける。

② スライダック SD を調整して LED 電球の定格電圧にし，測定中は一定に保つ。

③ LED 電球から測定台を用いて照度計を 10 cm 遠ざけるごとに，照度計の値を表 1 のように記録する。

④ 式 (2) より，光源の光度 I [cd]を求め，各測定結果から平均光度を求める。

測定上の注意

① 測定はできるだけ外乱光がはいらないような暗室で測定する。
② LED 電球からの光だけを照度計に測定させるため，限定した開口部からのみの光を利用する。とくに実験 2 では，スリットなどを用いて他方からの光がはいらないように測定するとよい。
③ LED 電球の光軸とは，鉛直面，水平面それぞれの面内で照度が最大となる点と LED 電球の発光点を結ぶ線上である。測定するまえに，照度計を使って位置を確認しておく。

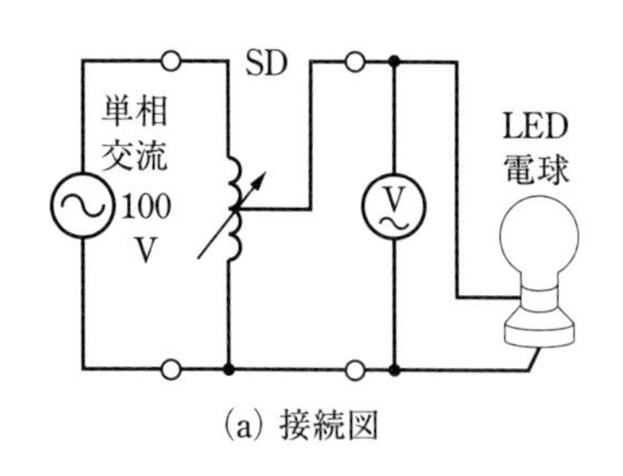

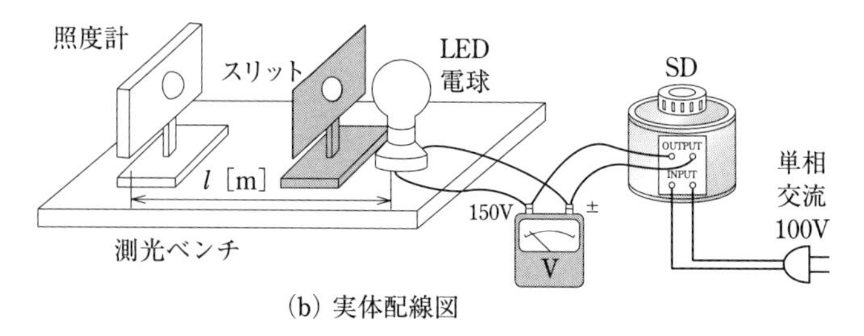

▲図 4　配線図

実験 2　水平配光の測定

① LED 電球から照度計までの距離を 1 m に固定する。

② LED 電球を定格電圧にする。

③ 図 5 のように，水平面内における LED 電球の光軸と照度計の受光部が直角になるように合わせる。

④ 照度計の値を読み，表 2 のように記録する。その後，回転台を 10°ずつ回転させ，360°になるまで同様に記録する。

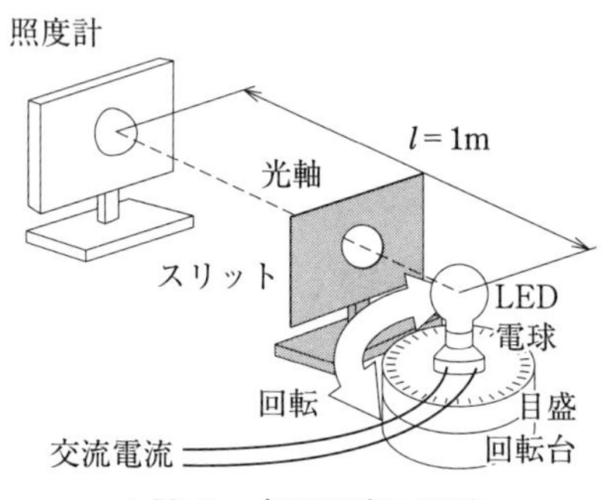

▲図 5　水平配光の測定

実験 3　鉛直配光の測定

① LED 電球から照度計までの距離を 1 m に固定する。

② 図 6 のように鉛直面内における LED 電球の光軸と照度計の受光部が直角になるように合わせる。

③ 照度計の値を読み，表 3 のように記録する。その後，回転台を 10°ずつ回転させ，360°になるまで同様に記録する。

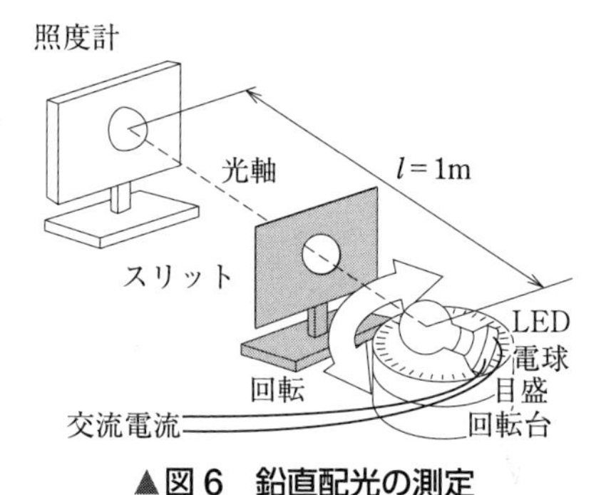

▲図 6　鉛直配光の測定

5　結果の整理

[1] 実験 1 の測定結果を表 1 のように整理しなさい。また，測定した光度から LED 電球の平均光度を求めなさい。

▼表 1　LED 電球の光度測定

LED からの距離 l [m]	照度 E [lx]	光度 I [cd]
0.2	745	29.8
0.3	312	28.1
〜	〜	〜
0.8	44	28.2
0.9	38	30.1
1.0	34	34

＊測定条件　LED 電球端子電圧　100 V
　　　　　　定格 40 W 形
$I = El^2$ [cd]

平均光度 $I =$ ＿＿＿＿＿ cd

[2] 実験 2 の測定結果を表 2 のように整理しなさい。

[3] 実験 3 の測定結果を表 3 のように整理しなさい。

▼表 2　水平配光の光度測定
距離 $l = 1$ m，使用電球 100 V，40 W 形

回転角 θ_h [°]	照度 E [lx]* (光度 I [cd])
0	30
10	32
20	31
30	31
170	29
180	31
190	31
340	31
350	31
360	30

▼表 3　鉛直配光の光度測定
距離 $l = 1$ m，使用電球 100 V，40 W 形

回転角 θ_v [°]	照度 E [lx]* (光度 I [cd])
0	9
10	9
20	10
30	10
170	35
180	34
190	34
340	10
350	9
360	9

* $I = El^2$ [cd] より，$l = 1$ m なので，$I = E$

[4] 表 2 をもとに，図 7 (a)のような水平配光曲線を描きなさい。

[5] 表 3 をもとに，図 7 (b)のような鉛直配光曲線を描きなさい。

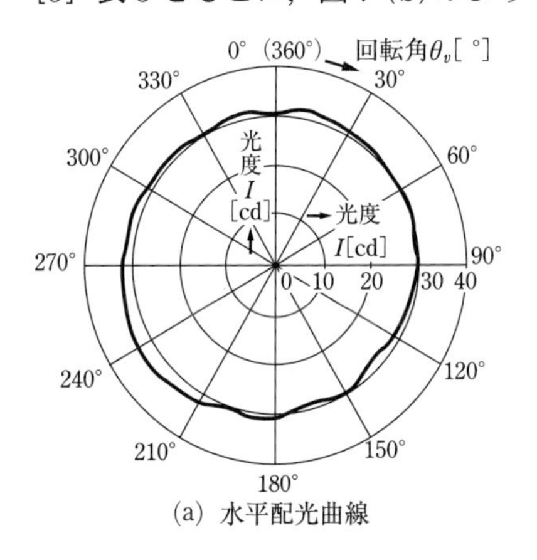

(a) 水平配光曲線

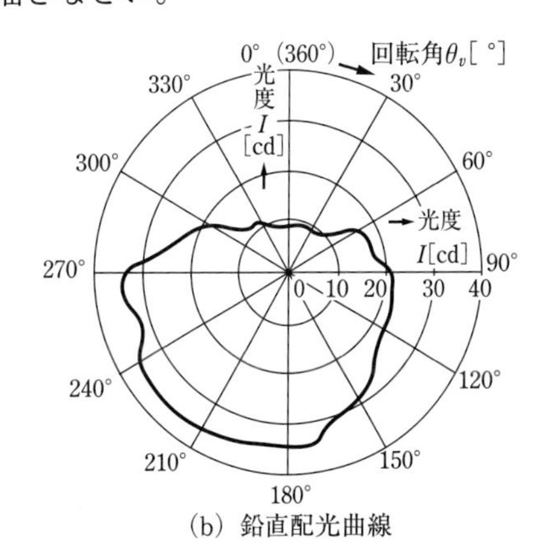

(b) 鉛直配光曲線

▲図 7　配光曲線

5

6 結果の検討

[1] 水平配光曲線において，光度がどの角度においてもほぼ均一であるが，それはなぜか。LED 電球の構造から考えてみよう。

[2] 鉛直配光曲線において，光度のひじょうに低い角度があるが，それはなぜか。LED 電球の構造から考えてみよう。

13 リレーシーケンスの基本回路

1 目的

リレーを用いたシーケンス制御の基本的な回路を配線し，動作を実際に確認することによって，リレーシーケンスの基本回路について理解を深める。

2 使用機器

機器の名称	記号	定格など
押しボタンスイッチ (2台)	PB_1，PB_2	接点 AC 125 V：5 A，AC 300 V：3 A
電磁リレー (2台)	R_1，R_2	AC 110 V，接点 AC 240 V：5 A，DC 28 V：5 A
表示灯 (シグナルランプ) (2灯)	L_1，L_2	電球　110 V，7 W (青・赤)
電源ユニット	B	配線用遮断器　110 V，1 A 付き

3 関係知識

1 シーケンス制御

洗濯機は，あらかじめ定められた順序に従って「洗い」，「すすぎ」，「脱水」などの動作をタイマスイッチなどにより順に進めている。このような制御を**シーケンス制御**という。JIS には「あらかじめ定められた順序または手続きに従って制御の各段階を逐次進めていく制御」と規定されている。

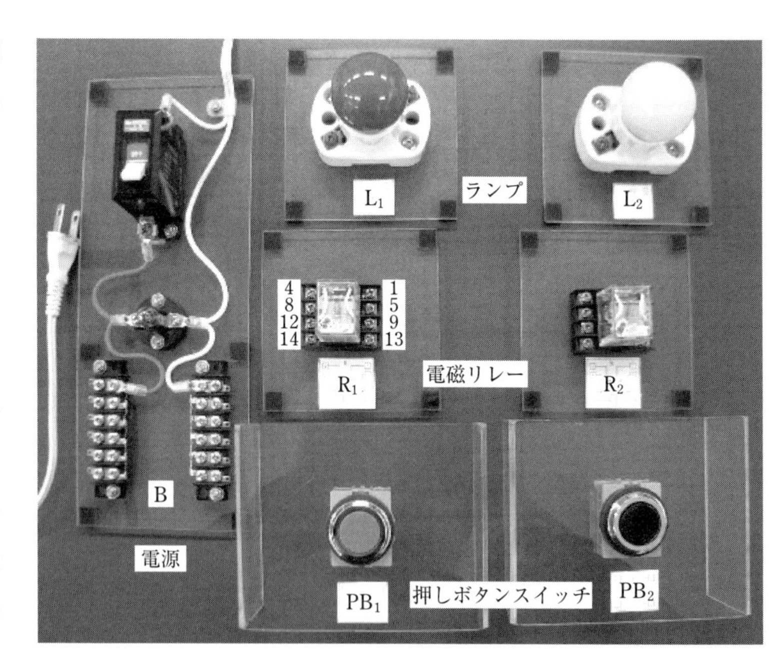

▲図1　リレーシーケンスの構成部品

シーケンス制御は，エレベータやオートメーション装置などにも広く利用され，省力化・自動化に大きく貢献している。次に，シーケンス制御のおもな制御装置を示す。

有接点シーケンス（リレーシーケンス）…図1に示すように，電磁リレーを中心に構成される制御装置。

無接点シーケンス（ロジックシーケンス）…半導体や論理素子により構成される制御装置。

プログラマブルコントローラ（PC）…コンピュータと同様の機能をもち，プログラムを変更するだけで制御内容を変えられる制御装置。

2 接点の構造と図記号

基本的なシーケンス制御回路は，押しボタンスイッチと電磁リレーによって構成されている。一般にこれらは，動作させると接点が閉じる**メーク接点**（make contact，a接点ともいう）と，動作させると接点が開く**ブレーク接点**（break contact，b接点ともいう）の両方の接点をもっているので，用途に応じてそれぞれを組み合わせて回路を構成する。図2に，押しボタンスイッチと電磁リレーのメーク接点とブレーク接点の構造と図記号を示す。

図1の電磁リレーにつけた端子番号は，図2の電磁リレーの図記号に付加した番号に相当する。

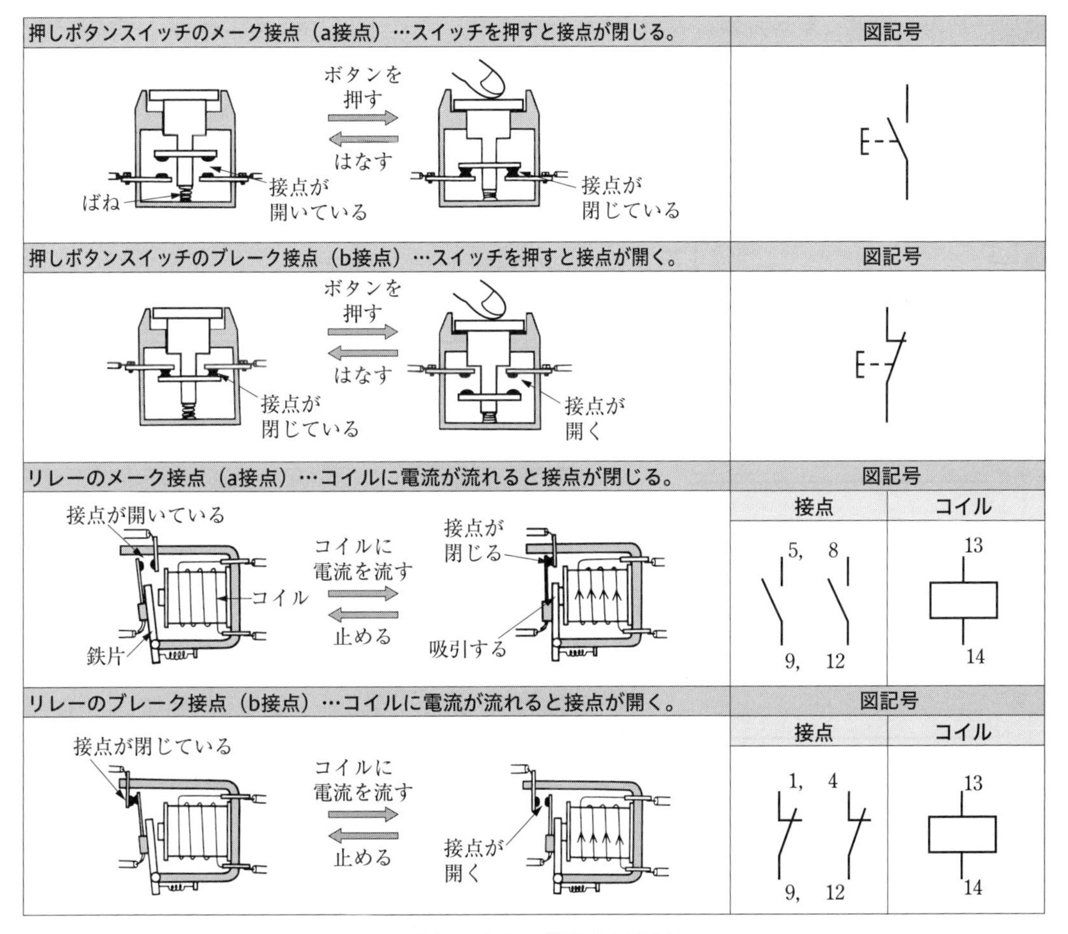

▲図2　接点の構造と図記号

3 シーケンス図（展開接続図）の書きかた

制御用機器を，その動作の順序に従って配列し，動作の内容を理解しやすくした接続図をシーケンス図という。シーケンス図には縦書きと横書きがあるが，ここでは図3(c)に示す縦書きについて説明する。

① 上下に制御母線（横線）を引き，記号を示す。母線の記号は直流電源の場合はPとNを，交流電源の場合はRとTを用いる。

② 制御用機器を電気用図記号と制御用文字記号を用いて表す。このとき，動作の順序に従って左から右方向へ，または上から下に並べる。

③ 制御用機器を結ぶ接続線を上下の制御母線の間に垂直線で引く。

4 シーケンス図と動作表

押しボタンスイッチによるランプ点滅回路を例として，シーケンス図の書きかたと動作表を図3に示す。図3(a)は電気回路の実体配線図，図3(b)は制御母線を用いた実体配線図，図3(c)はシーケンス図である。図3(d)は入力機器と出力機器の動作状態を表した表で，動作表または真理値表といい，入力機器は操作して接点が閉じた場合を，出力機器は動作した場合をそれぞれ「1」で表す。

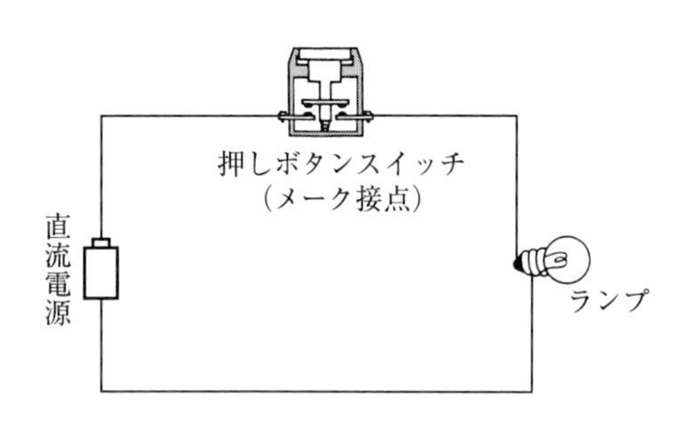

(a) 実体配線図

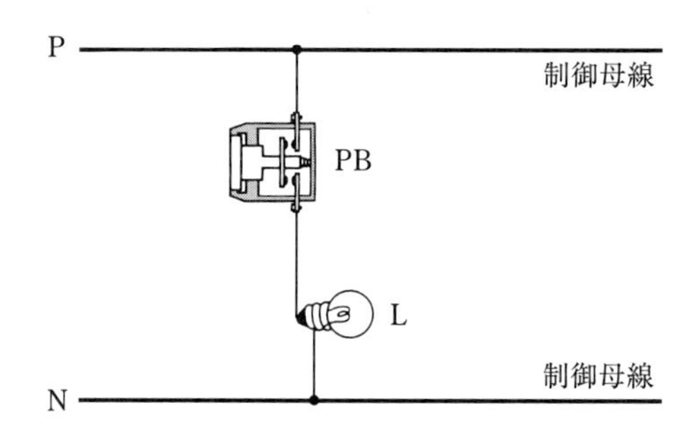

(b) 制御母線と実体配線図

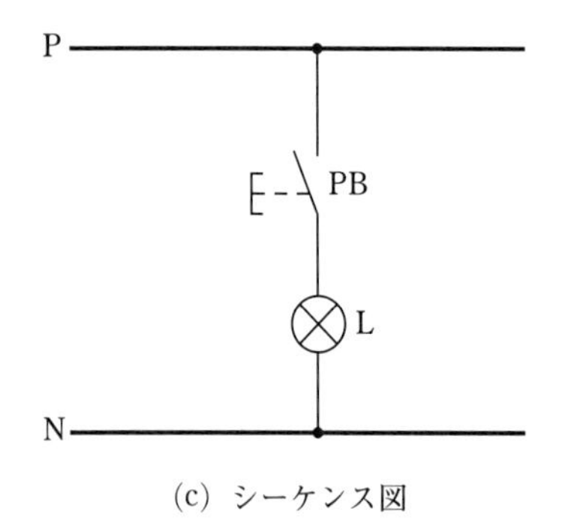

(c) シーケンス図

入力機器	出力機器			真理値
押しボタンなどのスイッチ接点	リレー接点	リレーコイル	ランプ	
開く	開く	復帰	消灯	0
閉じる	閉じる	動作	点灯	1

(d) 動作表

▲図3 ランプ点滅回路のシーケンス図と動作表

5 タイムチャート

図4のように，縦軸に各制御用機器の動作状態，横軸に時間を表した図を**タイムチャート**という。タイムチャートは各制御用機器の時間ごとの動作状態を理解するのに便利である。

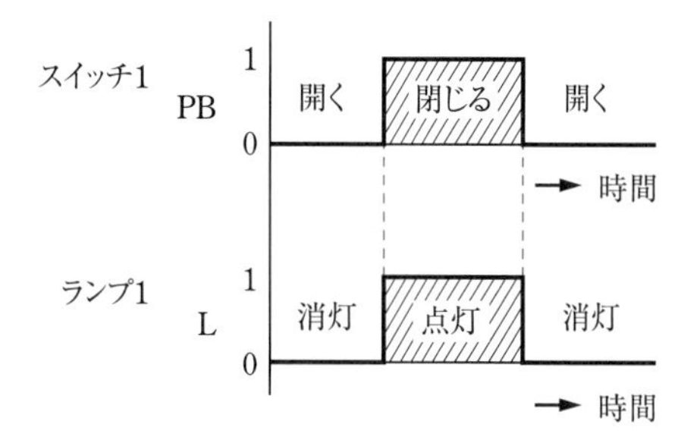

▲図4　タイムチャート

4 実験

実験1　ランプ点滅回路

目的　押しボタンスイッチを押すとランプが点灯する回路の動作を確認する。

基本動作　図5(a)は，リレーを用いたランプ点滅回路の実体配線図である。図5(b)は，押しボタンスイッチPB_1を押してリレーが動作した状態である。リレーのコイルR_1に電流が流れることによって，リレーのメーク接点R_{1a}（aはa接点を表す）が閉じ，ランプL_1に電流が流れて点灯する。図5(c)は，各制御用機器の動作順序を表す。

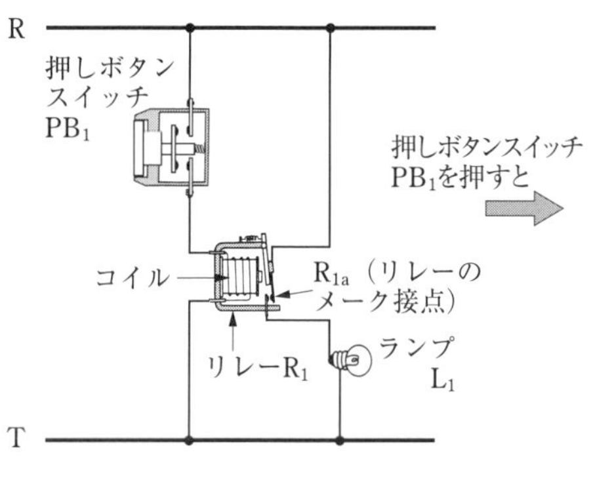

(a) 実体配線図

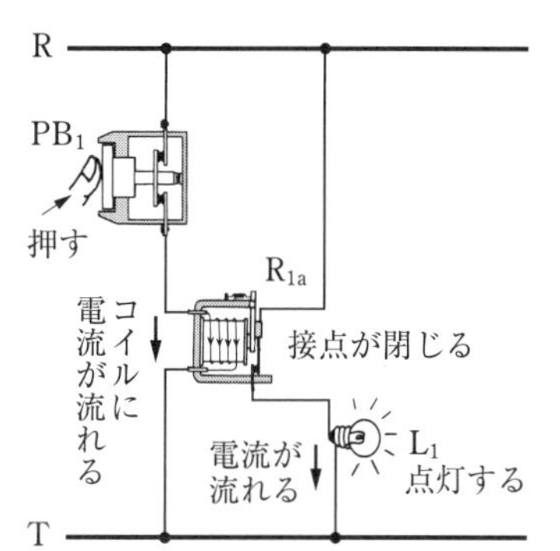

(b) PB_1を押しているときの動作図

動作順序：
① PB_1を押す。
② R_1に通電。
③ R_{1a}が閉じる。
④ L_1が点灯。

(c) 動作順序の例

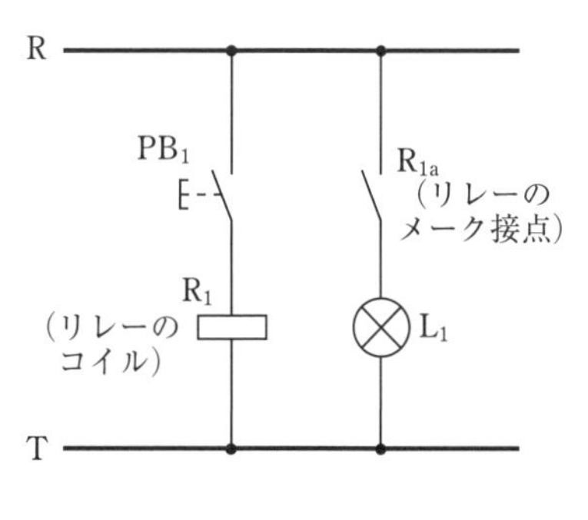

(d) シーケンス図

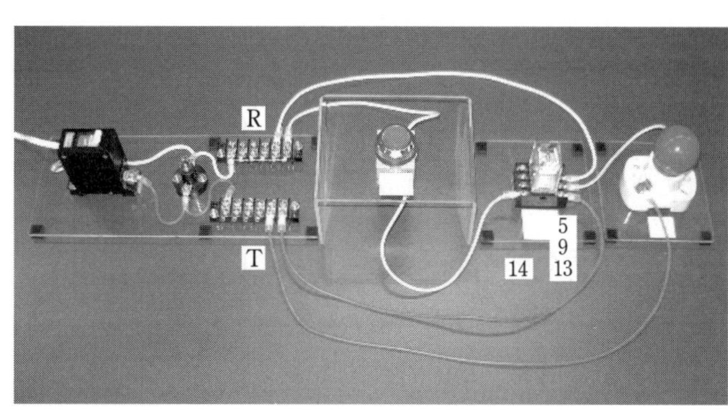

(e) 実物配線図

▲図5　リレーを用いたランプ点滅回路

図5(a)の実体配線図では，リレーのコイルと接点は一つのリレーとして表されているが，実際にはコイルと接点とは，それぞれ回路としては分離している。これをシーケンス図で表すと，図5(d)のようにコイルR_1と接点R_{1a}を分けて描く。ただし，同じR_1などの記号がつけられている場合は，連動して動作することを表している。図5(e)は，実験回路のようすを表しており，リレーの端子番号は，図2の図記号の番号に対応している。

実験手順 ① 図5(d)に従って，各制御用機器を接続する。

② 押しボタンスイッチを操作して回路の動作を確認し，タイムチャートと動作表を完成させる。

実験2 AND回路

目的 AND回路のシーケンス図を完成させ，動作を確認する。

基本動作 二つの押しボタンスイッチPB_1とPB_2の両方を押したときにのみリレーコイルR_1に電流が流れ，リレーのメーク接点R_{1a}が閉じて，ランプL_1が点灯する。

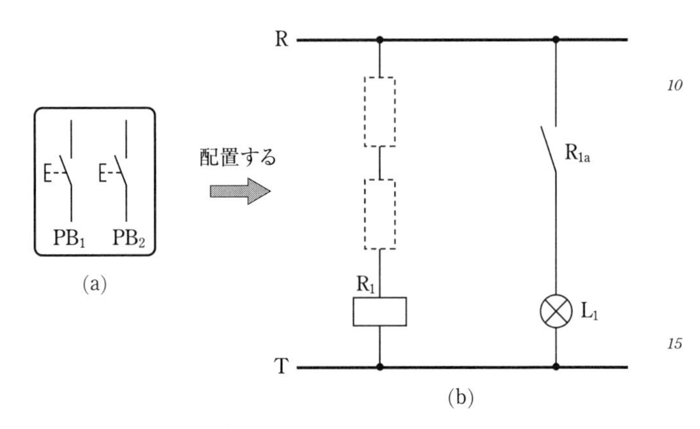

▲図6 AND回路のシーケンス図

実験手順 ① 図6(b)の破線部分に，図6(a)の二つの押しボタンスイッチを配置してAND回路のシーケンス図を完成させる。

② 図5(a)の実物配線図を参考にAND回路を配線し，動作を確認してタイムチャートを完成させる。

実験3 OR回路

目的 OR回路のシーケンス図を完成させ，動作を確認する。

基本動作 二つの押しボタンスイッチPB_1とPB_2のどちらか一方，または両方を押すとリレーのコイルR_1に電流が流れ，リレーのメーク接点R_{1a}が閉じて，ランプL_1が点灯する。

実験手順 ① 図7(b)の破線部分に，図7(a)の二つの押しボタンスイッチを配置して，OR回路のシーケンス図を完成させる。

② 図7を参考に，OR回路を配線し，動作を確認する。

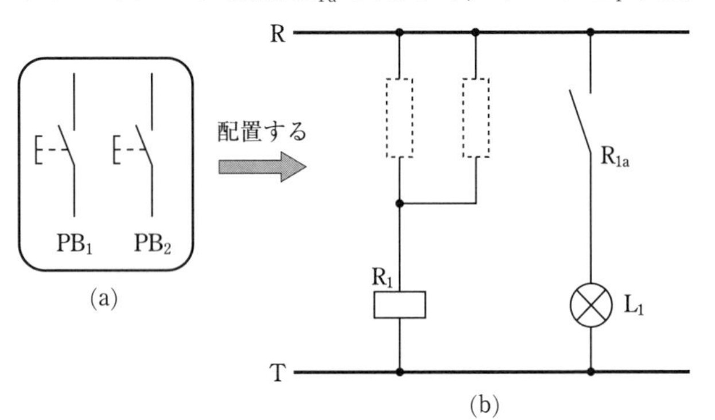

▲図7 OR回路のシーケンス図

実験4　NOT回路

目的　NOT回路のシーケンス図を完成させ，動作を確認する。

基本動作　リレーのメーク接点R_{1a}とブレーク接点R_{1b}を活用して，押しボタンスイッチPB_1を押すと，リレーのコイルR_1に電流が流れ，メーク接点R_{1a}が閉じてランプL_1が点灯する。同時に，ブレーク接点R_{1b}が開いて，それまで点灯していたランプL_2が消灯する。NOT回路では，このランプL_2のように，スイッチを押すと消灯するような，反対の動作が行われる。リレーには，接点が2回路以上組み込まれている場合が多いので，用途に応じてメーク接点とブレーク接点を使い分けることができる。

実験手順　① 図8(b)の破線部分に，図8(a)の二つのリレー接点を配置して，NOT回路のシーケンス図を完成させる。ただし，ランプL_2の点灯回路をNOT回路とする。

② 図8を参考に配線して，動作を確認し，動作表を作成する。図中のリレーの端子番号は，図2の図記号の番号に対応している。

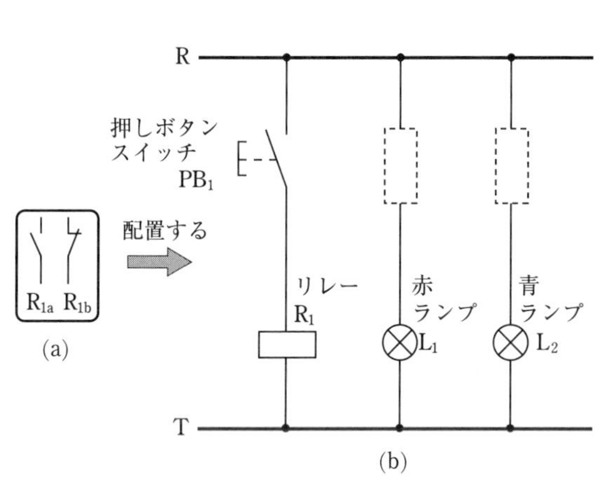

▲図8　NOT回路のシーケンス図

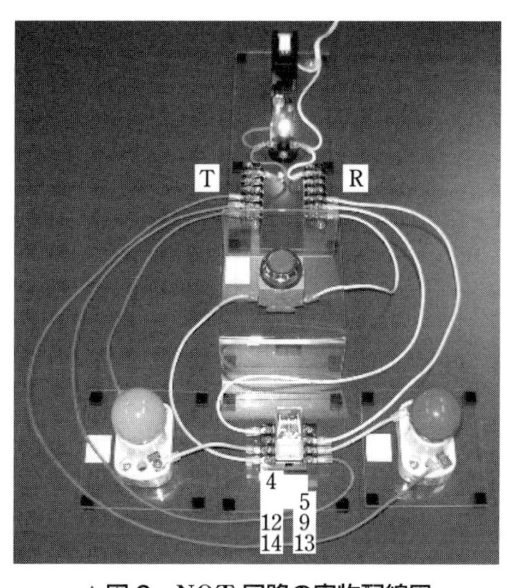

▲図9　NOT回路の実物配線図

実験5　自己保持回路

目的　自己保持回路のシーケンス図を完成させ，動作を確認する。

基本動作　押しボタンスイッチPB_1を押したあと，PB_1から手を離してもリレーR_1のメーク接点R_{1a-1}が閉じて，リレーR_1が動作を継続する。自己保持回路では，リレーR_1が動作し続けている。

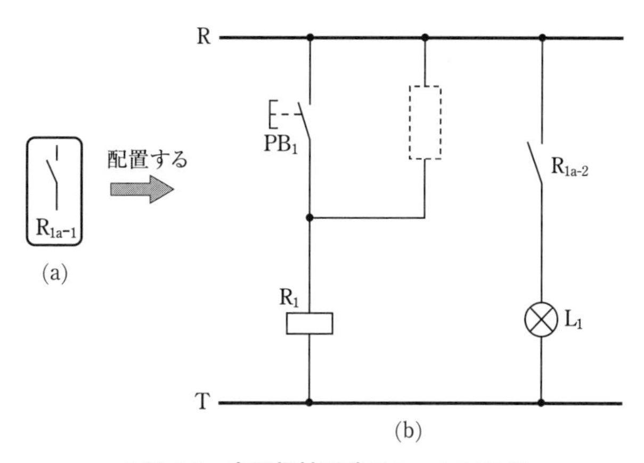

▲図10　自己保持回路のシーケンス図

実験手順 ① 図10(b)に図10(a)のリレーR_1のメーク接点を配置し，自己保持回路のシーケンス図を完成させる。

② 図10を参考に配線して，動作を確認し，タイムチャートを作成する。

実験6 復帰優先の自己保持回路

目的 復帰優先の自己保持回路のシーケンス図を完成させ，動作を確認する。

基本動作 実験5の自己保持回路は，リレーR_1がいったん動作すると復帰することができないので，リレーR_1が復帰できる回路に変更する。基本動作は次のようになる。

ブレーク接点の押しボタンスイッチPB_2とリレーR_1のメーク接点R_{1a-1}を配置し，PB_2を押すことによってR_1が復帰する。ただし，PB_1，PB_2を同時に操作した場合は，リレーR_1は動作しない(復帰優先)。

実験手順 ① 図11(b)の破線部分に，図11(a)の二つの接点を配置して，復帰優先の自己保持回路のシーケンス図を完成させる。

② 復帰優先の自己保持回路を配線し，動作を確認する。

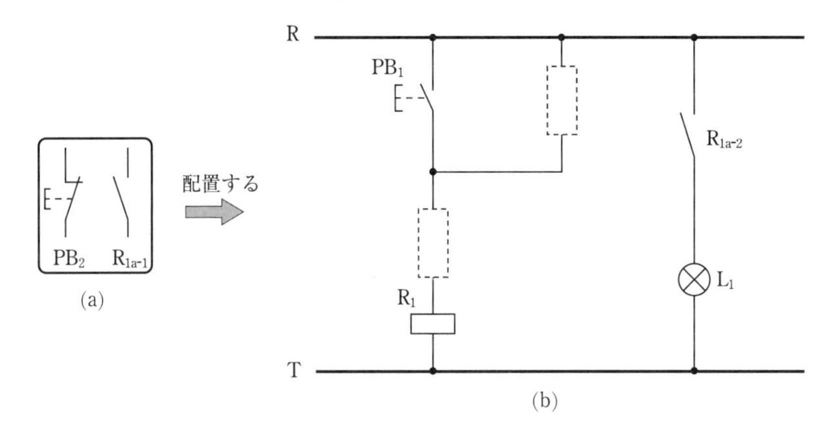

▲図11 復帰優先の自己保持回路

実験7 インタロック回路

目的 インタロック回路のシーケンス図を完成させ，動作を確認する。

基本動作 押しボタンスイッチPB_1とPB_2のどちらか先に押したほうの回路を動作させ，遅く押されたほうを無効にする。そのため，インタロック回路では，押しボタンスイッチのPB_1の回路に，リレーR_1のメーク接点R_{1a-1}とリレーR_2のブレーク接点R_{2b}を，押しボタンスイッチPB_2の回路に，リレーR_2のメーク接点R_{2a-1}とリレーR_1のブレーク接点R_{1b}を配置する。

実験手順 ① 図12(b)の破線部分に，図12(a)の四つの接点を配置して，インタロック回路のシーケンス図を完成させる。

② インタロック回路を配線し，動作を確認して，タイムチャートを作成する。

注　再度，押しボタンスイッチ PB_2 を動作させるさいは，一度電源を落とし，すべてのリレーを復帰させてから行う。

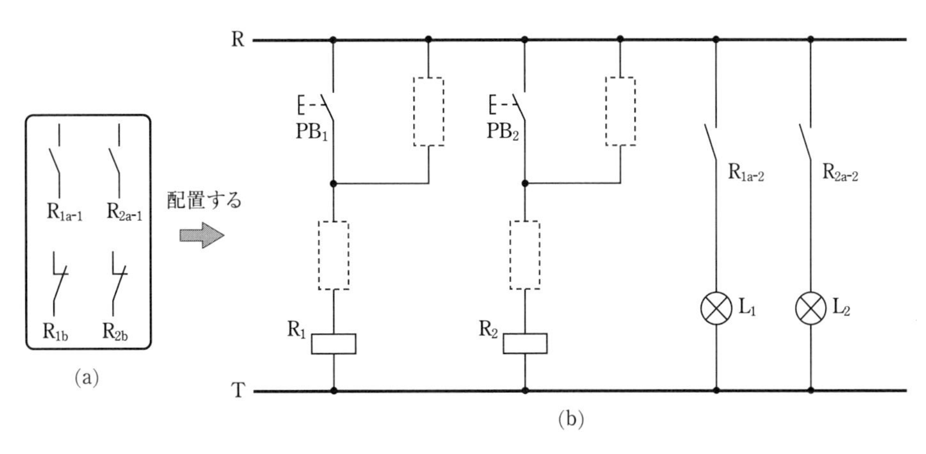

▲図 12　インタロック回路

5 結果の整理

[1] 実験 1 のランプ点滅回路動作を確認し，タイムチャートと動作表を完成させなさい。

[2] 実験 2 の AND 回路の動作順序を書き込み，シーケンス図を完成させなさい。動作順序は，各自が用意したレポート用紙に書きなさい。

[3] 実験 3 の OR 回路の動作順序を書き込み，シーケンス図を完成させなさい。動作順序は，各自が用意したレポート用紙に書きなさい。

[4] 実験 4 の NOT 回路の動作順序を書き込み，シーケンス図と動作表を完成させなさい。

[5] 実験 5 の自己保持回路の動作順序を書き込み，シーケンス図とタイムチャートを完成させなさい。

[6] 実験 6 の復帰優先の自己保持回路の動作順序を書き込み，シーケンス図を完成させなさい。

[7] 実験 7 のインタロック回路動作順序を書き込み，シーケンス図とタイムチャートを完成させなさい。

6 結果の検討

[1] 復帰優先の自己保持回路とインタロック回路の違いを，教科書で調べてみよう。また，どのような場所で使われているか，調べてみよう。

[2] 自己保持回路は，体育館の照明などの押しボタン式スイッチなどに使われている。ほかにはどのようなところで使われているか，調べてみよう。

14 タイマを用いた回路

1 目的

タイマの基本動作について学習するとともに，タイマを用いたいろいろなシーケンス制御回路を組み立て，その動作を確認し，理解を深める。

2 使用機器

機器の名称	記号	定格など
押しボタンスイッチ（2台）	PB_1，PB_2	接点 AC 125 V：5 A，AC 300 V：3 A
電磁リレー（3台）	R_1，R_2，R_3	AC 110 V，接点 AC 240 V：5 A，DC 28 V：5 A
タイマ（3台）	TLR_1, TLR_2, TLR_3	30秒可変, AC 100 V, 接点 AC 240 V：5 A, DC 28 V：5 A
表示灯（シグナルランプ）（3灯）	L_1，L_2，L_3	電球 110 V，7 W（青・黄・赤）
電源ユニット	B	配線用遮断器 110 V，1 A 付き

3 関係知識

タイマ（time limit relay）には，動作するときに時間遅れがあるオンディレー（限時動作瞬時復帰）タイマと，復帰するときに時間遅れがあるオフディレー（瞬時動作限時復帰）タイマがある。ここでは，よく使用されるオンディレータイマを扱う。図1に，外観，駆動部ならびに接点の図記号と，そのタイムチャートを示す。図1(a)の端子番号は，図1(b)の図記号に付加した番号に相当する。

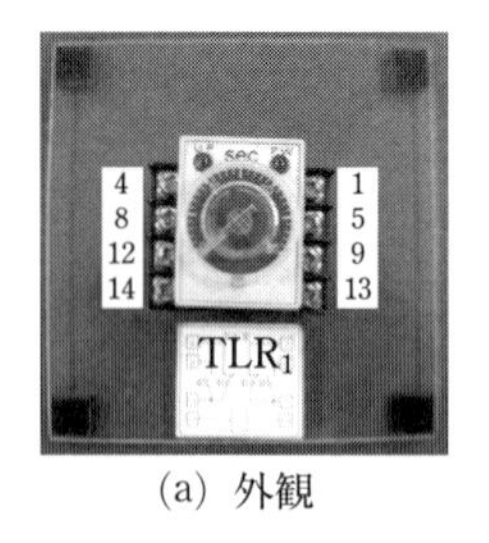

(a) 外観

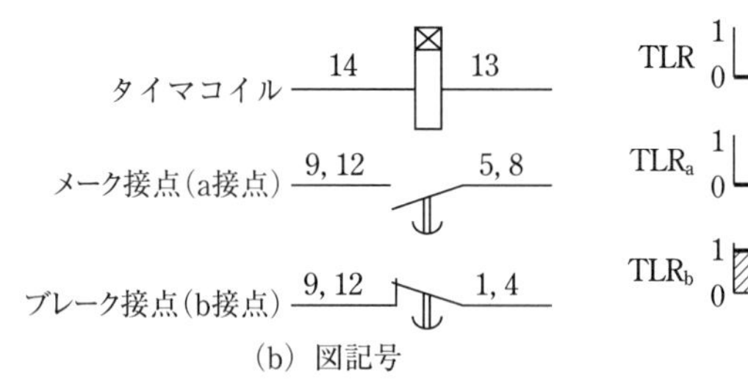

(b) 図記号

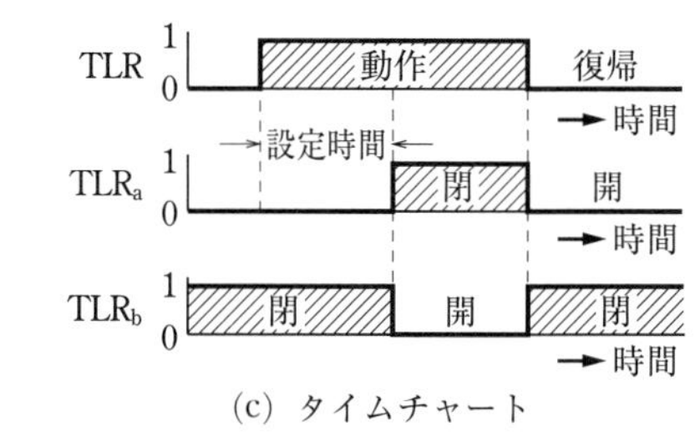

(c) タイムチャート

▲図1 オンディレータイマ

4 実験

実験1 オンディレータイマ回路

目的 オンディレータイマのシーケンス図を理解し，動作を確認する。

基本動作 ボタンスイッチ PB_1 を押し続けると，タイマコイル TLR_1 に電流が流れ，設定時間（ここでは5秒）後にTLR_1のメーク接点TLR_{1a}が閉じ，ランプL_1に電流が流れて点灯する。このような動作を行う回路を遅延動作（オンディレータイマ）回路といい，以後はたんにタイマ回路とよぶこととする。

実験手順 ① 図2(a)のように，タイマ回路を配線する。

② 動作を確認する。

③ 図2(b)のタイムチャートを完成させる。

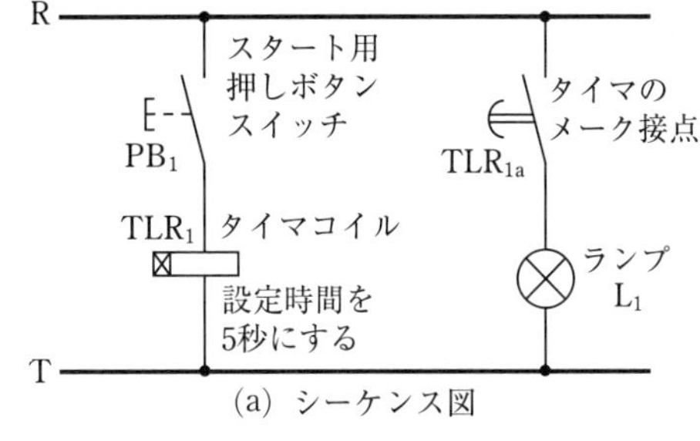

(a) シーケンス図

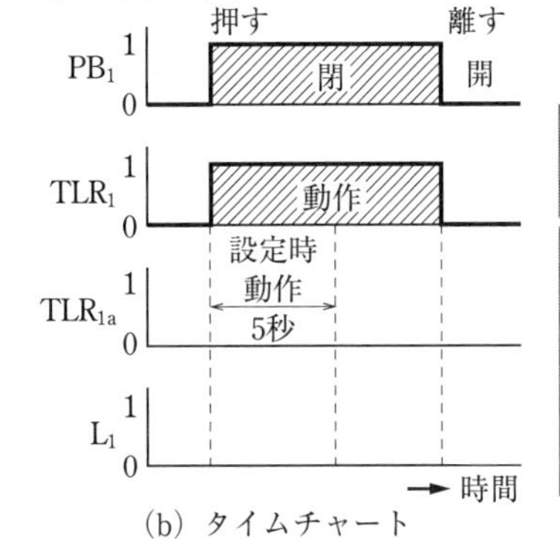

(b) タイムチャート

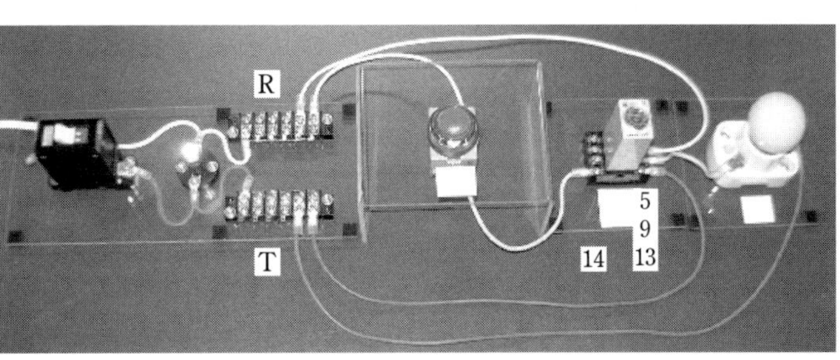

(c) 実物配線図

▲図2 遅延動作（オンディレータイマ）回路

実験2 自己保持機能をもったタイマ回路

目的 実験1の回路に自己保持機能をもたせたタイマ回路のシーケンス図を完成させ，動作を確認する。

基本動作 押しボタンスイッチPB_1を押すとリレーR_1が働き，PB_1を離しても，リレーR_1のメーク接点R_{1a}によって構成される自己保持回路により，タイマリレーTLR_{1a}が動作する。また，押しボタンスイッチPB_2によって，リレーR_1とタイマリレーTLR_{1a}を復帰できる。

実験手順 ① 図3(b)のシーケンス図に，図3(a)のリレー接点と押しボタンスイッチを配置し，シーケンス図を完成させる。

② 図3(b)の回路を配線し，図3(c)のようなタイムチャートになることを確認する。

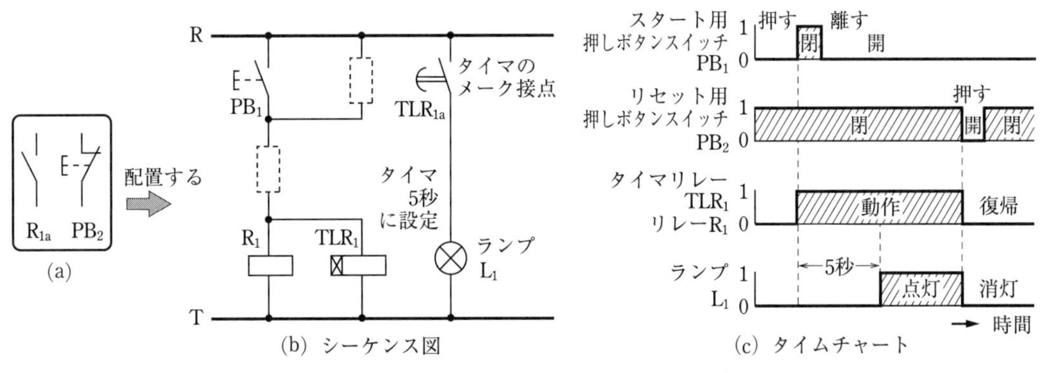

▲図3 自己保持機能をもったタイマ回路

実験 3　オフディレー機能をもったタイマ回路

目的　タイマ回路が復帰するときに，時間遅れがあるオフディレータイマのシーケンス図を完成させ，動作を確認する。

基本動作　実験 2 の自己保持機能をもったタイマ回路（図 3）のメーク接点 $\mathrm{TLR_{1a}}$ を，ブレーク接点 $\mathrm{TLR_{1b}}$ に置き換える。スタート用の押しボタンスイッチ $\mathrm{PB_1}$ を押し，自己保持回路が働いたまま，遅れてタイマのブレーク接点 $\mathrm{TLR_{1b}}$ が働く。また，$\mathrm{PB_2}$ による復帰は，実験 2 と同様である。

実験手順　① 図 4 (b)のシーケンス図に，図 4 (a)のリレー接点と押しボタンスイッチを配置し，シーケンス図を完成させる。

② 図 4 (b)のタイマ回路を配線し，動作を確認して，図 4 (c)のタイムチャートを完成させる。

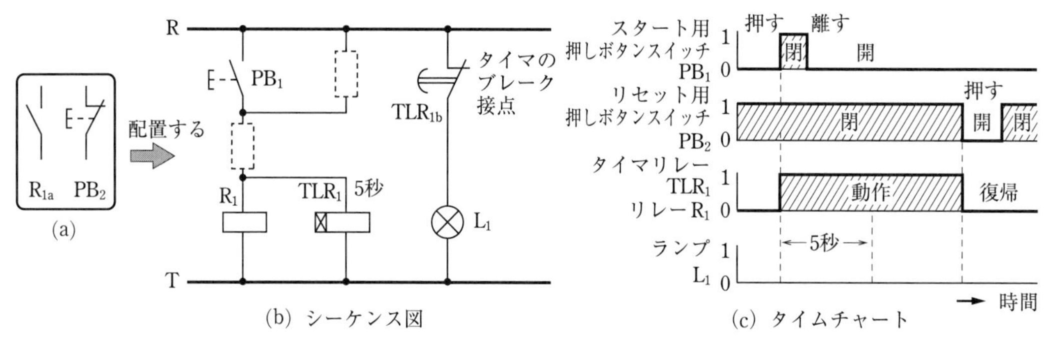

(b) シーケンス図　(c) タイムチャート

▲図 4　オフディレー機能をもったタイマ回路

実験 4　順次動作回路

目的　三つのリレー回路が順番に動作する順次動作回路について理解する。

基本動作　実験 2 と 実験 3 を応用する。自己保持回路とタイマ回路によって，三つのランプ $\mathrm{L_1}$，$\mathrm{L_2}$，$\mathrm{L_3}$ が $\mathrm{L_1}$ から順番に一つずつ点滅する。

実験手順　① 図 5 (c)のシーケンス図に，図 5 (b)の二つのリレー接点と二つのタイマ接点を配置し，シーケンス図を完成させる。ただし，最後のランプは点灯し続けている。

② 図 5 (c)の順次動作回路を配線し，動作を確認する。

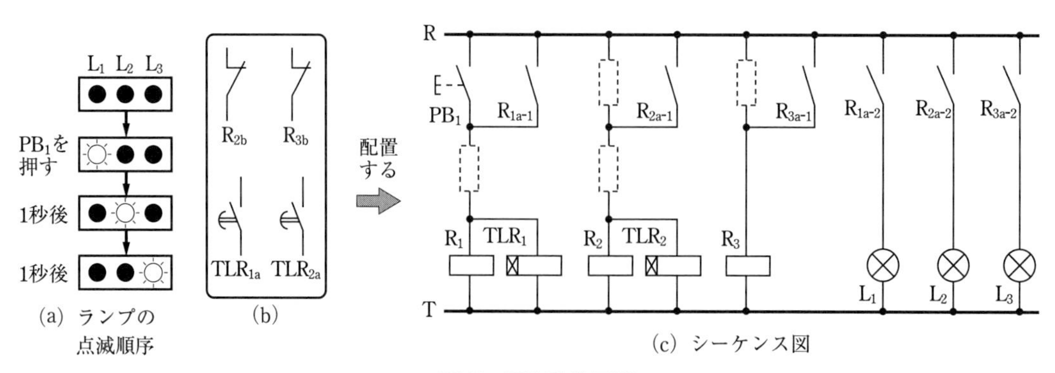

(a) ランプの点滅順序　(b)　(c) シーケンス図

▲図 5　順次動作回路

実験 5　信号機の回路

目的　自己保持回路とタイマ回路によって，三つのランプが順番に点滅する動作を繰り返す回路について理解する。

基本動作　実験 4 を応用する。ランプが順番に青→黄→赤と点滅動作を繰り返す。

実験手順　① 図 6 (b)のシーケンス図に，三つのリレー接点と三つのタイマ接点を適切に配置し，図 6 (a)のような点滅順序になるシーケンス図を完成させる。

② 図 6 (b)の回路を配線し，信号機の動作を確認する。

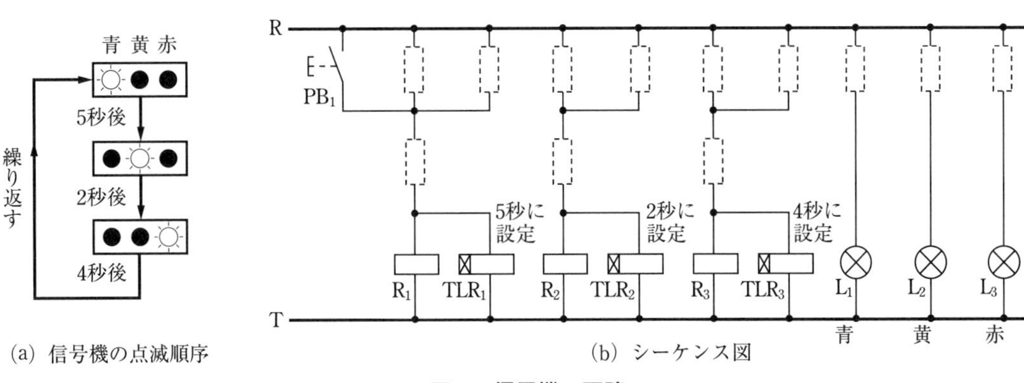

(a) 信号機の点滅順序　(b) シーケンス図

▲図 6　信号機の回路

5 結果の整理

[1] 実験 1 の動作順序を書き，タイムチャートを完成させなさい。なお，動作順序は，各自が用意したレポート用紙に書きなさい (以下同様)。

[2] 実験 2 の動作順序を書き，シーケンス図を完成させなさい。

[3] 実験 3 の動作順序を書き，シーケンス図とタイムチャートを完成させなさい。

[4] 実験 4 の動作順序を書き，シーケンス図を完成させなさい。

[5] 実験 5 の動作順序を書き，シーケンス図を完成させなさい。

6 結果の検討

[1] 実験 2 の自己保持機能をもつタイマ回路と 実験 3 のオフディレー機能をもつタイマ回路の違いを調べてみよう。

[2] タイマ回路は，トイレや玄関などの照明のほかに，どのようなところで使われているか，調べてみよう。

[3] 図 7 の信号機 A，B の回路のシーケンス図をリレー，タイマ，ランプを 6 個ずつ用いて設計してみよう。

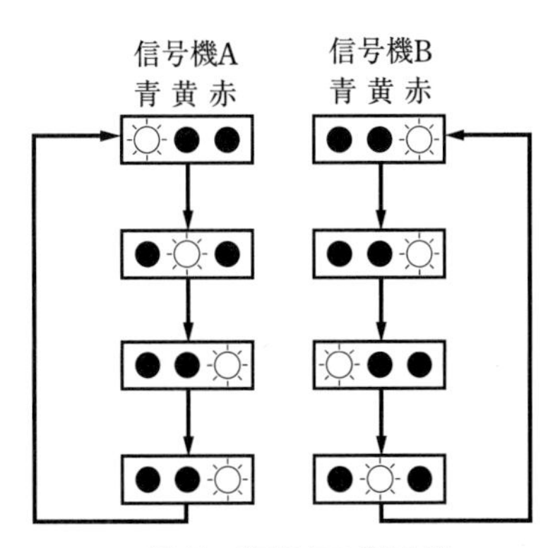

▲図 7　交差点の信号機

電力応用編

15 プログラマブルコントローラによる基本回路

1 目的

プログラマブルコントローラの構成と基本命令について学習するとともに，シーケンスの基本回路やリレーシーケンスで学んだ回路のプログラムを作成することを通して，プログラマブルコントローラの使いかたを習得する。

2 使用機器

機器の名称	記号	定格など
プログラマブルコントローラ	PLC	PLC本体(三菱製)，スイッチユニット(トグルスイッチ16個)付き
プログラミングユニット		プログラム入力用装置

3 関係知識

1 プログラマブルコントローラ

プログラマブルコントローラ(programmable logic controller，以下PLCとよぶ)は，入出力部を介して各種装置を制御する。PLCはコンピュータと同じ機能をもち，プログラムを変更するだけで制御内容を変えられる。図1に示す例のように，プログラミングユニットを接続してプログラムの入力を行い，運転時ははずして使用することができる。PLCはリレー回路のような配線が不要で，ラダー図を参考にプログラムを入力することによって，リレーを用いたシーケンス回路と同じシーケンス動作を作成できる。リレーシーケンスと比較した場合のPLCの特徴は，次のとおりである。

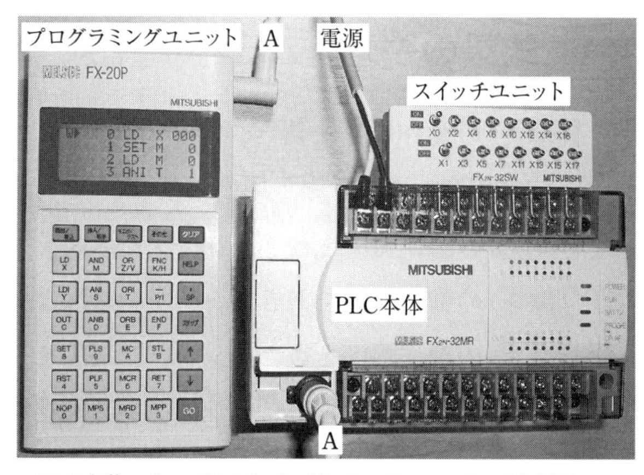

*PLC本体のケーブルAとプログラミングユニットのAを接続。

▲図1　プログラマブルコントローラの例

① 設計が容易で，プログラムの変更が簡単である。

② 信頼性が高く，コンパクトであり，保守管理が容易である。

③ タイマや補助リレーを数多く内蔵しており，回路が複雑になるほど経済的である。

図2に，PLCの配線図と構成を示す。

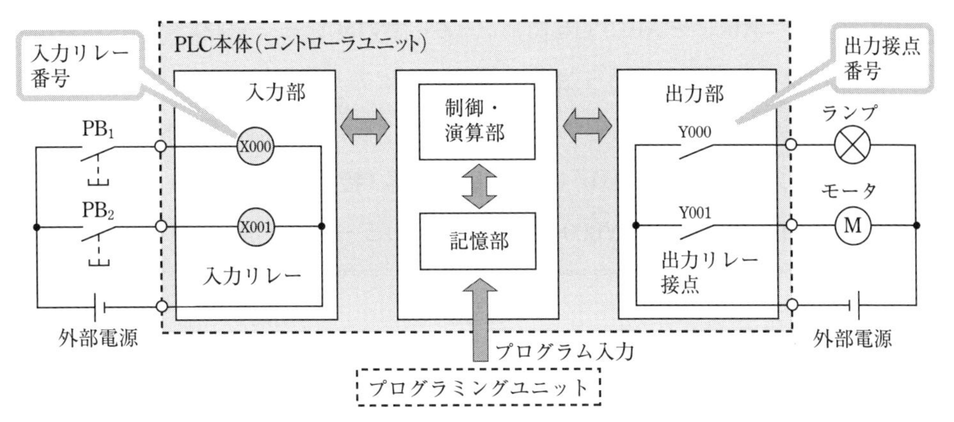

▲図2　PLCの構成

2 ラダー図とPLCの基本命令

リレーシーケンスでは，接続図に図3(a)に示すシーケンス図を用いたが，PLCの場合は，図3(b)に示すラダー図を用いる(一般に，横書きが用いられる)。ラダー図からPLCを動作させるまでの手順を図4に示す。(＊PLC基本命令リストはQRコード参照)

QR

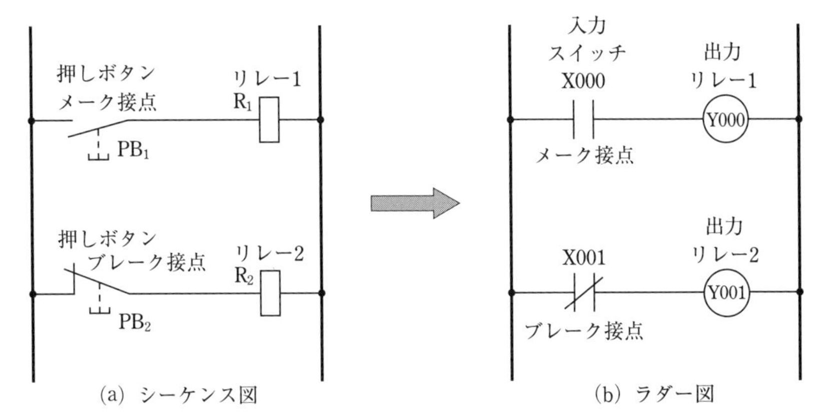

▲図3　シーケンス図とラダー図

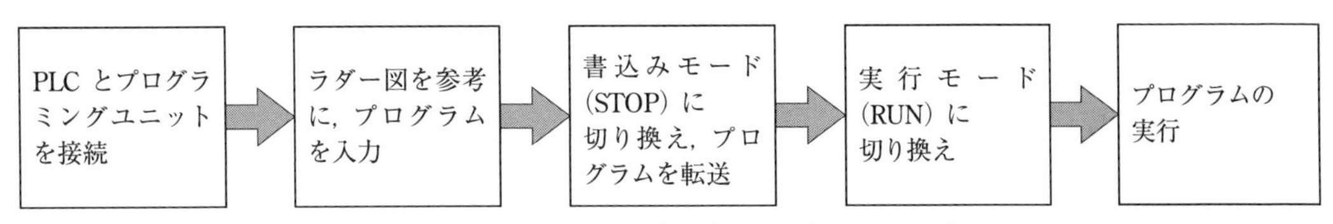

▲図4　PLCによるプログラム実行までの手順

3 PLCの出入力接点数

図2の左側に示すように，押しボタンスイッチなど，入力接点を接続する回路を**入力リレー**という。また，図2の右側に示すように，ランプやモータなど，出力接点として使用する回路を**出力リレー**という。PLCに内蔵されている入出力リレーの数は，機種によって異なるので，ここでは，以下のように入力リレー，出力リレーともに16個ずつ内蔵していることにする。

① 入力リレー：X000 ～ X015 (16 個)　② 出力リレー：Y000 ～ Y015 (16 個)

ここで，入力リレーは X000 から始まる番号で，出力リレーは Y000 から始まる番号で表している。3 桁(けた)の番号は，それぞれのリレーにつけられた機器番号（接点番号）である。図 3 (a)のシーケンス図は，図 3 (b)に対応し，機器（接点）番号 X000 と X001 は，押しボタンスイッチ PB_1 と PB_2 を，Y000 と Y001 は，リレー R_1 と R_2 を表している。

> **注意**
> オムロン製の PC では，入力リレーは 00000 ～ 00015 に，出力リレーは 10000 ～ 10015 にそれぞれ読み替えるとよい。

4 実験

実験 1 PLC のプログラム作成手順

目的 ラダー図から PLC によるプログラムの作成手順を理解する。

基本動作 図 3 (b)のラダー図において，左側の母線にメーク接点を接続する場合は，LD(ロード) 命令を用いて，「LD X000」と記述する。また，母線にブレーク接点を接続する場合は，LDI(ロードインバース) 命令を用いて，「LDI X001」と記述する。出力リレーは，OUT(アウト) 命令を用いて，「OUT Y000」と記述する。

これをプログラムで表すと図 5 (a)となる。このプログラムは，X000 の押しボタンスイッチ PB_1 を押すと，PLC の出力リレー Y000 が動作する。また，X001 の押しボタンスイッチ PB_2 を押すと，出力リレー Y001 が復帰して接点が開く。

アドレス	命令語	機器番号
0000	LD	X 000
0001	OUT	Y 000
0002	LDI	X 001
0003	OUT	Y 001
0004	END	

(a) プログラム

入力	出力	入力	出力
X000	Y000	X001	Y001
0		0	
1		1	

(b) 動作表

▲図 5 プログラムと動作表

実験手順 これらのプログラムの入力から実行までの手順は，次の[1]～[2]の操作で行う。

[1] PLC の準備

① 図 1 に示すように，PLC 本体とプログラミングユニットをケーブルでつなぐ。このとき，PLC 本体のコネクタの横にある[RUN]・[STOP]切換スイッチを[STOP]側にする。

PC の電源を ON にすると，プログラミングユニットに[オンライン]と[オフライン]の選択画面が出るので，[↑]，[↓]キーを操作し，[オンライン]を選択して[GO]キーを押す。

② 機能・モード選択画面で，[読出 / 書込]キーを押すと，画面左端上に［R >］と表示されて［読込みモード］となる。もう一度[読出 / 書込]キーを押すと，図 6 (a)のように画面左上端に［W >］と表示され，［書込みモード］になる。[/] のついたキーは押

すたびに切り換わり，ほかの2種類の命令などが書かれたキーは，操作の状態に応じてどちらかが自動的に入力される。

③ ［書込みモード］画面で NOP，A，GO，とキーを順に押すと，図6(a)のようにメモリが全消去となり，新たなプログラミングが可能となる。NOP（ノー・オペレーション）とは，命令を書き込まない，あるいは，何も書き込まれていない状態を表す。

［2］命令の書込み方法

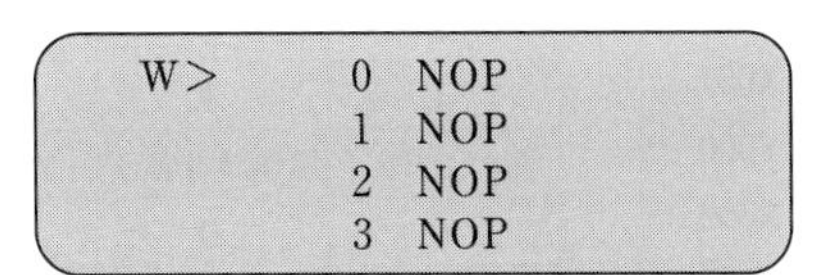

(a) メモリ全消去後の書込み画面

W　0　LD　X　000
>　1　NOP
2　NOP
3　NOP

(b) メーク接点X000書込み後の画面

W　0　LD　X　000
1　OUT　Y　000
>　2　NOP
3　NOP

(c) 出力リレーY000書込み後の画面

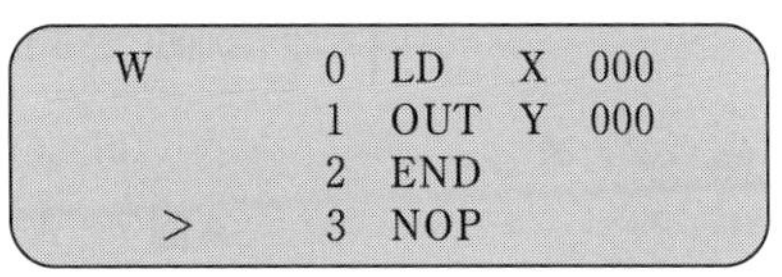

(d) END命令の書込み後の画面

▲図6　命令の書込み画面表示

① プログラミングユニットを［書込みモード］にする（図6(a)）。

② メーク接点X000の書込みは，LD，X，0，GO とキーを順に押す（図6(b)）。

③ 出力リレーY000の書込みは，OUT，Y，0，GO とキーを順に押す（図6(c)）。

④ END命令の書込みは，END，GO とキーを順に押す（図6(d)）。

⑤ 命令を訂正する場合は，↑，↓ キーで訂正箇所に［>］を移動し，上書きを行う。

⑥ 命令の挿入は，挿入 キーを押す。命令の削除は，削除，GO とキーを順に押す。

⑦ 操作を誤った場合は，クリア キーを押すとよい。

［3］実行方法

① PLC本体のコネクタの横にある［RUN］・［STOP］切換スイッチを［RUN］側にする。

② X000に対応する押しボタンスイッチを押す（図1のPLCでは，X0と表記したトグルスイッチで代用する。上に倒すとPLC上面の確認ランプが点灯する）と，出力コイルY000が動作し，ランプなどの外部機器を接続している場合は点灯（動作）する。

③ PLC上面の出力確認ランプの0番（Y000）を確認し，図5(b)の動作表にランプが点灯すれば「1」を，消灯なら「0」を記入する。

④ 終了する場合は，PLCの電源をOFFにする。

実験2　AND命令・ANI命令

目的　PLCによるAND回路・ANI回路について理解する。

基本動作　**AND命令**によって，メーク接点X001を直列に接続する。また，**ANI命令**によって，ブレーク接点X003をそれぞれ直列に接続する。

実験手順　①　実験1 のPLCの準備，命令の書込み方法に従って，図7(b)のプログラムを入力する。

②　実験1 の実行方法に従って動作を確認し，結果を図7(c)の動作表に記入する。

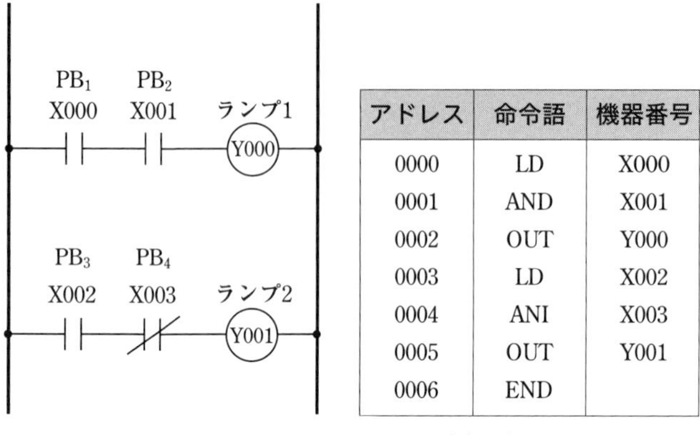

(a) ラダー図

アドレス	命令語	機器番号
0000	LD	X000
0001	AND	X001
0002	OUT	Y000
0003	LD	X002
0004	ANI	X003
0005	OUT	Y001
0006	END	

(b) プログラム

入力		出力
X000(PB1)	X001(PB2)	Y000(L1)
0	0	
0	1	
1	0	
1	1	
X002(PB3)	X003(PB4)	Y001(L2)
0	0	
0	1	
1	0	
1	1	

(c) 動作表

▲図7　AND命令・ANI命令

実験3　OR命令・ORI命令

目的　PLCによるOR回路・ORI回路について理解する。

基本動作　**OR命令**によって，メーク接点X001を並列に接続する。また，**ORI命令**によって，ブレーク接点X003をそれぞれ並列に接続する。

実験手順　①　実験2 と同様に，図8(b)のプログラムを入力する。

②　実験2 と同様に，結果を図8(c)の動作表に記入する。

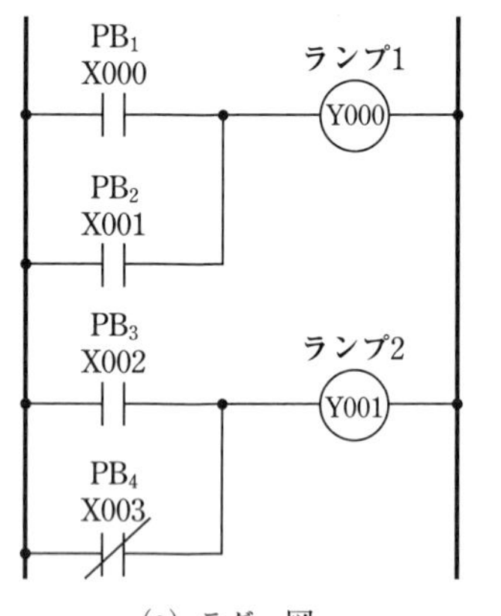

(a) ラダー図

アドレス	命令語	機器番号
0000	LD	X000
0001	OR	X001
0002	OUT	Y000
0003	LD	X002
0004	ORI	X003
0005	OUT	Y001
0006	END	

(b) プログラム

入力		出力
X000(PB1)	X001(PB2)	Y000(L1)
0	0	
0	1	
1	0	
1	1	
X002(PB3)	X003(PB4)	Y001(L2)
0	0	
0	1	
1	0	
1	1	

(c) 動作表

▲図8　OR命令・ORI命令

実験4　自己保持回路

目的　PLCによる自己保持回路について理解する。

基本動作　押しボタンスイッチX000は，手を離すと動作が解除する。しかし，出力リレーY000と連動して動作するメーク接点Y000をX000と並列接続すると，自己保持回路が構成され，出力リレーY000は動作し続ける。出力リレーY000を復帰させるには，押しボタンスイッチX001（ブレーク接点）で行う。

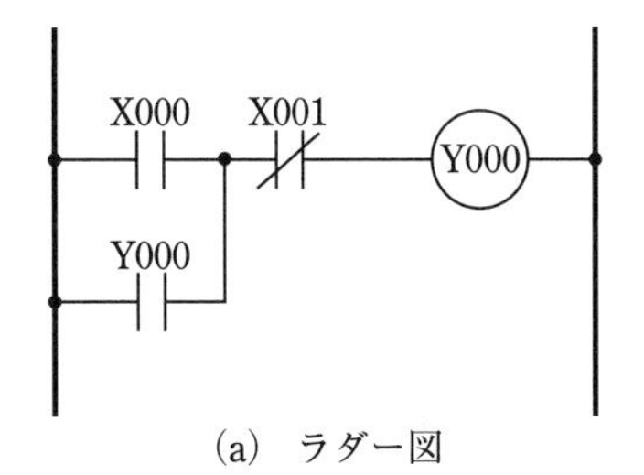

(a) ラダー図

アドレス	命令語	機器番号
0000		X000
0001		Y000
0002		X001
0003		Y000
0004		

(b) プログラム

▲図9 自己保持回路

実験手順

① この回路のプログラムの命令語を図9(b)に作成する。

② プログラムを入力して実行し，動作を確認する。

実験5 先行優先回路

目的 インタロック回路を用いて，PLCによる先行優先回路を理解する。

基本動作 押しボタンスイッチX000，X001のどちらか先に押したほうの出力リレーが動作する。復帰は，ここでは電源を切ることで行う。

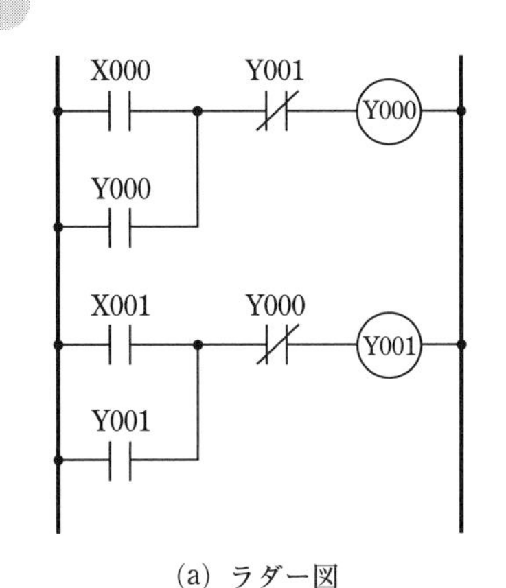

(a) ラダー図

アドレス	命令語	機器番号
0000		
0001		
0002		
0003		
0004		
0005		
0006		
0007		
0008		

(b) プログラム

▲図10 先行優先回路

実験手順 ① この回路のプログラムを図10(b)に作成する。

② プログラムを入力して実行し，動作を確認する。

5 結果の整理

[1] 実験1，実験2，実験3の動作を確認し，動作表を完成させなさい。

[2] 実験4のプログラムの命令語の部分を作成し，動作を確認しなさい。

[3] 実験5のプログラムを作成し，動作を確認しなさい。

6 結果の検討

[1] プログラマブルコントローラがどのようなところに使われているか調べてみよう。

[2] 先行優先回路は，舞台の幕などの昇降スイッチに使用されている。ここで，上昇用スイッチと下降用スイッチは，いったん停止ボタンを押さないと切換えができない。これは，重い物を動作させる場合に，モータの正転・逆転が急に行われて過負荷になることを防ぐためである。ほかにもどのようなところに使われているか調べてみよう。

16 PLCによるタイマ回路・カウンタ回路

1 目的

パソコンを用いたラダープログラムの作成環境を使い，PLCに内蔵されているタイマ，カウンタを用いたプログラムを作成することを通して，ラダープログラミングについて理解を深める。

2 使用機器

機器の名称	記号	定格など
プログラマブルコントローラ	PLC	PLC本体（三菱製），スイッチユニット（トグル型16個）付き
プログラミングユニット		プログラム入力用装置
パソコン・ソフトウェア		ラダー作成ソフトウェア

3 関係知識

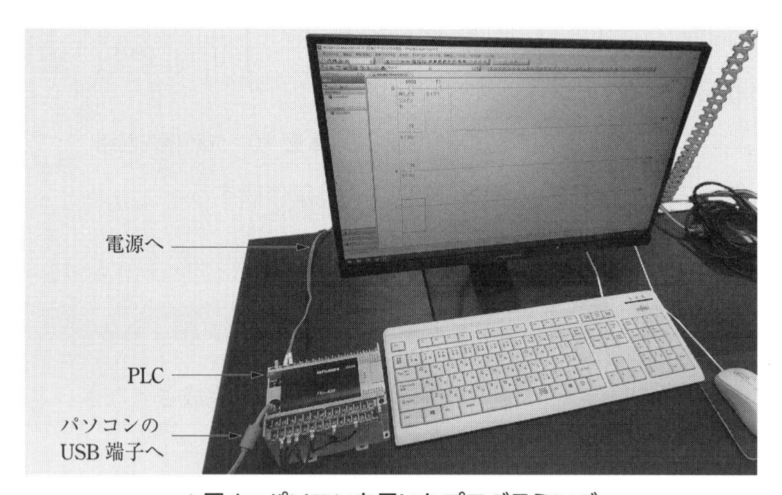

▲図1　パソコンを用いたプログラミング

この実習では，パソコンを用いたプログラミング環境を取り上げる。

PLCに内蔵されているタイマ，カウンタ，補助リレーなどの数は，機種により異なるので，ここでは，以下の範囲で使用する。

① タイマ（0.1秒刻みのタイマ）　：T0 ~ T199（200個）
② カウンタ（1~32767カウント）：C0 ~ C99（100個）
③ 補助リレー　　　　　　　　　：M0 ~ M499（500個）

> **注意**
> オムロン製のPLCの場合，補助リレーは01600 ~ 09515に，タイマ/カウンタは，TIM/CNT000 ~ 511にそれぞれ読み替える。

・SET（**セット**）**命令**………自己保持回路のリレーを動作させる命令。

・RST（**リセット**）**命令**……自己保持回路のリレーを復帰させる命令。

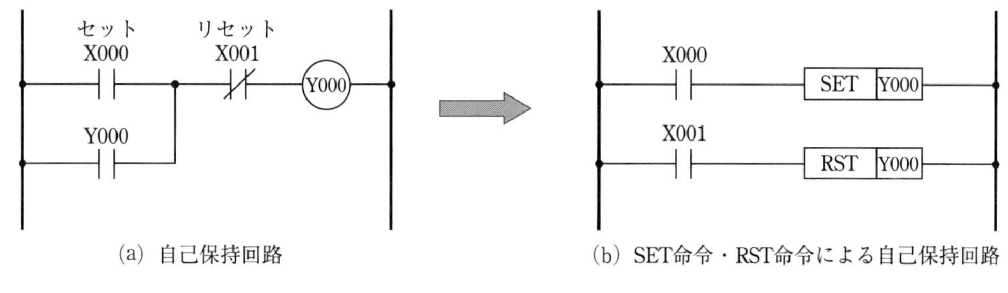

(a) 自己保持回路　　(b) SET命令・RST命令による自己保持回路

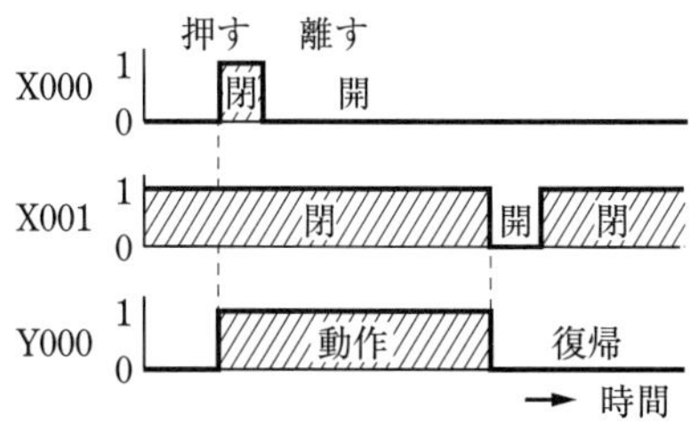

(c) タイムチャート

アドレス	命令語	機器番号
0000	LD	X000
0001	SET	Y000
0002	LD	X001
0003	RST	Y000
0004	END	

(d) プログラム

▲図2　SET命令・RST命令

図2(a)の自己保持回路は，セット用押しボタンスイッチX000とリセット用押しボタンスイッチX001で出力リレーY100を動作させ，保持したり復帰したりできる。しかし，SET命令・RST命令を用いると，図2(b)のように回路が簡単に表され，理解しやすくなる。この回路のタイムチャートとプログラムを図2(c)，(d)に示す。

4　実験

実験1　タイマ回路

目的　ラダープログラミングによるタイマ回路について理解する。

基本動作　押しボタンスイッチX000を押し続けることによってタイマのリレーT0に電流が流れ，動作を開始する。3秒後にタイマT0のメーク接点T0が閉じ，出力リレーY000が動作する。

実験手順　①　図3を参考にプログラムを入力し，動作を確認する。

②　タイマの設定時間を5秒に変更し，その動作を確認する。

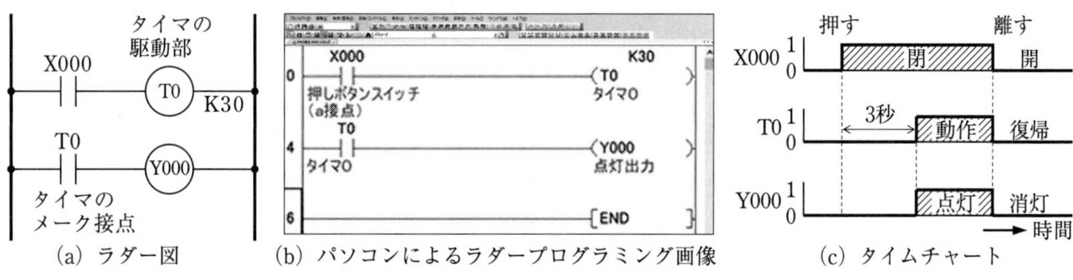

(a) ラダー図　　(b) パソコンによるラダープログラミング画像　　(c) タイムチャート

▲図3　タイマ回路

電力応用編

実験２ 自己保持回路を用いたタイマ回路

目的 自己保持回路を用いたタイマ回路について理解する。

基本動作 押しボタンスイッチ X000 を押すと，補助リレー M0 で自己保持され，タイマ T0 が動作する。3 秒後にメーク接点 T0 が閉じ，出力リレー Y000 が動作する。押しボタンスイッチ X001 を押すと自己保持が解除され，M0，T0，Y000 が復帰する。

補助リレーとは，入力信号などの状態を一時的に保持させたり，複数の入力条件を一つにまとめたりするために利用される。ここでは，自己保持に利用されている。

実験手順 ① 図 4 を参考にプログラムを入力する（実験１ のプログラムを利用し，挿入 キーを用いてプログラムを入力して活用すると便利である）。

② 動作を確認し，タイムチャートを完成させる。

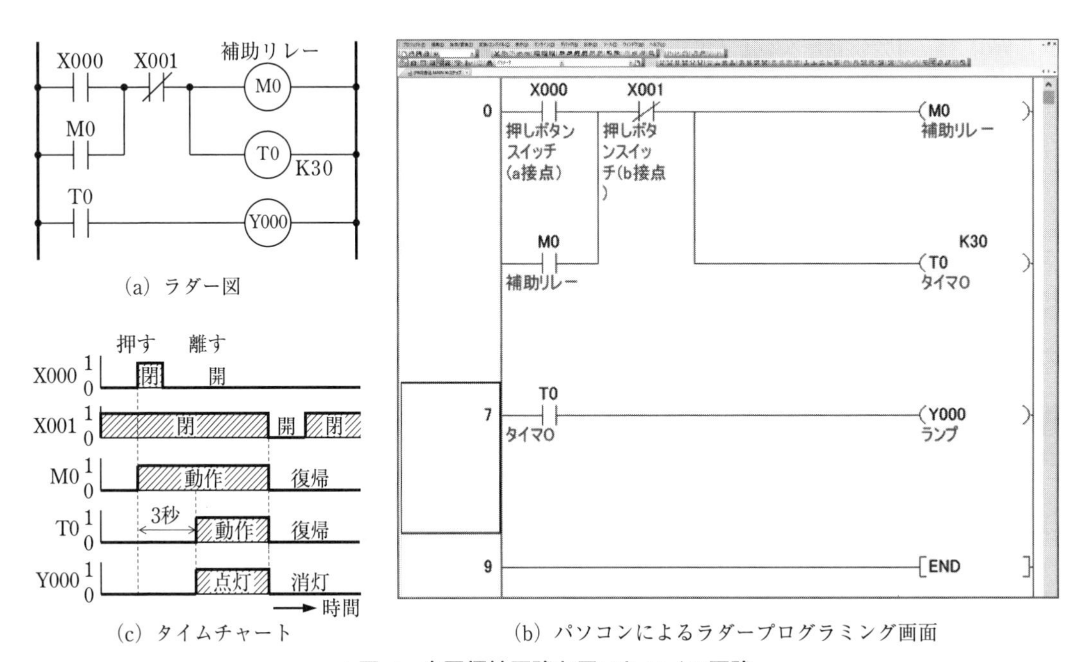

(a) ラダー図

(c) タイムチャート

(b) パソコンによるラダープログラミング画面

▲図４ 自己保持回路を用いたタイマ回路

実験３ SET 命令・RST 命令を用いたタイマ回路

目的 SET 命令・RST 命令の使い方を理解する。

基本動作 実験２ のタイマ回路を，SET 命令と RST 命令で作成する。SET 命令により補助リレー M0 が動作し，接点 M0 によりタイマ T0 が動作する。設定時間後にタイマ T0 により出力 Y100 が動作する。RST 命令により，M0，T0，Y000 が復帰する。

実験手順 ① 図 5 を参考に，プログラムを入力する。

② 動作を確認し，タイムチャートを完成させて，図 4 の回路の動作と比較する。

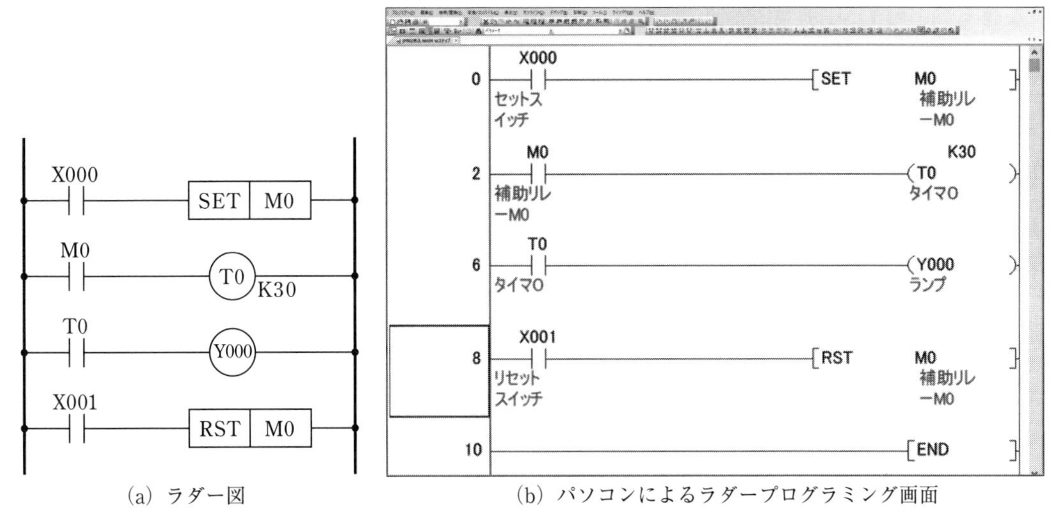

(a) ラダー図　(b) パソコンによるラダープログラミング画面

▲図5　SET 命令・RST 命令を用いたタイマ回路

実験 4　オフディレータイマ回路

目的　自己保持回路を用いたオフディレータイマ回路について理解する。

基本動作　押しボタンスイッチ X000 を押すと，補助リレー M0 によって自己保持される。同時に，タイマ T0 と出力リレー Y000 も動作する。5 秒後にタイマ T0 はブレーク接点 T0 を開くので，自己保持が解除され，M0，Y0，Y000 は復帰する。

実験手順　① 図 6 を参考に，プログラムを入力する。

② 動作を確認し，タイムチャートを完成させる。

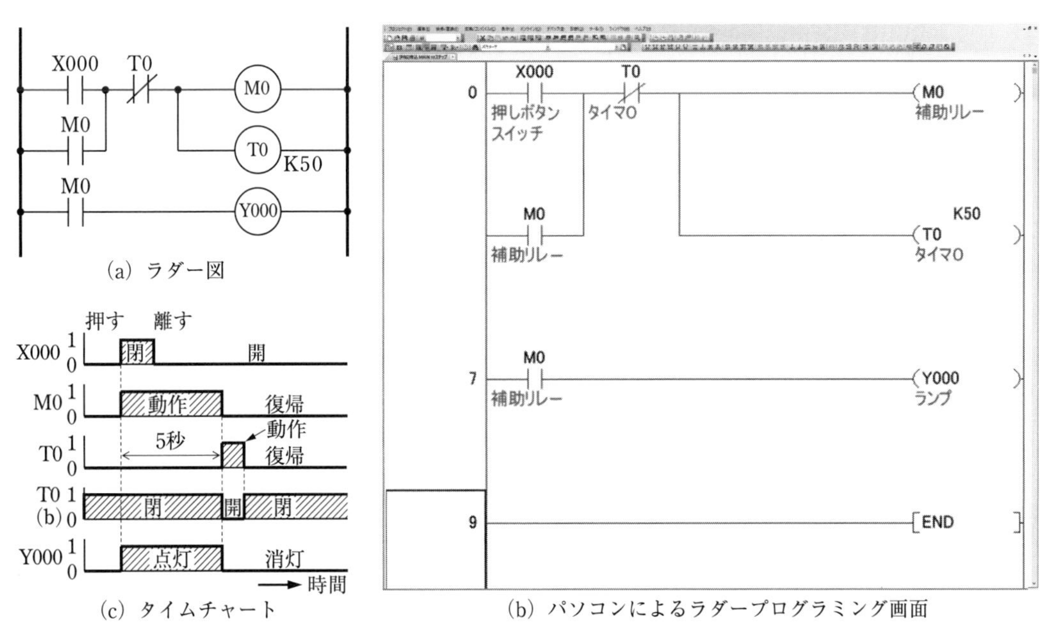

(a) ラダー図　(c) タイムチャート　(b) パソコンによるラダープログラミング画面

▲図6　オフディレータイマ回路

実験 5 フリッカ回路

目的 二つのタイマを用いたフリッカ回路について理解する。

基本動作 押しボタンスイッチ X000 を押し続けると，タイマ T0 が動作する。タイマ T0 が 1 秒後にメーク接点 T0 を閉じ，タイマ T1 と出力 Y000 が動作する。タイマ T1 が 2 秒後にブレーク接点 T1 を開くので，タイマ T0 が復帰するとともに，タイマ T1 と出力 Y000 も復帰する。押しボタンスイッチ X000 を押している間は，この動作が繰り返されるため，出力 Y000 の動作は 2 秒点灯，1 秒消灯で点滅する。

実験手順 ① 図 7 を参考に，プログラムを入力する。

② 動作を確認し，タイムチャートを完成させる。

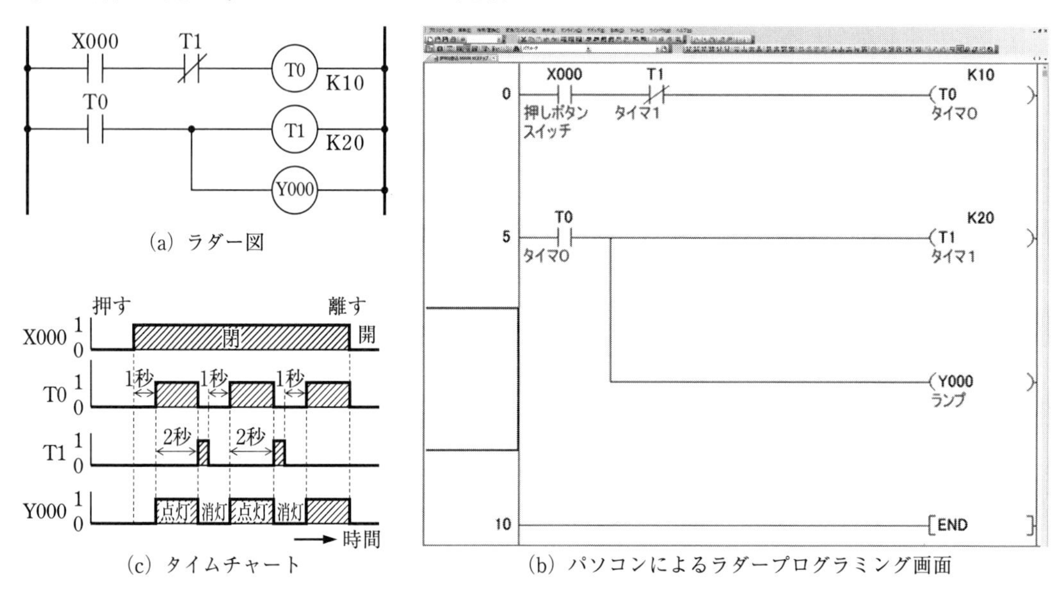

▲図 7 フリッカ回路

実験 6 SET 命令・RST 命令を用いたフリッカ回路

図 8 (a)は，図 7 のフリッカ回路を SET 命令・RST 命令で作成し，自己保持機能をもたせた回路のラダー図である。図 8 (b)にラダープログラミング画面を示す。

目的 SET 命令・RST 命令を用いたフリッカ回路について理解する。

基本動作 実験 5 のフリッカ回路を，SET 命令と RST 命令で作成し，自己保持機能をもたせる。押しボタンスイッチ X001 を押すと，RST 命令により自己保持機能を解除し，フリッカ動作を停止する。

実験手順 ① 図 8 を参考に，プログラムを入力する。

② 動作を確認し，タイムチャートを完成させて，図 7 の回路の動作と比較する。

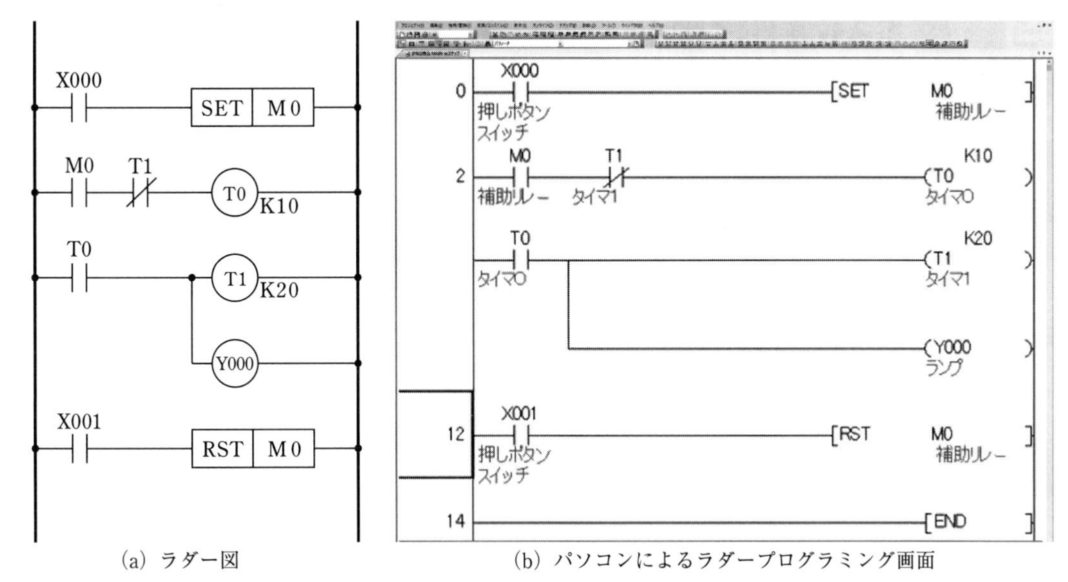

(a) ラダー図　　(b) パソコンによるラダープログラミング画面

▲図８　SET 命令・RST 命令を用いたフリッカ回路

5 結果の整理

[1] 実験１ の動作順序を書きなさい。

[2] 実験２ ，実験３ の動作を確認し，タイムチャートを完成させなさい。

[3] 実験４ の動作を確認し，タイムチャートを完成させなさい。

[4] 実験５ ，実験６ の動作を確認し，タイムチャートを完成させなさい。

6 結果の検討

[1] フリッカ回路は，夜間の交通信号機のように点滅を繰り返す機器などに使用されている。ほかにもどのようなところで使われているのか調べてみよう。

[2] 実験５ の回路と 実験６ の回路の違いについて調べてみよう。

17 過電流継電器の特性

1 目的

誘導形過電流継電器の構造を理解し，また諸特性の測定を行い，継電器の働きを理解する。

2 使用機器

機器の名称	記号	定格など
誘導形過電流継電器	OCR	TYPE 10，3 ~ 8 A
スライダック	SD	0 ~ 130 V
負荷抵抗器	R	100 V，3 kV・A
サイクルカウンタ	CC	7 L 187
電流計	A	5/25 A
周波数計	Hz	50 Hz ~ 250 MHz，100 Hz ~ 60 MHz，1 MΩ/50 Ω
スイッチ	S_1	単極単投形

3 関係知識

過電流継電器は，電力系統の保護に使用される継電器の一種で，回路に設定値以上に電流が流れると，継電器が動作して接点を閉じ，制御回路によって遮断器に動作信号を送る。電力系統では，変流器によって定格電流を 5 A に変え，継電器回路に接続される。

継電器には，動作原理から図 1 (a)のような誘導形と，図 1 (b)のような電子回路やマイクロプロセッサを用いた静止形がある。

(a) 誘導形

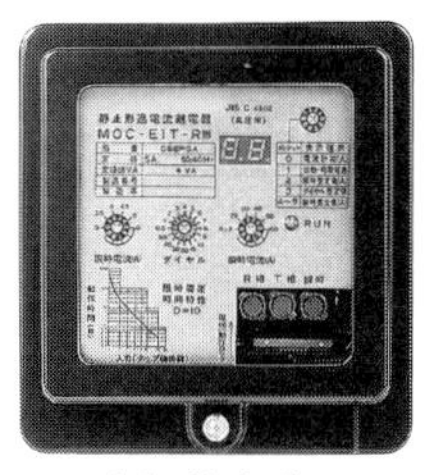
(b) 静止形

▲図 1 過電流継電器の種類

誘導形は，図 2 のように，アルミニウム円板に発生する二つ以上の位相差のある交流磁束によって渦電流が流れ，この渦電流と磁束の働きでトルクが生じ，円板が回転する。一方，軸に取りつけられている渦巻ばねによって反対方向のトルクが生じ，ある磁束以上にならないと，円板が回転しないようになっている。

磁束 Φ_1，Φ_2 により円板に働くトルク T [N・m]は，式 (1) のようになる。

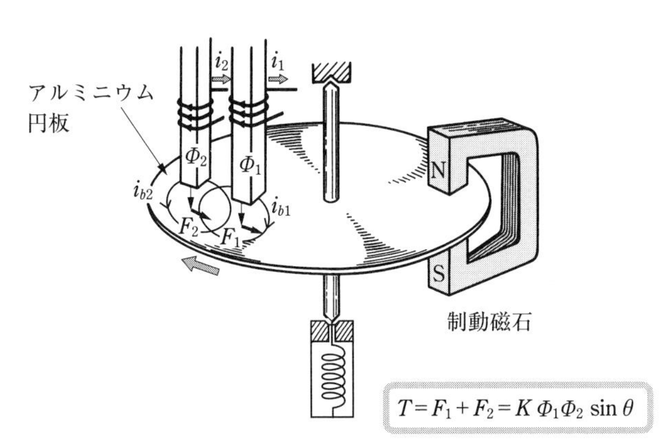

▲図2　誘導形継電器の原理構造

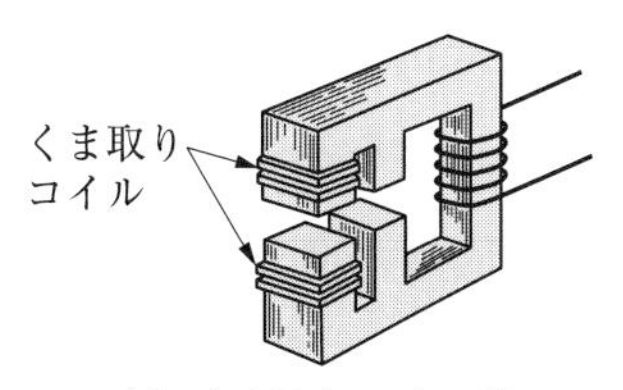

(a) くま取りコイル形

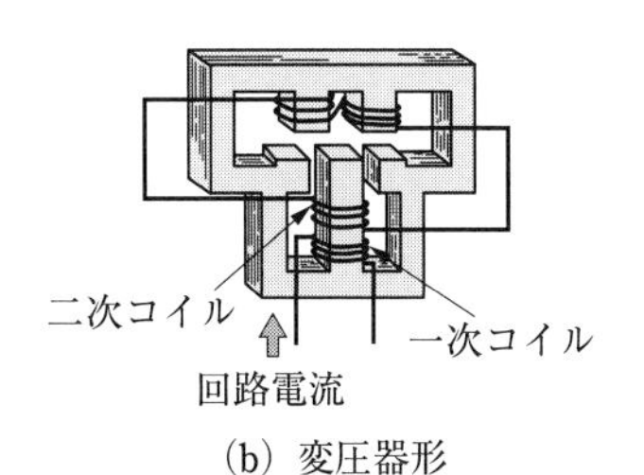

(b) 変圧器形

▲図3　コイルの巻きかた

$$T = K\Phi_1\Phi_2 \sin\theta \qquad (1)$$

ただし，K を比例定数，θ を磁束Φ_1 とΦ_2 の位相差とする。

したがって，Φ_1，Φ_2 に $\theta = 90°$ の位相差がある場合に，トルクは最大になる。このため，円板上に位相差のある磁束をつくるには，図3(a)のようにくま取りコイルを用いるか，図3(b)のように変圧器の構造にする。また，動作電流を変えるためには，コイルにタップを設けて切り換える。継電器の内部には，図4のように，主接点・限時調整レバー・電流整定タップなどが設けられている。

▲図4　誘導形過電流継電器の内部

図5は過電流継電器の特性測定回路である。スイッチを閉じると，サイクルカウンタが動作をはじめ，継電器の接点が閉じるとカウンタが停止するため，過電流継電器の動作時間が正確に測定できる。

4 実験

実験1 最小動作電流の測定

① 図5のように結線し，スイッチ S_1 は開いておく。

② 電流整定タップを4 A，限時調整レバーを10にする。

③　負荷抵抗器 R を最大値から除々に小さくし，継電器に電流を流していく。円板が回転しはじめるときの電流（最小動作電流）を電流計 A で測定し，表 1 のように記録する。また，円板がゆっくり回転したあと，接点が閉じることを確認する。

④　時限調整レバーは 10 のまま電流整定タップを 5，6，7，8 A に変えて，③と同様の測定を行い，表 1 のように記録する。

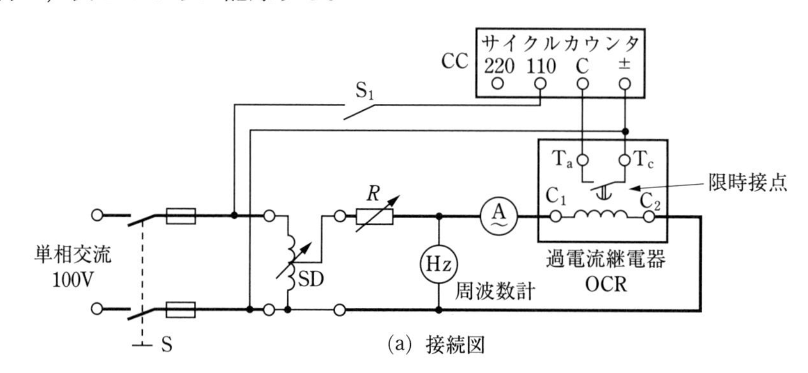

(a) 接続図

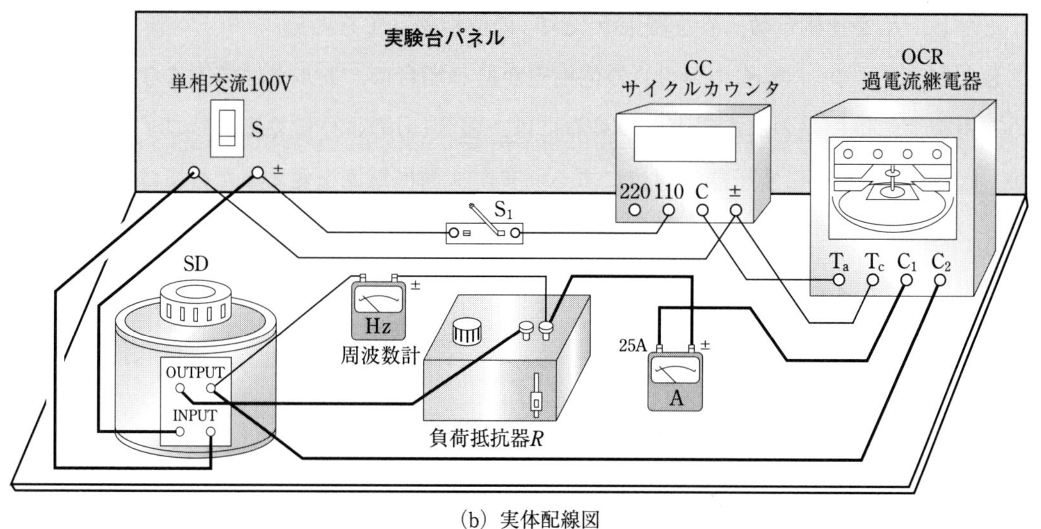

(b) 実体配線図

▲図 5　過電流継電器の特性測定回路

実験 2　限時特性試験

①　電流整定タップを 4 A にし，限時調整レバーを 10 とする。

②　測定回路のスイッチ S_1 を開き，S を閉じて動作電流値を 150% に設定する。

③　次に，S を開き，S_1 を閉じて，サイクルカウンタを 0 に設定する。

④　S を閉じて継電器を動作させ，接点が閉じるまでの時間を 3 回測定し，表 2 のように記録する。

⑤　電流値をタップ電流 4 A の 200，250，300，350，400，450，500% に変えて，②～④と同様に測定し，表 2 のように記録する。

⑥　限時調整レバーを 5 の位置に変えて，②～⑤の測定を行い，表 2 のように記録する。

5 結果の整理

[1] 実験 1 の最小動作電流の測定結果を，表 1 のように整理しなさい。

[2] 実験 2 の限時特性試験の測定結果を，表 2 のように整理しなさい。

[3] 表 2 から，図 6 のようなグラフを描きなさい。

▼表 1　最小動作電流の測定結果

過電流継電器の定格3～8 A

電流整定タップ値［A］	4	5	6	7	8
限時調整レバー目盛	10	10	10	10	10
最小動作電流［A］	4.03	5.04	6.04	7.03	8.02

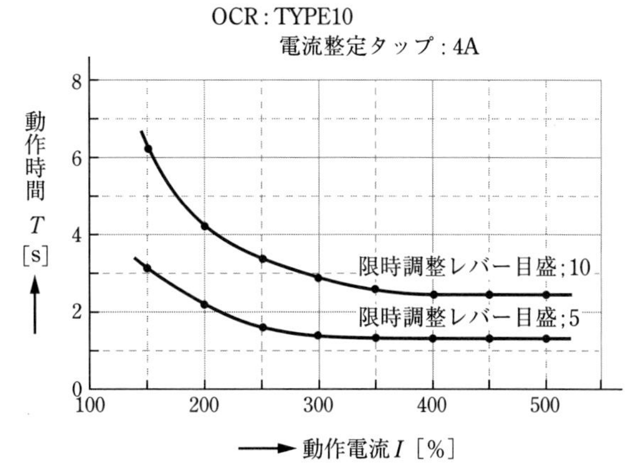

▲図 6　過電流継電器の限時特性

▼表 2　限時特性試験の測定結果

過電流継電器の定格 3 ～ 8 A

電流整定タップ値［A］	限時調整レバー目盛	動作電流 I		サイクルカウンタの読み C				動作時間 T［s］	備考
		［A］	［%］	1	2	3	平均 C_a		
4	10	6	150	294	299	319	304	6.08	周波数 f 50 Hz 一定　$T = \frac{C_a}{f}$ [s]
		8	200	210	209	199	206	4.12	
		18	450	124	119	123	122	2.44	
		20	500	110	120	124	118	2.36	
4	5	6	150	148	153	155	152	3.04	
		8	200	106	105	107	106	2.12	
		18	450	61	63	62	62	1.24	
		20	500	61	62	60	61	1.22	

6 結果の検討

[1] 継電器の限時調整レバー目盛の値と動作時間との間にはどのような関係があるか，図 6 の限時特性から考えてみよう。

[2] 動作電流と動作時間との関係について，図 6 のように，電流が定格電流を超えると動作時間が急に短くなるが，それはなぜか。安全面から考えてみよう。

18 模擬送電線路による送電線の特性

1 目的

模擬送電線路を用い，線路定数や諸特性を測定し，これを通して送電線路の電気的特性を理解する。

2 使用機器

機器の名称	記号	定格など
模擬送電線路実験装置		
単相電力計（2台）	W_1，W_2	5/25 A，120/240 V
力率可変負荷	R_L	2.1 kV･A，220 V，508 Ω，5.5 A，50 ~ 95%
単相力率計	$\cos\phi$	5/25 A，120/60 ~ 300 V
交流電流計（2台）	A_1，A_2	2/5/10/30 A
交流電圧計（2台）	V_s，V_r	150/300 V
スライダック（2台）	SD_1，SD_2	20 A，0 ~ 130 V
スイッチ	S_1	単極単投形（負荷装置内取付けスイッチで代替え可）

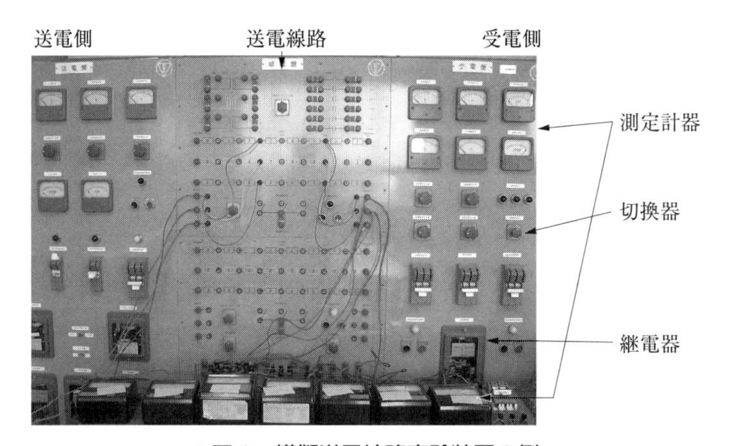

▲図1　模擬送電線路実験装置の例

3 関係知識

1 送電線路定数

送電線路には，電線の種類，断面積，配置により定まる抵抗，インダクタンス，静電容量などがあり，これらを**線路定数**という。線路定数の等価回路は，送電線の長さによって異なる。

［1］**短距離送電線路**（数キロメートル～十数キロメートル）

抵抗とインダクタンスだけを考え，図2(a)の回路として取り扱う。

［2］**中距離送電線路**（数十キロメートル）

この程度の長さの場合は，静電容量を加えて等価回路とする。図2（b）のように，静電容量を集中または2か所にした，T形回路またはπ形回路として取り扱う。

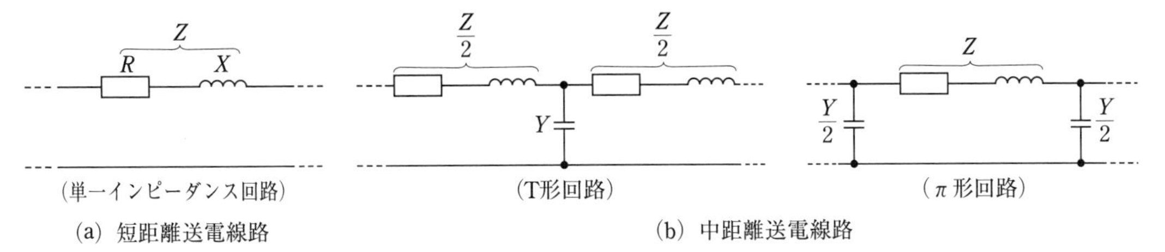

▲図2　送電線路の等価回路

2 模擬送電線路

［1］**模擬送電線路による電圧・電流の取り扱い**

実際の送電線路は，超高圧・大電力のもとで運用されているが，模擬送電線路は，低圧・小電力で実験するので，実際の送電線上の値を求めるには，模擬送電線上の値を換算しなければならない。図3に，模擬送電線路の例を示す。

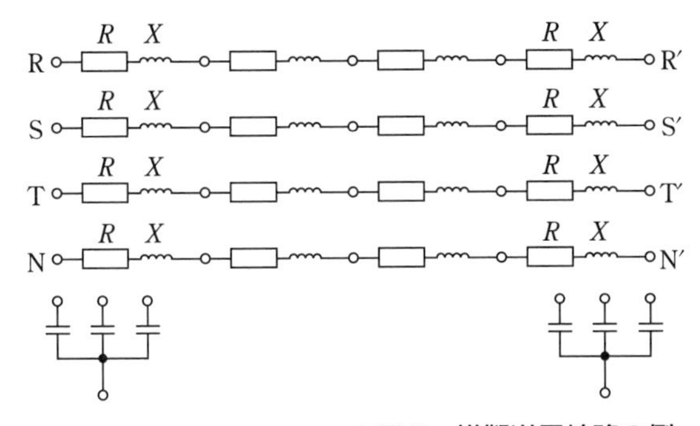

○定格定数
R：0.2Ω/km
X：0.4Ω/km

○1km区間を4区間直列接続する。

○静電容量はπ形回路におけるものである。

100km用　12μF×6
200km用　50μF×6

▲図3　模擬送電線路の例

［2］**模擬送電線による電力円線図**

送電端と受電端の電圧を一定にした，定電圧送電方式で送電された場合の特性を，有効電力と無効電力の関係で示すと，ある円となる。これを**電力円線図**といい，送電特性をひとめで知ることができるので便利である。

4 実験

実験1　模擬送電線路の線路定数の測定

① 図4のように，模擬送電線路R-R′-N-N′を結線し，スライダックSDの出力電圧Vが0の位置にあることを確認し，スイッチSを閉じる。

② スライダックで出力電圧を調整し，電流計Aの指示値を6，……，10Aまで1Aずつ変化させ，そのつど電圧計Vと電力計Wの指示を表1のように記録する。

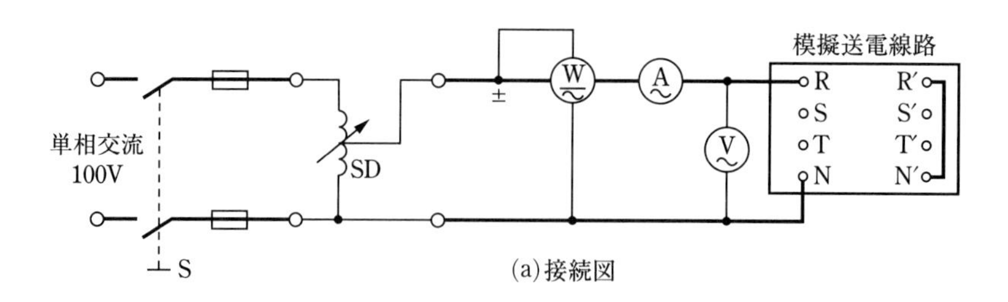

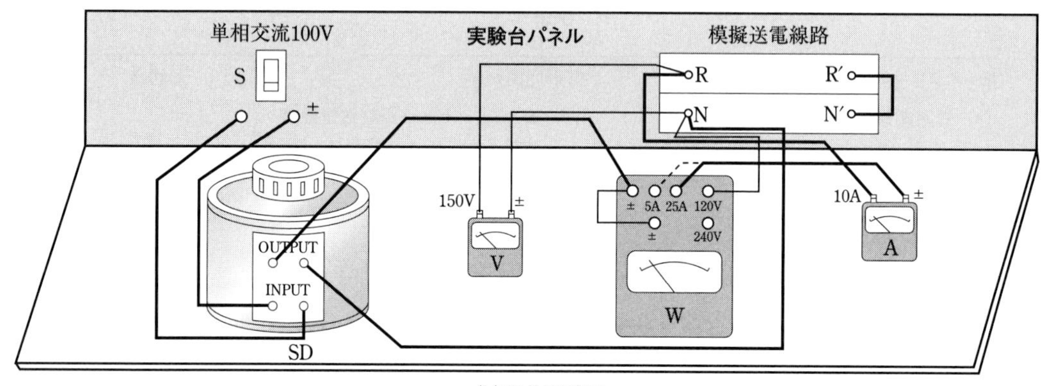

▲図4　線路定数の測定

実験2　線路電圧降下率の測定

① 図5の回路を図6のように結線し，スライダックSD_1の出力が0の位置にあることを確認し，スイッチSを閉じる。

② 負荷の力率$\cos\phi_r$を1.0にして，スイッチS_1を閉じる。

③ スライダックSD_1を調整して，受電端電圧V_rを100Vにしながら，同時にスライダックSD_2および負荷R_Lを調整し，電流計Aを1Aにする。このときの各計器(A, V_s)の値を表2のように記録する。

④ 同様に，受電端電圧V_rをつねに100V，力率を1.0に保ちながら負荷を調整し，電流計Aの値を2，3，4，5Aと変化させ，そのつど各計器の指示を表2のように記録する。

⑤ 負荷の力率(遅れ)が0.8および0.6の場合についても，③，④と同様に測定し，表2のように記録する。

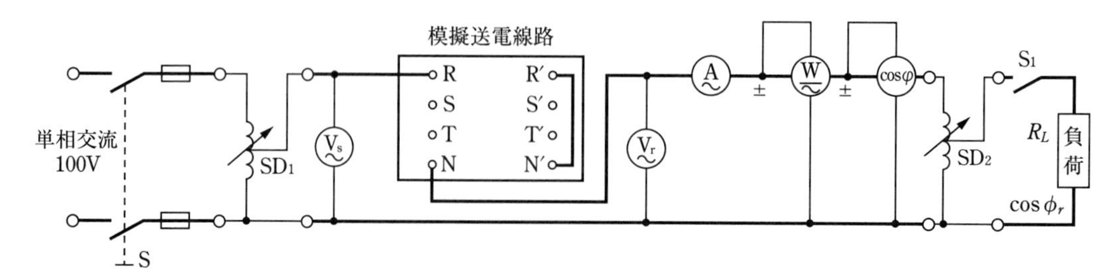

▲図5　線路電圧降下率の測定(接続図)

実験 3　**送電線路の電力円線図の測定**

① 図5の回路を図6のように結線した状態で，スイッチ S_1 を開いたままスイッチSを閉じ，スライダック SD_1 を調整し，送電端電圧 V_S を110 Vにする。

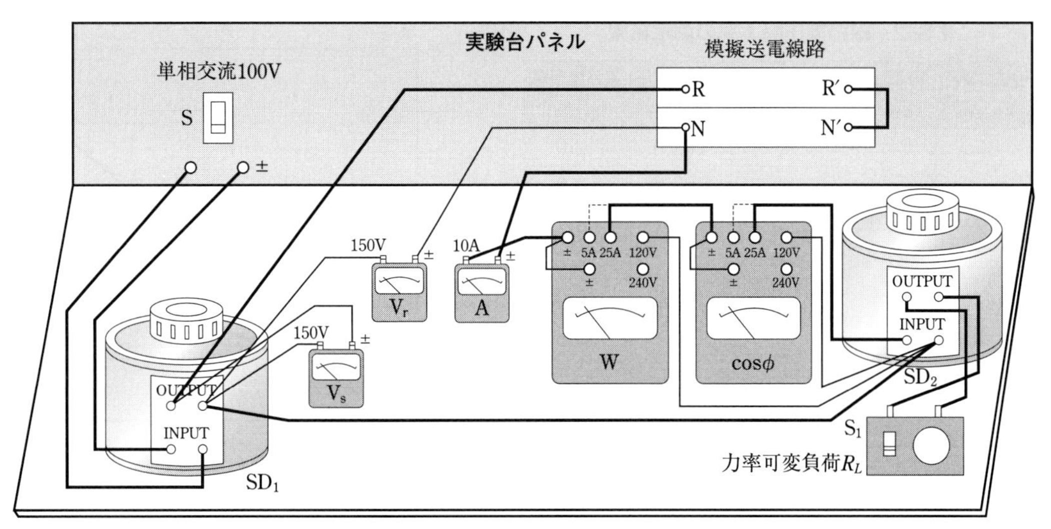

▲図 6　線路電圧降下率の測定 (実体配線図)

② スイッチ S_1 を閉じ，スライダック SD_2 および負荷 R_L を同時に調整して，送電端電圧 $V_s=110$ V，受電端電圧 $V_r=100$ V，負荷力率 $\cos\phi_r=0.5$ (遅れ) の各値にする。このときの各計器の指示 (I, P) を表3のように記録する。

③ $V_s=110$ V，$V_r=100$ V一定状態で，負荷力率が0.6，0.7，……，1.0の遅れのときの各計器の指示 (I, P) を表3のように記録する。さらに，負荷力率 $\cos\phi_r=0.9$ (進み) のときの各計器の指示を表3のように記録する。

5 結果の整理

[1] 実験 1 の結果を，表1のように整理しなさい。R-R′-N-N′の Z [Ω]，R [Ω]，X [Ω]は，次式を用いて求めなさい。

$$\cos\theta=\frac{P}{VI},\quad Z=\frac{V}{I},\quad R=\frac{P}{I^2},\quad X=\sqrt{Z^2-R^2} \tag{1}$$

▼表 1　線路定数の測定結果

電流 I [A](A)	電圧 V [V](V)	電力 P [W](W)	力率 $\cos\theta$	インピーダンス Z [Ω]	抵抗 R [Ω]	リアクタンス X [Ω]
6	23.2	62.5	0.499	3.87	1.74	3.46
7	27.1	87.5	0.461	3.87	1.78	3.44
8	32.3	120	0.464	4.04	1.87	3.58
9	34.8	150	0.479	3.87	1.85	3.40
10	37.5	175	0.467	3.75	1.75	3.32
			平均	3.88	1.80	3.44

[2] 実験2 の結果を表2のように整理しなさい。電圧降下率 ε [%]は次式で求めなさい。

$$\varepsilon = \frac{V_s - V_r}{V_r} \times 100 \quad (2)$$

▼表2　線路電圧降下率の測定結果

受電端電圧 V_r [V]	負荷力率 $\cos\phi_r$	負荷電流 I [A]	送電端電圧 V_s [V]	電圧降下率 ε [%]
100 V 一定	1.0	1	102.0	2.0
		2	103.9	3.9
		3	106.1	6.1
		4	108.2	8.2
		5	111.0	11.0
	0.8	1	102.8	2.8
		5	115.2	15.2
	0.6	1	103.3	3.3
		5	117.8	17.8

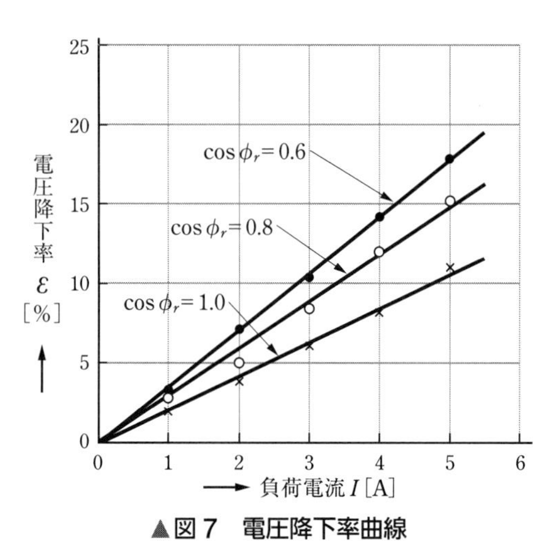

▲図7　電圧降下率曲線

[3] 表2をもとに，図7のような電圧降下率曲線を描きなさい。

[4] 実験3 の結果を，表3のように整理しなさい。

[5] 表3をもとに，図8(b)のような電力円線図を描きなさい。

円の中心：$\left(-\dfrac{RV_r^2}{Z^2},\ \dfrac{XV_r^2}{Z^2}\right)$ (3)　　円の半径：$\dfrac{V_sV_r}{Z}$ (4)

▼表3　電力円線図の測定結果

負荷力率 $\cos\phi_r$	送電端電圧 V_s [V]	受電端電圧 V_r [V]	線路電流 I [A]	負荷電力 P [W]	負荷力率 $\cos\theta$	位相角 θ [°]	無効電力 Q [var]
遅れ 0.5	110 V 一定	100 V 一定	3.05	160	0.525	− 58.3	− 259
0.6			3.22	200	0.621	− 51.6	− 252
0.7			3.29	239	0.726	− 43.4	− 226
0.8			3.30	270	0.818	− 35.1	− 190
0.9			3.62	340	0.939	− 20.1	− 124
1.0			4.91	491	1.000	0	0
進み 0.9			10.40	945	0.909	24.6	進み 433

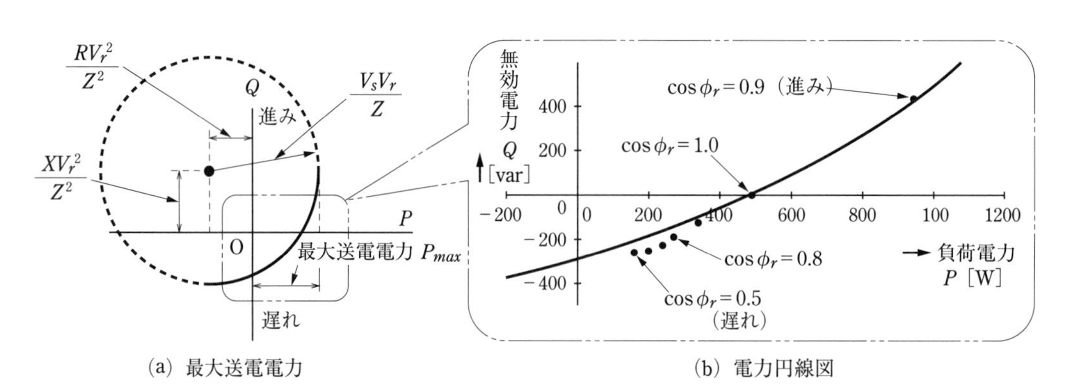

▲図8　電力円線図

負荷力率 $\cos\theta$，位相角 θ，無効電力 Q [var]は，式 (5) で求めることができる。

$$\left.\begin{aligned}\cos\theta &= \frac{P}{V_r I},\quad \theta = \cos^{-1}\left(\frac{P}{V_r I}\right)\ [^\circ]\\ Q &= V_r I \sin\theta\ [\mathrm{var}]\end{aligned}\right\} \tag{5}$$

また，図 8 (a)のように，横軸上から垂直にこの円に接線を引くと，送電線の送りうる電力の最大値 P_{max} が求められる。

6 結果の検討

[1] 図 8 (a)において，最大送電電力 P_{max} を表す式を求めてみよう。

[2] 図 8 (b)のグラフから最大送電電力を求めてみよう。

[3] [1] で求めた式に数値を代入し，[2] で求めた値と比較してみよう。

[4] 下記の $\alpha = 25$, $\beta = 600$, $\gamma = 24$ を用いて，力率 1 のときの実際の送電端電圧 V_s' と送電電流 I'，および送電電力 P' を求めてみよう。

実際の送電線路の場合の換算方法

実際の送電線は，その距離も長く，送電端電圧も高いので，この実験に使用した模擬送電線装置上の数値は，換算しなければならない。単位長さあたりの送電線路のインピーダンスが同じであるとすれば (この場合 $\dot{Z} = 0.2 - j\,0.4\ \Omega/\mathrm{km}$ とする)，換算係数は，次のようになる。

$$\text{線路長}\quad \alpha = \frac{\text{送電線路長}}{\text{実験装置長}}\ (4\ \text{km まで})$$

$$\text{電圧}\quad \beta = \frac{\text{送電線路電圧}}{\text{実験装置電圧}}\ (\text{最大 } 200\ \text{V})$$

$$\text{電流}\quad \gamma = \frac{\text{送電線路電流}}{\text{実験装置電流}}\ (\text{最大 } 10\ \text{A})$$

したがって，実験装置上の数値と実際の送電線路上の数値は，次のようになる。

送電線路長　$l' = \alpha \times$ (実験装置実装長)
送電端電圧　$V_s' = \beta \times$ (実験装置電圧)
送電電圧降下　$\varepsilon' = \beta \times$ (実験装置電圧降下)
送電電流　$I' = \gamma \times$ (実験装置電流)
送電電力　$P' = \beta \times \gamma \times$ (実験装置電力)

また，換算係数の間には，次の関係がある。

$$\frac{\beta}{\gamma} = \alpha,\qquad \frac{\beta}{\alpha} = \gamma,\qquad \frac{\alpha\gamma}{\beta} = 1$$

[計算例]

送電線の長さ $l' = 100$ km，受電端電圧 $V_r' = 60$ kV の送電線の場合の換算係数は，模擬送電装置の数値を $l = 4$ km，実験装置電圧を $V_r = 100$ V とすると，

$$\alpha = \frac{100}{4} = 25,\qquad \beta = \frac{60\,000}{100} = 600,\qquad \gamma = \frac{\beta}{\alpha} = \frac{600}{25} = 24$$

実験装置上で，送電端電圧が 110 V，力率 1 のときの負荷電流が 4.6 A であるとき，実際の送電端電圧 V_s' と送電電流 I'，送電電力 P' は，次のようになる。

送電端電圧　$V_s' = \beta \times 110 = 66\,000$ V
送電電流　$I' = \gamma \times 4.6 = 110.4$ A
送電電力　$P' = V_s' \times I' = 7\,290$ kV·A

電力設備編

19 絶縁抵抗計による絶縁抵抗の測定

1 目的

絶縁抵抗計を用いて，低圧屋内配線や電気機器などの絶縁抵抗を測定し，その使用法を習得するとともに，絶縁抵抗についての理解を深める。

2 使用機器

機器の名称	記号	定格など
絶縁抵抗計（メガー）		500 V
単相誘導電動機		100 V，450 W
分電盤		三相 200 V，単相 3 線式 100/200 V
変圧器		単相 200 V，1 kV・A
ケーブル		VVF ケーブル 1.6 mm 2 心
絶縁物		絶縁紙，布，プラスチックなど

3 関係知識

1 絶縁抵抗計

絶縁抵抗計には，発生する直流電圧の定格値により，100 V，250 V，500 V，1 000 V，2 000 V 用のものがあり，表 1 のように，測定する機器の種類によって使い分ける。

図 1 (a)は発電機式の絶縁抵抗計で，手回し式の発電機を内蔵したものである。図 1 (b)は電池式で，電池の直流電圧を DC-DC コンバータを用いて，直流の高電圧を発生させている。したがって，使用する前に電池が消耗していないかを確認する必要がある。

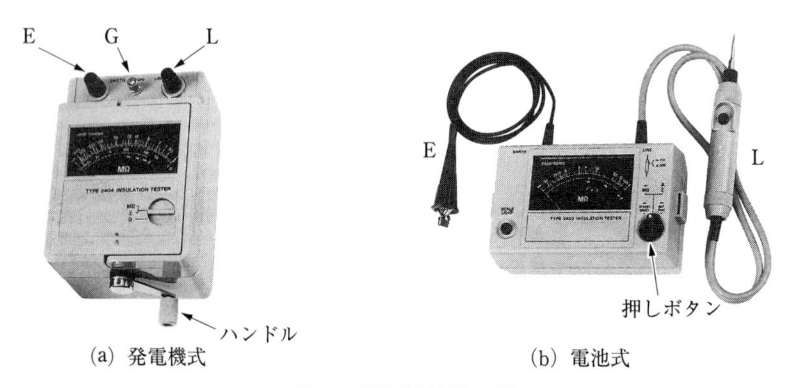

(a) 発電機式　(b) 電池式

▲図 1　絶縁抵抗計の例

▼表1　絶縁抵抗計の使い分け

定格電圧［V］	おもな使用例
100	低圧避雷器をもつ通信回路・通信機器
250	通信回路・通信機器
500	低圧配電線路・低圧電気機器
1 000 2 000	常時使用電圧の高い電気機器

2 絶縁抵抗試験

図2のように，電気回路の絶縁がふじゅうぶんなときは，使用中に短絡・接地などの事故が生じて機器が損傷し，電源に支障をきたすほか，感電などの人命事故にもつながる。

そこで，電路や機器が新設・増設されたときや，しばらく使用しなかった機器を運転しようとするときなどには，安全のため，絶縁の良否判定が必要であり，そのために絶縁抵抗試験が行われる。

また，不時の災害に備えるため，定期検査が行われるが，絶縁抵抗測定は，その重要な検査の一つである。

なお，機器の絶縁体がどのくらい電圧に耐えられるのかを調べる絶縁耐力試験は，まず絶縁抵抗試験を実施してから行うのが一般的である。

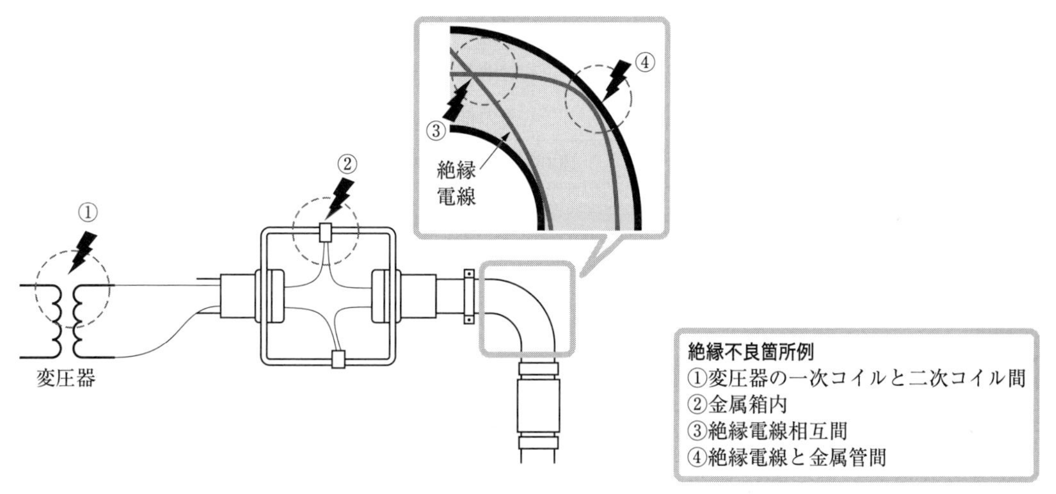

▲図2　電気回路の絶縁不良例

3 絶縁抵抗の測定法

絶縁抵抗計の端子には，L (Line：線路端子)，E (Earth：接地端子)，G (Guard：保護端子) がある。測定法には，機器と大地間の絶縁抵抗測定，線間の絶縁抵抗測定，ケーブルの心線と外被間の絶縁抵抗測定などがあり，それぞれ図3のように接続する。

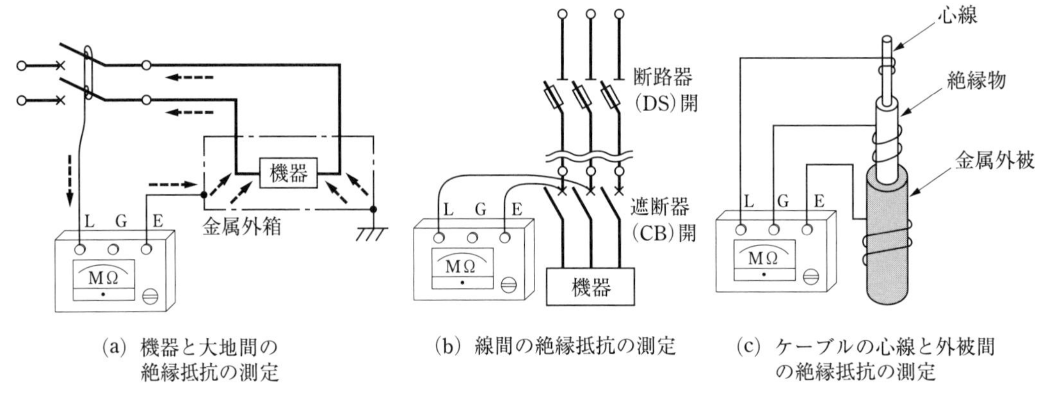

(a) 機器と大地間の絶縁抵抗の測定　(b) 線間の絶縁抵抗の測定　(c) ケーブルの心線と外被間の絶縁抵抗の測定

▲図3　絶縁抵抗の測定法

4 絶縁の良否判定の基準

絶縁抵抗値は，高いほど使用上の安全度は高くなるが，必要以上に高くしても無意味である。そこで，絶縁抵抗値がどの程度であれば，対象物の機器は使用上支障がない，という最低限の目安が必要である。

一般に，最低の絶縁抵抗値は使用電圧によって異なるが，電気設備技術基準第58条(低圧の電路の絶縁性能)やJIS C 4220によって，表2のように規定されている。

▼表2　最低絶縁抵抗値

対象物	使用電圧の区分		最低絶縁抵抗値
低圧電路 (電気設備技術基準第58条)	300 V以下	対地電圧150 V以下	0.1 MΩ
		その他	0.2 MΩ
	300 Vを超えるもの		0.4 MΩ
小形交流電動機 (JIS C 4220)			1 MΩ

4 実験

絶縁抵抗計を使用するまえに，測定端子を開放して動作させたときに指針が無限大を指示するか，また，測定端子を短絡して動作させたときに指針が0を指示するかを確認する。

実験1　屋内配線の絶縁抵抗の測定

[1] 電線(配線)相互間の絶縁抵抗の測定

① 図4のように，測定する回路のブレーカなどの開閉器を開路(OFF)する。

② ランプや機器などの負荷をはずして，電線相互間の絶縁抵抗を測定し，表3のように記録する。図5は，低圧屋内配線の分電盤の実際である。

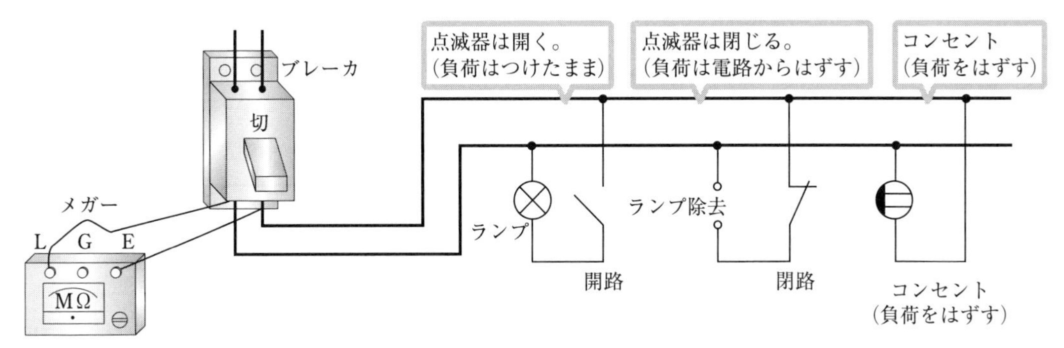

▲図 4　電線（配線）相互間の絶縁抵抗測定回路

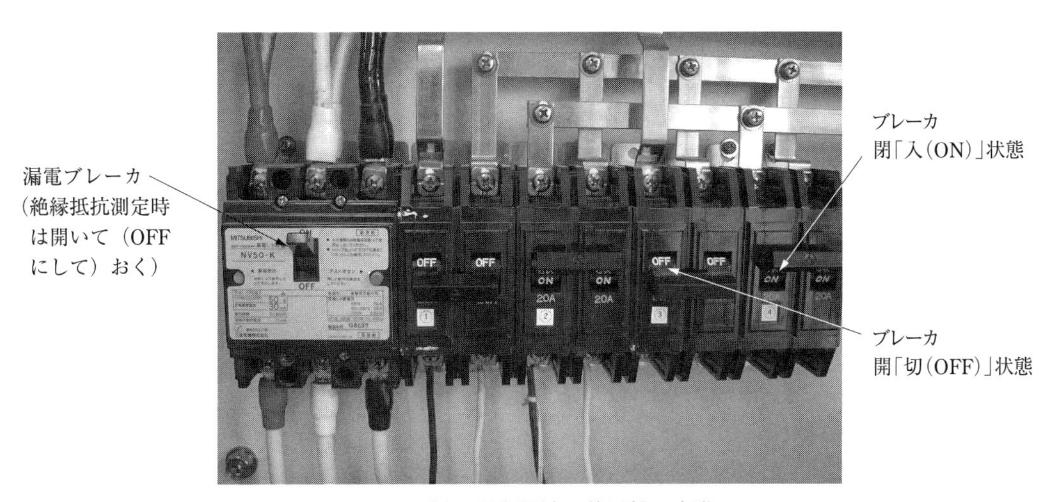

▲図 5　低圧屋内配線の分電盤の実際

[2] 電線（配線）と大地間の絶縁抵抗の測定

① 図6のように，ブレーカなどの開閉器を開路し，2線を一括して端子Lに接続する。端子Eは接地する。

② 各負荷は回路に接続してスイッチを閉路にし，負荷が接続された状態での電線と大地間の絶縁抵抗を測定して，表3のように記録する。

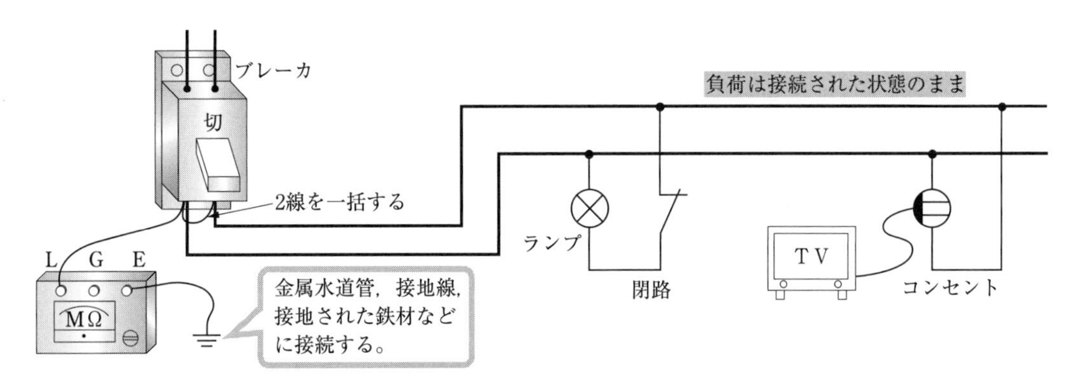

▲図 6　電線（配線）と大地間の絶縁抵抗測定回路

実験 2　機器の絶縁抵抗測定

[1] 電動機

電動機は，単相電動機も三相電動機も，機械内部で巻線（コイル）がたがいに接続されているので，巻線間の絶縁抵抗は0（導通状態）である。なお，巻線相互間に絶縁抵抗があるとすれば，断線故障である。

図7のように結線し，巻線（コイル）と大地間の絶縁抵抗を測定して，表3のように記録する。

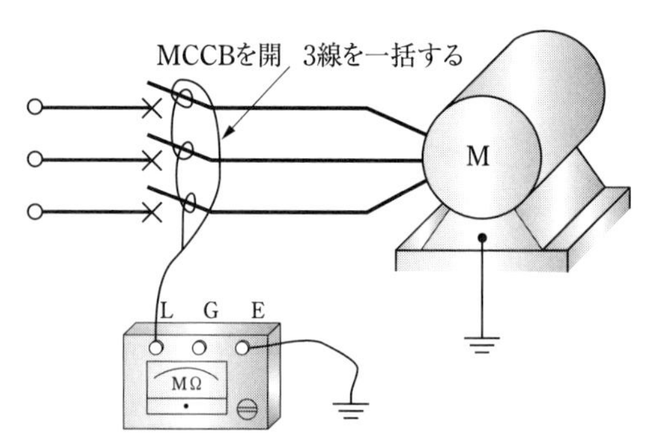

▲図7　電動機の巻線と大地間の絶縁抵抗測定回路

[2] 変圧器

変圧器では，一次巻線と二次巻線は絶縁されているのが正しいから，図8(a)のように結線し，巻線間の絶縁抵抗を測定して，表3のように記録する。

巻線と大地間の絶縁抵抗は，図8(b)のように結線し，測定して，表3のように記録する。

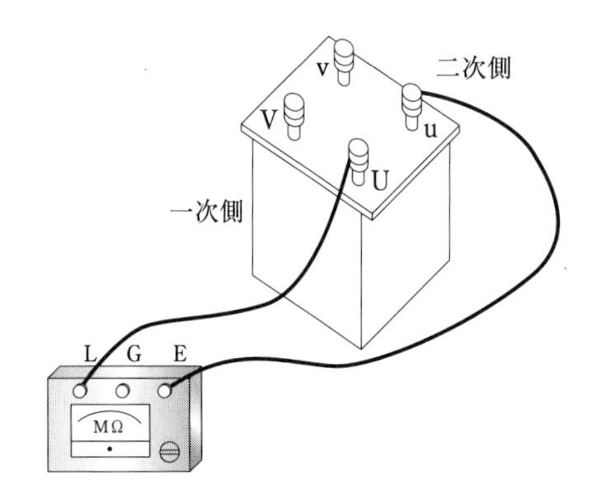

(a) 一次・二次巻線間の絶縁抵抗の測定

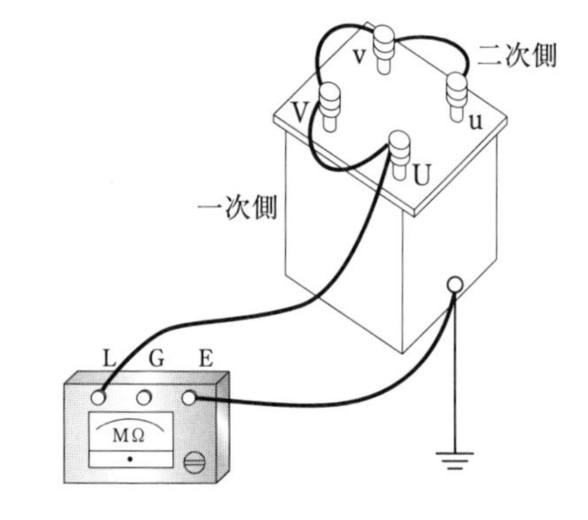

(b) 巻線と大地間の絶縁抵抗の測定

▲図8　変圧器の絶縁抵抗測定回路

[3] ケーブル，絶縁物

① 図3(c)のように結線し，ケーブルの心線と外被間の絶縁抵抗を測定して，表3のように記録する。

② 布や紙など，身近にある絶縁物の絶縁抵抗を測定して，表3のように記録する。

5 結果の整理

[1] 実験1，実験2 の測定結果を，表3のように整理しなさい。

▼表3　絶縁抵抗計による絶縁抵抗の測定結果

測定回路・機器名*など	定格電圧［V］ほか	線間・大地間の別	測定値［MΩ］	規定値［MΩ］	良否判定
機器室電灯分電盤	100	大地間	550	0.1	良
計測室電灯分電盤	100	大地間	130	0.1	良
電動機（2 kW，200 V，25 A）	200	大地間	80	1	良
変圧器（単相 1 kV·A）	200	巻線-大地間	0	0.2	否
VVF ケーブル	200	心線-外被間	600	0.2	良
布	絹 100％	測定間 10 cm	50		
プラスチック	18 cm 定規	厚み 1 mm	400		
紙	上質紙	厚み 0.1 mm	800		

＊　電気機器の場合は，定格出力を記入する。

6 結果の検討

[1] 測定値を規定値と比較し，絶縁物の良否を判定してみよう。

5 [2] 変圧器の巻線と大地間の絶縁抵抗が 0 であったという。この原因について考えてみよう。

[3] 高圧ケーブルの絶縁劣化の診断にはどのようなものがあるか，調べてみよう。

20 接地抵抗の測定

1 目的

接地抵抗計を用いて各種の電気機器の接地抵抗を測定し，その使用方法を習得するとともに，接地抵抗についての理解を深める。

2 使用機器

機器の名称	記号	定格など
接地抵抗計 (アーステスタ)		0 ~ 1000 Ω
補助接地棒２本	P，C	付属コード
打ち込み用接地棒	E	任意の接地極
用具		巻尺 (20 m 巻)，ハンマ

3 関係知識

1 接地抵抗

図 1 (a)は接地抵抗計の外観であり，図 1 (b)は測定に用いる補助接地棒とコードである。

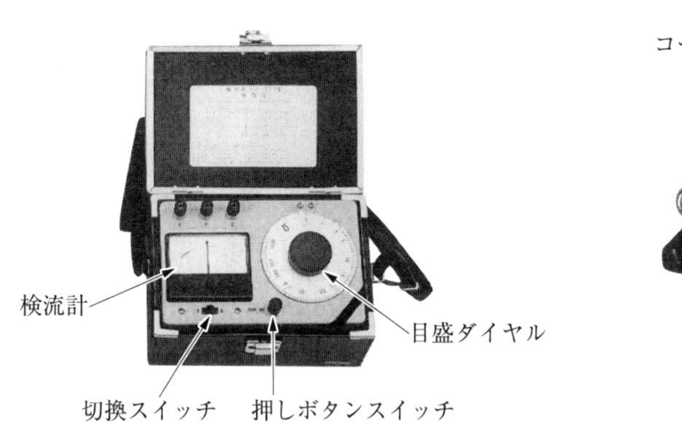

(a) 接地抵抗計

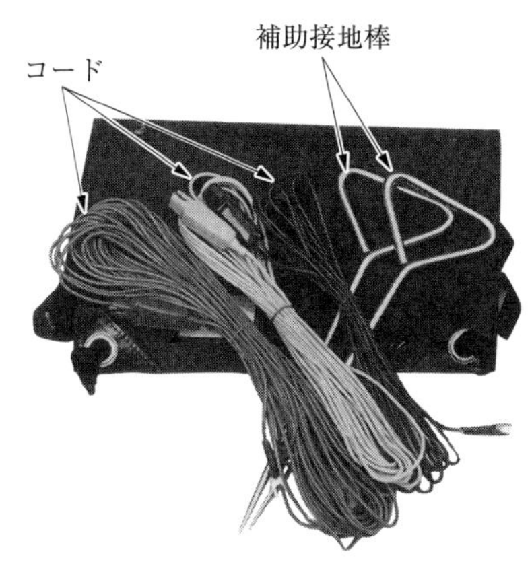

(b) 補助接地棒・コード

▲図 1　接地抵抗計の例

図 2 (a)のように，2 本の接地棒 P_1 と P_2 を 10 m 以上離して地中に埋め込み，それに交流電圧 V [V]を加えたとき，電流 I [A]が流れたとする。

このとき，電流 I は，地中では，図 2 (b)のような分布になる。すなわち，接地棒からは，

電流 I が出入りするので，その付近での電流密度は大きくなり，接地棒から離れるほど電流 I は，広い範囲に分布するので，電流密度は小さくなる。

そこで，図 2 (a)のように，第三の接地棒 K を，地表上の P_1 から P_2 まで移動させて，電圧計 V でその電圧を測定すると，図 2 (c)のような電圧降下曲線が得られる。

ab 間での電圧降下はほとんどなく，接地棒付近で電圧降下 V_1，V_2 [V]が生じている。

そこで，接地棒 P_1 の接地抵抗（接地極と大地との間にできる抵抗）R_1 [Ω]は，次の式で表される。

$$R_1 = \frac{V_1}{I} \qquad (1)$$

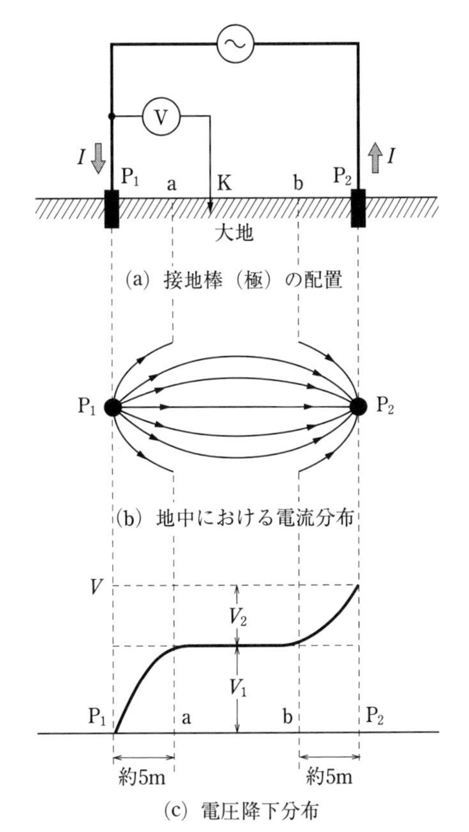

▲図 2　接地抵抗の測定の原理

図 3 (a)や図 4 (a)のように機器に接地が施されていない場合は，感電や機器の損傷などの事故の原因になる。そのため，図 3 (b)や図 4 (b)のように，接地を施すことによって，事故の程度を軽減することができる。さらに，これらの事故を未然に防ぐために，定期的に接地抵抗を測定する必要がある。

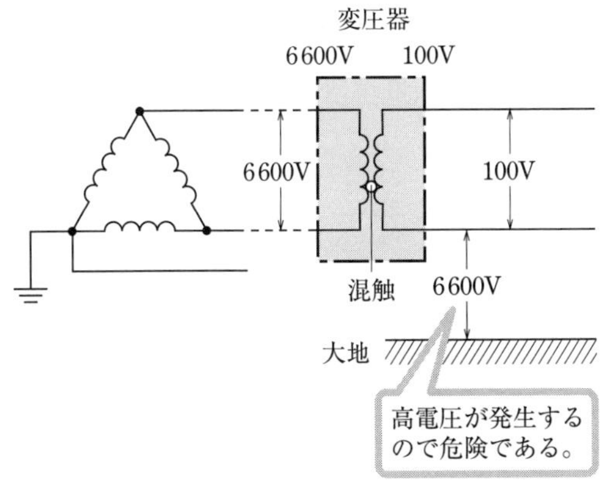

(a) 変圧器に混触事故が発生した場合
（変圧器の二次側電線に接地が施されていない場合）

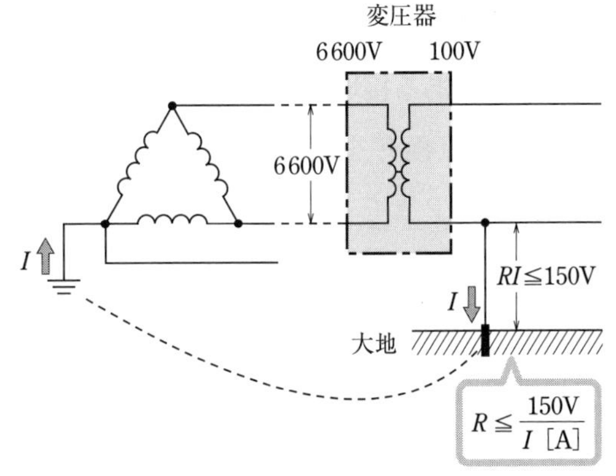

(b) 変圧器の二次側電線に地絡事故が発生した場合
（接地が施されている場合）

▲図 3　変圧器の低圧回路接地

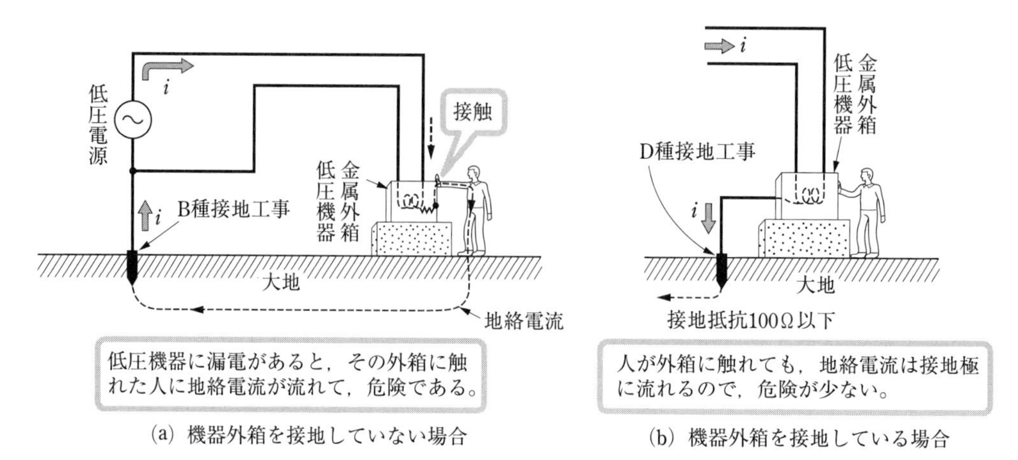

▲図4　低圧機器の接地

2 接地工事の施工方法

接地工事の施工は図5のように行い，接地後は保安上の規定値以下の接地抵抗値になっているかどうかを測定する必要がある。

なお，規定値を超える場合は，接地棒を接地板に変えたり，接地極の周囲に木炭・硫酸カルシウムなどを入れたりして，規定値以下にし，電流を通りやすくする。

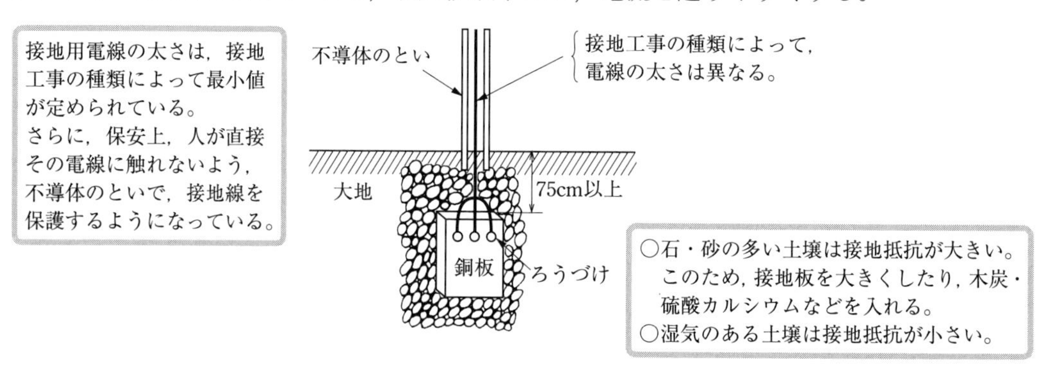

▲図5　接地工事の施工法

3 接地抵抗の測定法

いろいろある接地抵抗の測定法のうち，図1のような接地抵抗計を用いる方法を図6に示す。接地極Eを基準にして，補助接地棒PとCを10m以上の間隔で直線的に地面に埋め込む。図7は，そのときの接地抵抗計の原理図であり，破線部分は各接地極の接地抵抗 R_E, R_P, R_C を含む地中電気回路を示したものである。

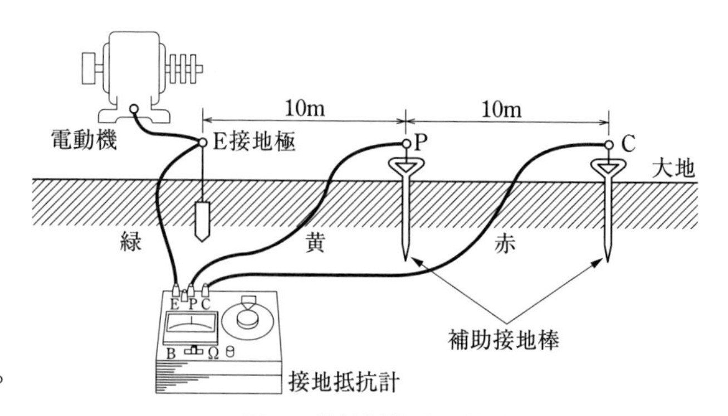

▲図6　接地抵抗計の接続

ここで，可変抵抗 R_S を調節し

て交流検流計Gの振れを0にすると，式(2)がなりたち，式(2)からR_Eが求められる。この可変抵抗R_Sには目盛板があり，抵抗値が記してあるので，接地抵抗値が直読できる。

$$I_2 = nI_1$$

$$I_1R_E = nI_1R_S \qquad (2)$$

$$R_E = nR_S \qquad (3)$$

ただし，

R_E：接地極Eの接地抵抗

R_P，R_C：補助接地極PとCの接地抵抗

n：変流比$\left(=\dfrac{I_2}{I_1}\right)$

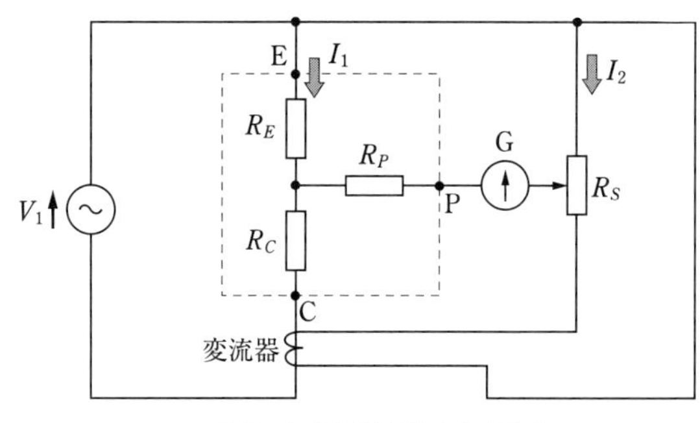

▲図7　接地抵抗計の原理図

4 接地工事の種類

接地工事の種類には，表1に示すようなものがあり，接地抵抗値などは電気設備技術基準(第1章第3節「電路の絶縁及び接地」や，同第4節「機械及び器具」ほか)で決められている。

▼表1　接地工事の種類とその概要(抜粋)

種類	接地抵抗値	接地線の種類	適用場所（機器）
A種接地工事	10 Ω以下。	引張強さ1.04 kN以上の金属線または直径2.6 mm以上の軟銅線。	高圧・特別高圧用の電気機械器具の鉄台および外箱。特別高圧VT・CTの二次側。
B種接地工事	変圧器の高圧側または特別高圧電路の1線地絡電流(I_S)のアンペア数で150を除した値以下。ただし，高圧電路または35 000 V以下の特別高圧電路と低圧電路との混触により，低圧電路の対地電圧が150 Vを超えた場合に，1秒を超え2秒以内に(特別)高圧電路を自動的に遮断する装置を設けるときは，上記のアンペア数で300を除した値以下とし，1秒以内に自動的に遮断する装置を設けるときには，上記のアンペア数で600を除した値以下とする。	引張強さ2.46 kN以上の金属線または直径4 mm以上の軟銅線。ただし，高圧電路または特別高圧を低圧に変成する変圧器の低圧側中性点を接地する場合には，引張強さ1.04 kN以上の金属線または2.6 mm以上の軟銅線。	変圧器の低圧側の中性点または1端子。
C種接地工事	10 Ω以下。ただし，低圧電路において，地絡*を生じた場合に0.5秒以内に自動的に電路を遮断する装置を施設するときは500 Ω以下。	引張強さ0.39 kN以上の金属線または直径1.6 mm以上の軟銅線。	300 Vを超える低圧用電気機械器具の鉄台および外箱の接地。
D種接地工事	100 Ω以下。ただし，低圧電路において，地絡*を生じた場合に0.5秒以内に自動的に電路を遮断する装置を施設するときは500 Ω以下。	引張強さ0.39 kN以上の金属線または直径1.6 mm以上の軟銅線。	300 V以下の低圧用の電気機械器具および外箱の接地。高圧VT・CTの二次側。

*　地絡とは漏れ電流のことであり，ここで用いる遮断装置は，漏電遮断器である。

(「電気設備技術基準・解釈第19，20，24，27，29条」による)

4 実験

実験 1 接地抵抗の測定

① 図6のように，電気機器の接地極Eと補助接地棒（電極）のPおよびCを一直線上になるように埋め込み，付属のコードを用いて，接地抵抗計と各電極を接続する。

この場合，E-P，P-Cの間隔はそれぞれ10 mにする。 5

② 本体の切換スイッチをB側に閉じ，内蔵電池の良否を確かめる。押しボタンスイッチを押して，指針が青帯内ならば電池は良好であり，青帯からはずれたら，電池は不良であることを示す。

③ 切換スイッチをΩ側に閉じ，押しボタンスイッチを押しながら目盛ダイヤルを回し，検流計が0になった指標の位置が電極Eの接地抵抗値である。測定結果を表2のように記録する。 10

④ 変電室やその他の電気機器の接地線の接地抵抗を③と同様に測定し，表2のように記録する。

⑤ 校庭や校舎間のあき地などに任意の接地棒Eを埋め込んで，①～③の手順で測定し，表2のように記録する。 15

実験 2 距離と接地抵抗の関係

図6における補助電極Pを，接地極Eの位置から補助電極Cの位置まで距離を変化させたときの，各位置における接地抵抗を測定し，表3のように記録する。

5 結果の整理

[1] 実験 1 の測定結果を表2のように整理しなさい。 20

▼表2 接地抵抗の測定結果と判定

測定場所または機器名	接地抵抗値［Ω］	規定値	良否判定
三相電動機 200 V	20	100 Ω以下	良
単相誘導電動機	150	100 Ω以下	否
洗濯機	80	100 Ω以下	良
校庭	260	−	−

[2] 実験2 の測定結果を，表3のように整理しなさい。

▼表3　接地極間距離と接地抵抗の関係

接地極Eからの距離 r [m]	0	0.1	0.25	0.5	0.75	1.0	1.5		≀	10.0
接地抵抗 R [Ω]	−	45	61	70	74	76	78		≀	81

接地極Eからの距離 r [m]	≀	18.0	18.5	19.0	19.25	19.50	19.75	19.9	20.0
接地抵抗 R [Ω]	≀	86	90	97	120	130	153	225	435

[3] 表3をもとにして，図8のようなグラフを描きなさい。

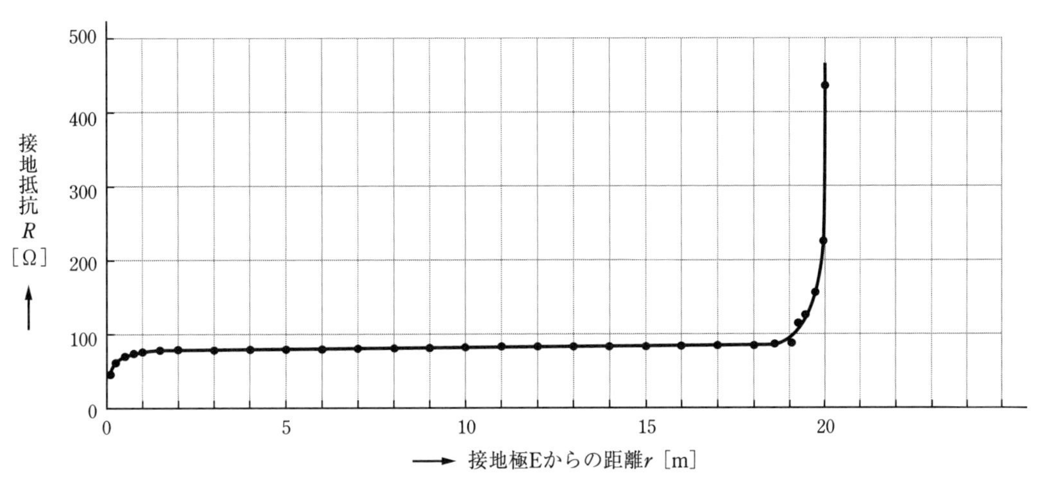

▲図8　接地極間距離と接地抵抗の関係

6 結果の検討

[1] 実験1 の測定結果より，測定値が電気設備技術基準に適合しているか判定してみよう。

[2] 接地工事の必要性について，機器の故障や人体への影響等を想定して考えてみよう。

[3] 自宅の洗濯機や電子レンジなどが実際に接地されているか調べてみよう。

[4] 接地抵抗値をさらに小さくしたい。教科書の例以外にどのような方法があるか，調べたり考えたりしてみよう。

[5] 図8の接地極間距離と接地抵抗の関係と，図2(c)の電圧降下分布とを比較してみよう。

[6] なぜこの試験で交流を使うのか，考えてみよう。

21 交流高電圧試験装置による放電電圧の測定

1 目的

交流高電圧試験装置を用いて放電電圧を測定し，その測定方法を習得するとともに，測定時の危険防止について学ぶ。

2 使用機器

機器の名称	記号	定格など
標準ギャップ装置		球電極（球の直径 125 mm），針電極，平板電極
交流高電圧試験装置		0 ～ 60 kV，正弦波・方形波対応
気象観測用計器		温度計，湿度計，気圧計

JIS C1001：2010 では，電極の大きさを cm で表記しているが，本書では mm で表記する。

3 関係知識

1 交流高電圧の測定

放電による電圧測定では，平等電界による放電がよい。図 1 のような平行平板電極による平等電界では，電極間の電界の大きさは一様なので，電圧を大きくして放電電圧（スパークオーバ電圧）V_S になれば，電極間のどの部分も V_S となり，いっせいに放電する。

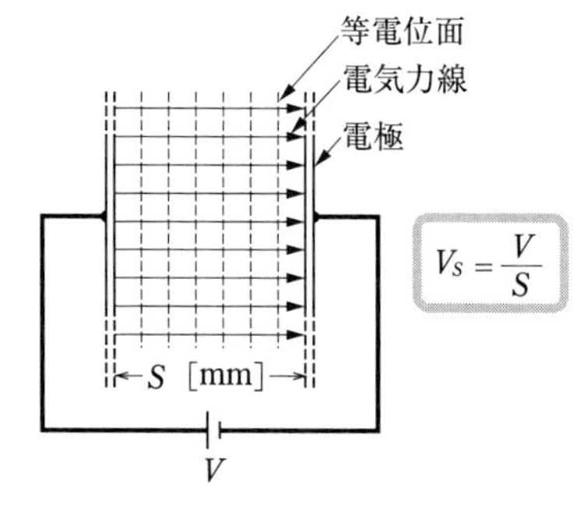

▲図 1　理想平等電界

図 2 のように，不平等電界では部分的な放電（コロナ放電）が生じ，空気中のイオンの状態を乱すので，電極間の放電電圧 V_S は，一定にならない。

平等電界に近い状態をつくるには，図 3 (a)のような標準球ギャップ装置が必要である。

球ギャップの放電特性は，図 3 (c)のように，放電ギャップ長の小さい部分ではコロナ放電が生じないので，両球にわたって放電する部分がある。この部分は平等電界ではないが，空気の特性は平等電界と同様に取り扱えるので，この範囲内で測定する。

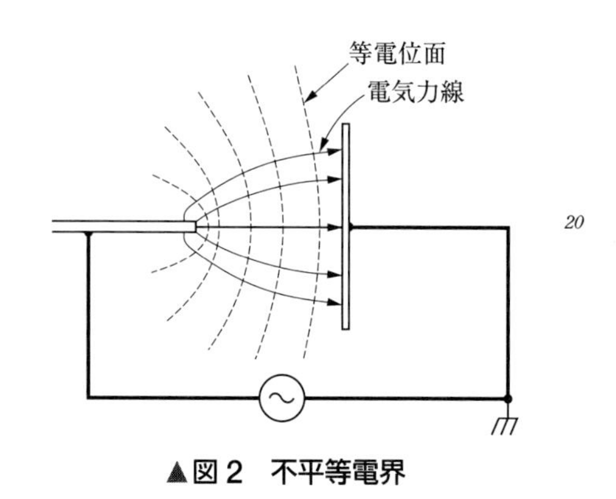

▲図 2　不平等電界

2 標準球ギャップ装置

標準球ギャップ装置は，図3(a)のように，直径の等しい二つの金属球を用い，球の中心と球を支持する支持棒が一直線上にあるようにしたもので，水平または垂直に配置される。図3(b)のDは球の直径，Sはギャップの長さである。

使用される球の直径Dは，20，50，62.5，100，125，150，250，500，750，1000，1500，2000 mmの12種類がある。

(a) 外観（水平の場合）

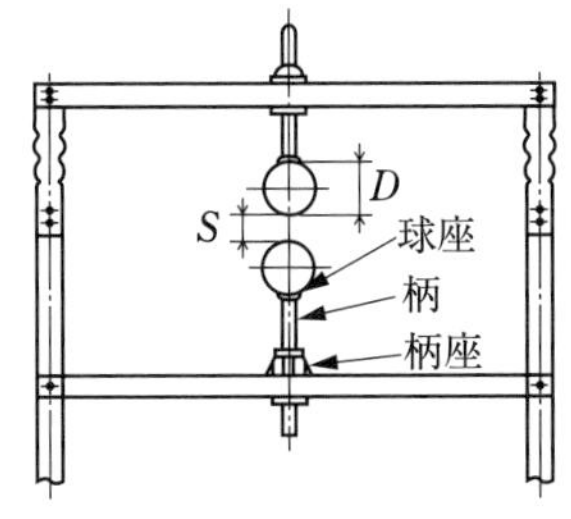

(b) 構造（垂直の場合）

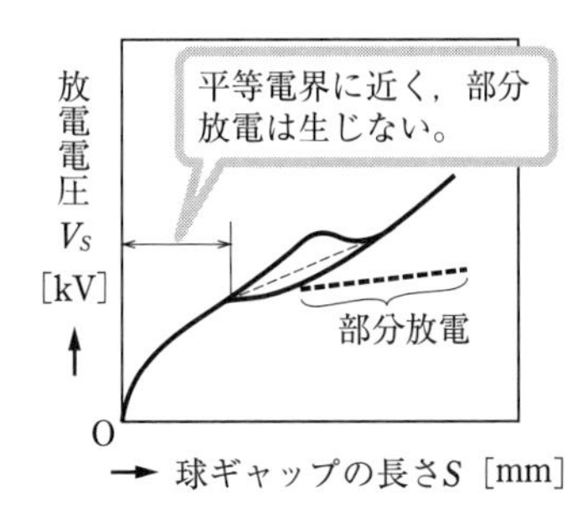

(c) 放電特性

▲図3　標準球ギャップ装置の外観と構造および放電特性

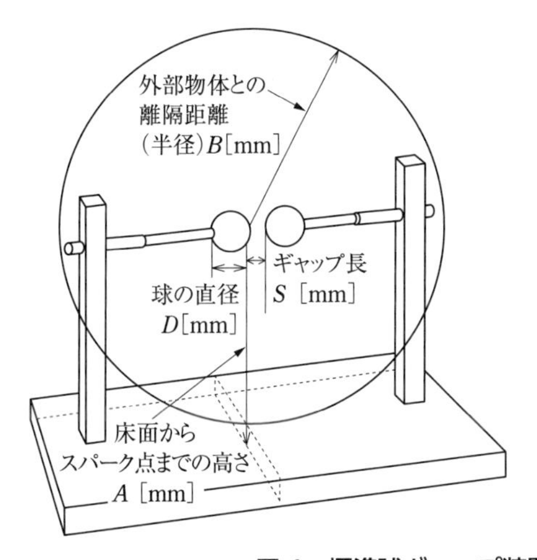

球の直径 D [mm]	離隔距離Aの最小値	離隔距離Aの最大値	離隔距離Bの最小値
62.5以下	$7D$	$9D$	$14S$
100〜150	$6D$	$8D$	$12S$
250	$5D$	$7D$	$10S$
500	$4D$	$6D$	$8S$
750	$4D$	$6D$	$8S$
1000	$3.5D$	$5D$	$7S$
1500	$3D$	$4D$	$6S$
2000	$3D$	$4D$	$6S$

▲図4　標準球ギャップ装置の外観（水平の場合）と各所の離隔距離

4 実験

高電圧実験における注意

(1)　高電圧実験は非常に危険がともなうので，必ず先生の指示に従う。
(2)　実験装置の接地線や高圧回路が確実に接続されているかを確認する。
(3)　高圧回路室に入るときは，電源が切れていることを確認する。
(4)　高電圧部に触れる場合は必ず接地する（防護用長靴や手袋を着用したほうがよい）。
(5)　球の表面をよく清掃する。また，湿度が90%以上のときは球の表面に水滴がつくことがあるので，測定は中止したほうがよい。

実験1　球ギャップの放電電圧の測定

① 周囲温度，湿度，気圧を測定し，表1のように記録する。

② アース棒で球電極等を必ず接地し，放電させる。

③ 図5のように結線する。

④ 球電極の直径の測定を行う。

⑤ ギャップの長さ S を最大 60 mm に調整する（図5を参考にする）。

⑥ スイッチSを閉じて電圧を少しずつ上昇させ放電を行う。これを予備放電といい，この予備放電を3回以上行う。

⑦ 電圧計 V_2 をみながら，電圧を少しずつ上昇させ，放電が生じたときの電圧計 V_2 の指示を読み取り，表1のように記録する。同一ギャップについて放電を3回以上行う。

> **試験電圧の加圧**
> 電圧計の読みの目盛定めを行ったあと，供試物に試験電圧を加えるとき，球ギャップを使う場合は，放電電圧の80％に相当する電圧までは適宜の速さで上昇させる。その後は放電にいたるまで，少なくとも20秒かかるような速さで，なるべく一様に電圧を上昇させる。

⑧ 電源が切れていることを確認してから，②と同様に球電極等を確実に接地し，放電させる。

⑨ 球ギャップの長さ S を 10 mm ずつ変えて，⑥，⑦と同様に測定し，表1のように記録する。

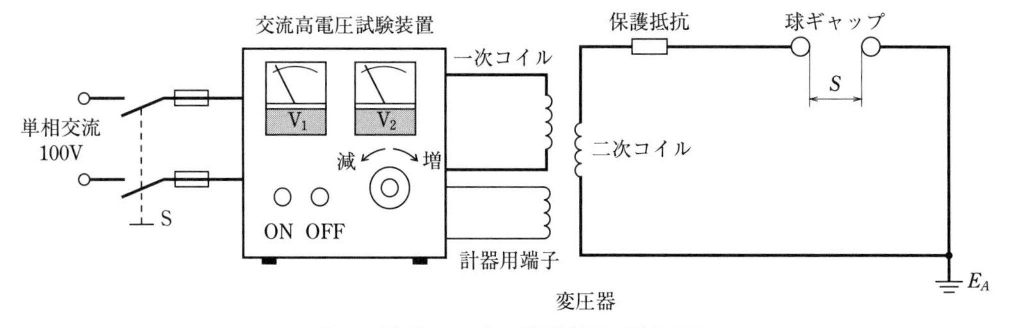

▲図5　球ギャップの放電電圧の測定回路

実験2　針電極と平板電極ギャップによる放電電圧の測定

① 接地棒を電極端子や接続機器等に接触させて，確実に接地し，放電させる。

② 実験1の結線のまま，二つの球電極の片方を針電極に，もう一方を平板電極に取り換える。

③ 実験1⑤～⑨と同様に測定し，表2のように記録する。ただし，ギャップの長さ S を 15 mm ずつ変えて測定する。

5 結果の整理

[1] 実験1 の結果を表1のように整理しなさい。

[2] 後述の「結果の整理のための補足資料」をもとに，各放電電圧を計算し，表1のように整理しなさい。

▼表1　球ギャップの放電電圧の測定結果

気温 t　20℃　　相対空気密度 δ　0.999
湿度　55%　　補正係数 k　0.999
気圧 b　1 013 hPa　　球の直径 D　125 mm

球ギャップの長さ S [mm]	測定値					計算値	
	電圧計 V_2 の指示 [kV]				放電電圧 V_S [kV]	標準放電電圧 V_n [kV]	補正放電電圧 V_k [kV]
	1回	2回	3回	平均値			
60	110	108	103	107	151.3	146	145.9
50	91.2	94.8	92.8	92.9	131.4	129	128.9
40	77.0	76.4	77.8	77.1	109.0	108	107.9
30	60.5	60.1	60.4	60.3	85.3	85.0	84.9
20	41.7	41.7	41.6	41.7	59.0	59.0	58.9

$V_S = \sqrt{2}\,V_2$　　$V_k = kV_n$

[3] 表1の結果から，球ギャップの長さ S と放電電圧（波高値）V_S との関係を，図6のように描きなさい。

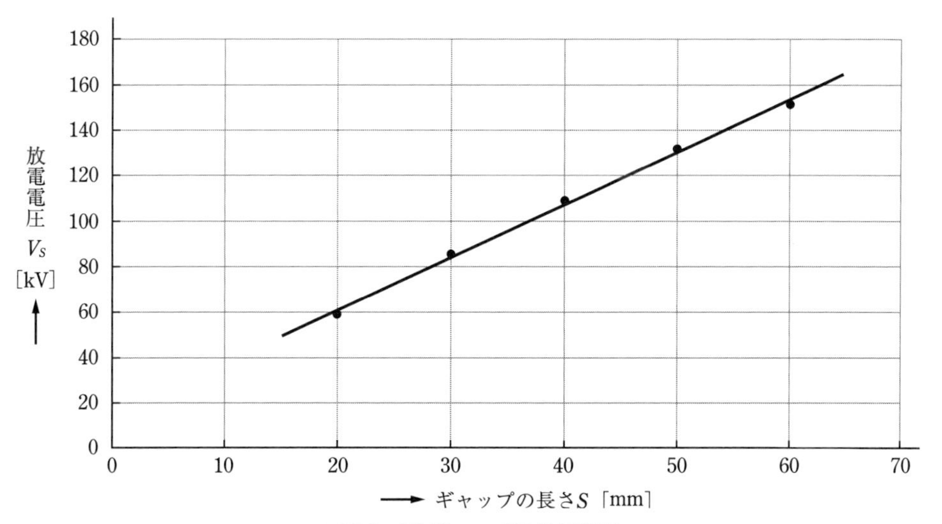

▲図6　球ギャップの放電特性

[4] 実験2 の放電電圧の測定結果を，実験1 の［1］から［3］と同様に，下の表2と図7のように整理しなさい。

▼表2　針電極と平板電極ギャップによる放電電圧の測定結果

ギャップの長さ S［mm］	測定値				
	電圧計 V_2 の指示［kV］				放電電圧 V_S［kV］
	1回	2回	3回	平均値	
75	40.5	41.6	42.1	41.4	58.5
60	32.7	32.0	33.0	32.6	46.1
45	25.9	27.2	26.0	26.4	37.3
30	20.2	20.6	20.1	20.3	28.7
15	12.3	11.7	11.7	11.9	16.8

$V_S=\sqrt{2}\,V_2$

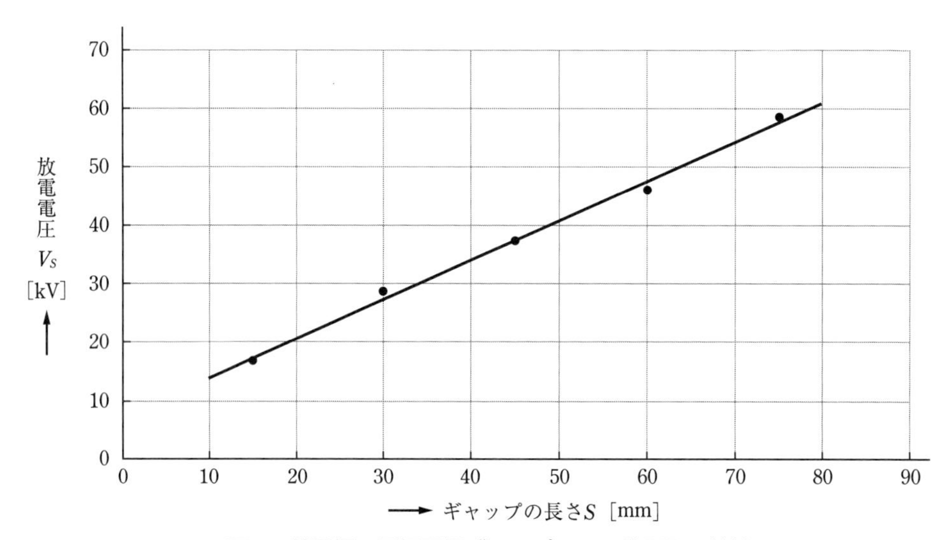

▲図7　針電極と平板電極ギャップによる放電電圧特性

6 結果の検討

［1］表1の測定値の放電電圧 V_S をなぜ計算値の補正放電電圧 V_k にする必要があるのか，調べてみよう。

［2］球電極どうしの放電電圧と，針と平板電極の組み合わせの場合の放電電圧（平均値）とに違いがあるか，ギャップの長さが30 mmの場合について比較してみよう。

［3］高電圧の測定では，平板電極よりも球電極が多く用いられるが，その理由を考えてみよう。

＋ プラス1　結果の整理のための補足資料

① 実験1 の結果から，表1の平均値 V_2 と放電電圧 V_S を $V_S = \sqrt{2}\,V_2$ より計算しなさい。

② 補正係数 k を，下記の方法によって求めなさい。

電圧を測定したときの気圧と温度が，標準気圧（1013 hPa），標準温度（20 ℃）と異なるときは，次の式から相対空気密度 δ を求めてから，表3より補正係数 k を決定する。

① $$\delta = \frac{b}{1013} \times \frac{273 + 20}{273 + t} = 0.289 \times \frac{b}{273 + t}$$

δ ：相対空気密度
b ：測定時の気圧［hPa*］
t ：測定時の温度［℃］

＊ JIS C 1001 では kPa を用いているが，本書では hPa を用いる。

② δ の値が 0.95 ～ 1.05 のときは補正係数 k を $k = \delta$ とする。

③ δ の値が上記以外のときは，表3によって，補正係数 k を求める。

▼表3　補正係数

δ	0.70	0.75	0.80	0.85	0.90	0.95	1.05	1.10
k	0.72	0.77	0.81	0.86	0.91	0.95	1.05	1.09

③ 標準放電電圧 V_n を，表4の球ギャップの長さと放電電圧の関係から求めなさい。

▼表4　放電電圧波高値　［単位 kV］

ギャップ長 S ［mm］	球の直径 D［mm］								
	50	62.5	100	125	150	250	500	750	1 000
20	57.5	58.5	59.0	59.0	59.0	59.0	59.0	59.0	
22	61.5	36.0	64.5	64.5	64.5	64.5	64.5	64.5	
24	65.5	67.5	69.5	70.0	70.0	70.0	70.0	70.0	
26	(69.0)	72.0	74.5	75.0	75.5	75.5	75.5	75.5	
28	(72.5)	76.0	79.5	80.0	80.5	81.0	81.0	81.0	
30	(75.5)	79.5	84.0	85.0	85.5	86.0	86.0	86.0	86.0
35	(82.5)	(87.5)	95.0	97.0	98.0	99.0	99.0	99.0	99.0
40	(88.5)	(95.0)	105	108	110	112	112	112	112
45		(101)	115	119	122	125	125	125	125
50		(107)	123	129	133	137	138	138	138
55			(131)	138	143	149	151	151	151
60			(138)	146	152	161	164	164	164
65			(144)	(154)	161	173	177	177	177
70			(150)	(161)	169	184	189	190	190
75			(155)	(168)	177	195	202	203	203
80				(174)	(185)	206	214	215	215

注　（　）内の数値は，なるべく使わないようにする。　JIS C 1001：2010
標準気圧（1013 hPa），標準温度（20 ℃）のときの標準放電電圧を表す。

④ 補正放電電圧 V_k を，$V_k = kV_n$ より計算し，表1に記入しなさい。

22 絶縁油の絶縁破壊電圧の測定

1 目的

油入変圧器，油入遮断器，油入コンデンサなど，電気機器に使用される絶縁油の絶縁破壊電圧を測定し，その測定法を習得するとともに，供試絶縁油の品質の良否を判定する。

2 使用機器

機器の名称	記号	定格など
交流高電圧試験装置		0 ~ 60 kV　正弦波・方形波対応
オイルカップ		マイクロメータ付き
供試絶縁油		1 種 2 号　700 ~ 1 000 mL
気象観測用計器		温度計，湿度計，気圧計

3 関係知識

電気絶縁油（以下，絶縁油という）に関する規格は，JIS C 2320（表 1「絶縁油の品質」参照）で定められ，電気絶縁油試験方法（JIS C 2101）も制定されている。

絶縁油は，油入変圧器，油入遮断器，油入コンデンサ，油入ケーブルなどの電気機器の絶縁体や熱伝導体として使用されている。

▼表 1　絶縁油の品質（抜粋）

種類	密度 (15 ℃) [g/cm^3]	動粘度 [mm^2/s]		流動点 [℃]	引火点 [℃]	酸化安定性 (120 ℃ 75 時間)		絶縁破壊電圧 [kV] (2.5 mm)	誘電正接*2 [%] (80 ℃)	体積抵抗率*3 [Ω·cm] (80 ℃)
		10 ℃	100 ℃			スラッジ [%]	全酸価*1 [mgKOH/g]			
1 号 (コンデンサ・ケーブル用)	0.91 以下	13 以下	4 以下	− 27.5 以下	130 以上	−	−	40 以上	0.1 以下	5×10^{13} 以上
2 号 (変圧器・遮断器用)						0.4 以下	0.6 以下	30 以上	−	1×10^{13} 以上
3 号 (寒冷地用)				− 15 以下					−	−

JIS C 2320 : 1999

＊1　全酸価とは，絶縁油 1 g 中に含まれる全酸性成分を中和するのに要する水酸化カリウムの mg 数である。
＊2　誘電正接とは，絶縁油を充てんした電極間に交流電圧を加えたときに発生する損失電流に対する比のことである。
＊3　体積抵抗率とは，その油に加えた直流電界 (V/cm) と，そのとき，油の中を流れる単位面積あたりの電流 (A/cm^2) との比である。

また，絶縁油には，石油から精製した天然鉱油と不燃性の合成絶縁油があり，これらの油には，酸化防止剤や流動点降下剤等の添加剤が含まれるものもある。

4 実験

準備

① 「高電圧実験における注意」を再度確認しておく。とくに，ギャップの長さの調整や試料の交換などで，高電圧試験装置に近づく場合は，電源が切れていることを確認し，電極などに触れるときはアース棒を接触させて接地し，確実に放電させる。

▶p.141

② 高電圧試験装置と絶縁破壊試験用電極を図2のように結線し，各接続部にゆるみがないことを確認する。

③ 図2の絶縁破壊試験用電極のギャップの長さ S を2.5 mmに設定する。

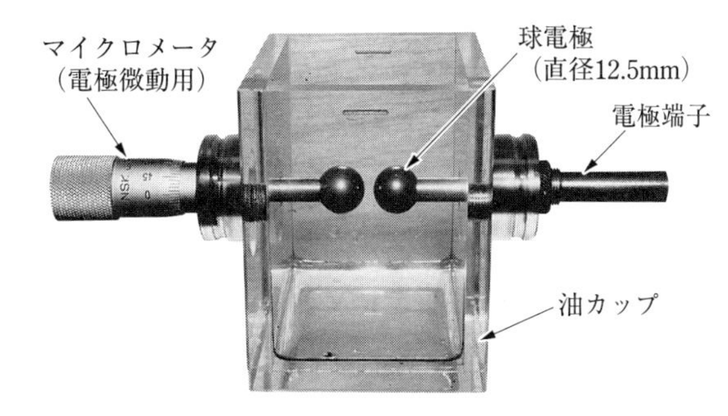

▲図1 絶縁破壊試験用電極の例

④ 気温，湿度，気圧および絶縁油の温度を測定し，記録する。湿度が90%以上のときは実験を中止したほうがよい。

⑤ 実験に使用する絶縁油（天然鉱油）を，清浄な容器に700 ~ 1 000 mL準備する。

⑥ 絶縁破壊電圧の測定は，容器や電極の汚れ，水分などの影響を受けるので，実験の前に，容器や電極をベンジンなどで洗い，乾燥させておく。

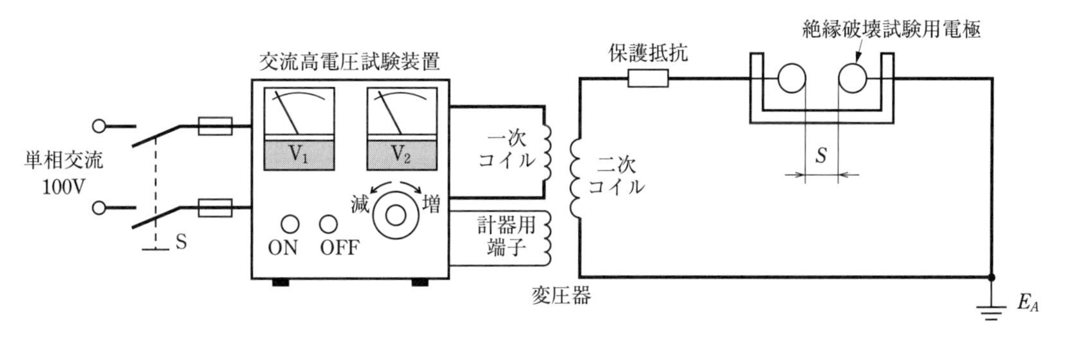

▲図2 絶縁破壊試験の接続図

実験1 絶縁破壊電圧の測定

① 絶縁破壊電圧の測定は，同じ絶縁油に対して，油を入れ替えて2度測定するので，最初の絶縁油を試料1とし，次の絶縁油を試料2とする。

② 電極ギャップの長さを正確に2.5 mmに調整し❶，試料1を容器に注入する❷❸。

③ 電圧を，0 Vから1秒間に約3 kVの割合で上昇させて，絶縁破壊が起きたときの電圧 V を測定し，表2のように記録する❹❺❻。

絶縁油の取り扱いおよび測定上の注意

❶ 絶縁油が新しく，絶縁破壊電圧が45 kV以上になるときは，ギャップの長さを1.5 mmにする。その際は，次のように電圧を換算する。

$V_{2.5} = V_{1.5} + 22$ [kV]

$V_{2.5}$：ギャップの長さ2.5 mmにおける絶縁破壊電圧

$V_{1.5}$：ギャップの長さ1.5 mmにおける絶縁破壊電圧

❷ 試料（絶縁油）を容器に入れるときは静かに注入する。

❸ 絶縁油は指定された量，または電極の上部20 mm以上になるまで入れる。泡が立った場合は，泡が消えるのを待ってから電圧を加える。

❹ 絶縁破壊が起こると，遮断器が動作し，電圧計の指示は0 Vに戻ってしまうので，絶縁破壊の起きた瞬間の電圧をすばやく読む。

❺ 一度絶縁破壊が起こると，油中に泡が生じるので，1秒以上たってから電圧を加える。

❻ 電圧を上昇させていく途中で，瞬間的な放電を生じることがあるが，遮断器が動作しないような放電は，放電とみなさないので回数に入れない。

④ ③と同様に5回の絶縁破壊電圧を測定し，表2のように記録する。

⑤ 試料1の絶縁油を捨て，新しい試料2を入れる。3分以上経過ののち，実験1の③と同様に，5回の絶縁破壊電圧を測定し，表2のように記録する。

⑥ ほかの種類の絶縁油や古い絶縁油についても同様に測定し，表2のように記録する。

5 結果の整理

[1] 実験1の結果を表2のように整理しなさい。ただし，平均は，1回目の測定値を除いた4回の測定値を計算して求めなさい。また，絶縁油の規格を「JIS C 2320」で調べ，その結果から良否を判定し，記入しなさい。

▼表2 絶縁破壊電圧の測定結果

（気温25 ℃，湿度55%，気圧1 013 hPa，ギャップ長2.5 mm）

種類	試料	絶縁破壊電圧 V [kV]						絶縁油の規格	良否判定	絶縁油の温度[℃]
		1回	2回	3回	4回	5回	平均			
変圧器油1 1種2号鉱油	1	(33.2)	38.0	34.5	37.0	34.6	35.4	30 kV以上	良	24
	2	(33.5)	34.4	35.6	34.4	35.0	34.9			
変圧器油2 1種2号鉱油	3	(44.0)	43.7	44.9	44.5	43.4	44.1	30 kV以上	良	24
	4	(44.5)	44.0	44.0	44.5	44.4	44.2			

[2] 表2から図3のようなグラフを描きなさい。

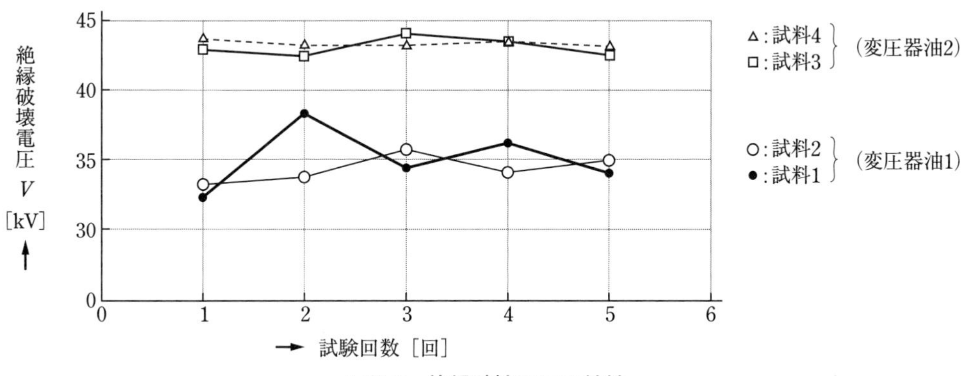

▲図3　絶縁破壊電圧の特性

6 結果の検討

［1］1回目の測定値を除いて，平均絶縁破壊電圧を算出する理由を考えてみよう。

［2］変圧器油1と2は，ともに1種2号鉱油であるが，図3の測定結果のように絶縁破壊電圧が異なっている。どのような理由か考えてみよう。

［3］油入変圧器は，絶縁油の劣化を防ぐためにどのようなくふうがなされているか，「電気機器」の教科書等で調べてみよう。

プラス1　絶縁破壊

絶縁体に加える電圧を上げていくと，ある値を超えたときに絶縁性を失って電流が流れるようになる。この現象を**絶縁破壊**といい，このときの電圧を**絶縁破壊電圧**という。また，絶縁破壊電圧を材料厚みで割った値を**絶縁耐力**といい，その単位はkV/mmで表す。絶縁耐力の値が大きいほど絶縁破壊しにくいが，材料に気泡が混入していたり，吸湿したりすると，値が小さくなり絶縁破壊しやすくなる。

絶縁体にかかる電圧が高くなると，材料の表面に沿って放電が起こることがある。この現象を**沿面放電**（えんめん）といい，絶縁材料の劣化の原因の一つとなる。沿面放電を起こすことは高電圧下で使用される機器の故障や事故につながるため，機器に応じた対策が取られる。

絶縁材料の絶縁耐力を調べる試験のさいは，図4のような装置を絶縁油等に浸し沿面放電を起こさないように高電圧をかけ測定する。

また，絶縁破壊が生じたときに，材料表面や内部で樹枝状に放電が広がることがある。この分岐放電の形を**リヒテンベルク図形**という。落雷のさいの稲妻などは，3次元のリヒテンベルク図形であり，自然界でもこの形をみることができる。

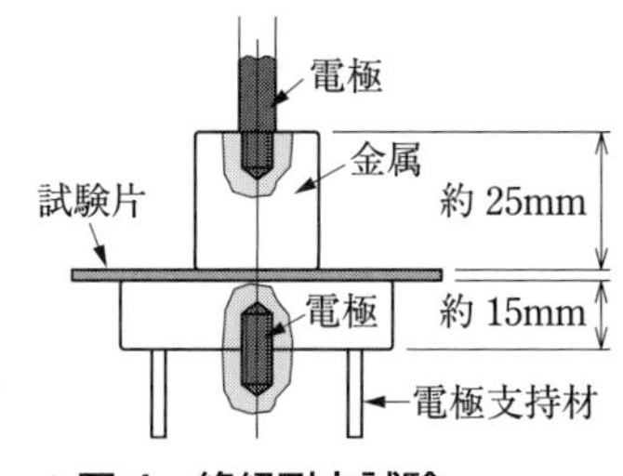

▲図4　絶縁耐力試験支持電極の例

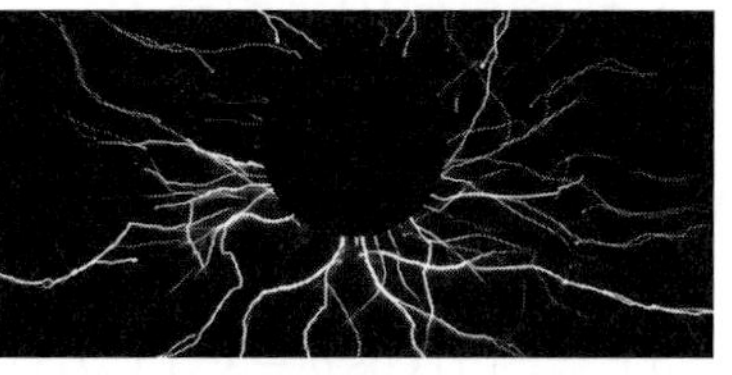

▲図5　沿面放電におけるリヒテンベルク図形

23 単相電力計による三相電力の測定

1 目的

単相電力計を2台用いて，三相電力を測定する方法を二電力計法という。二電力計法の方法を学ぶとともに，三相電力について理解を深める。

2 使用機器

機器の名称	記号	定格など
単相電力計（2台）	W_1，W_2	1/5 A，120/240 V
力率計	$\cos\phi$	5/25 A
交流電流計	A	2/5/10/20 A
交流電圧計	V	150/300 V
三相誘導電圧調整器	IR	200 V，5 kV·A
可変力率負荷装置	Z（R，L，C）	2 kW

3 関係知識

1 三相電力の表しかた

三相電力は，各相の電力の和で表される。各相の電圧を V_P [V]，各相の電流を I_P [A]，相電圧と相電流の位相差を θ [rad]とすれば，電力 $V_P I_P \cos\theta$ の単相回路が三つあることと等価である。そこで，三相電力 P [W]は，次のように表される。

$$P = 3V_P I_P \cos\theta \text{（3×相電圧×相電流×力率）} \quad (1)$$

図1のようなY結線負荷においては，線間電圧 V_l [V]，線電流 I_l [A]と，相電圧 V_P [V]，相電流 I_P [A]との間に，次の関係がある。

$$V_l = \sqrt{3}\,V_P, \qquad I_l = I_P \quad (2)$$

[1] Y結線負荷の三相電力

式(2)を式(1)に代入して，三相電力 P [W]を求めると，次の関係が得られる。

$$P = 3\left(\frac{V_l}{\sqrt{3}}\right) I_l \cos\theta = \sqrt{3}\,V_l I_l \cos\theta \quad (3)$$

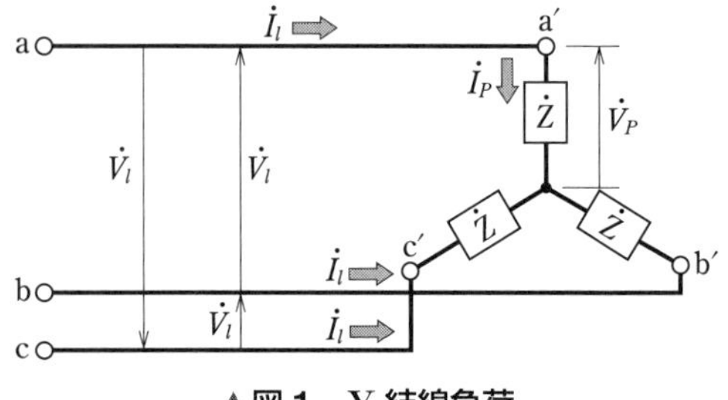

▲図1　Y結線負荷

[2] △結線負荷の三相電力

図2のような△結線負荷においては，次の関係がなりたつ。

$$V_l = V_P, \qquad I_l = \sqrt{3}\,I_P \qquad (4)$$

そこで，式(4)を式(1)に代入して，三相電力 P [W]を求めると，式(5)が得られる。

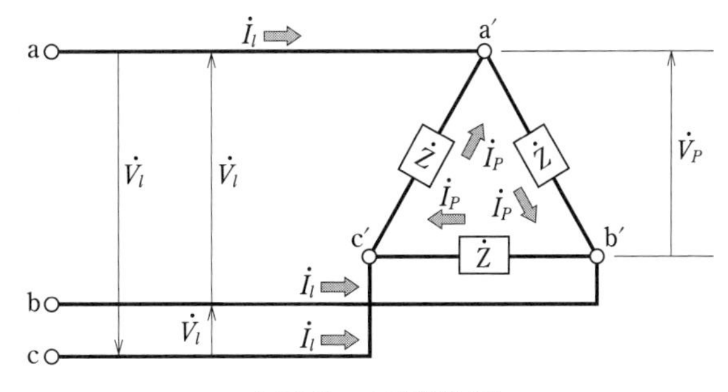

▲図2　△結線負荷

$$P = 3V_l\left(\frac{I_l}{\sqrt{3}}\right)\cos\theta = \sqrt{3}\,V_l I_l \cos\theta \qquad (5)$$

式(3)と式(5)の結果から，三相電力は負荷の結線法には関係なく，次式で表される。

$$\text{三相電力} = \sqrt{3} \times \text{線間電圧} \times \text{線電流} \times \text{力率}\ \ [\mathrm{W}] \qquad (6)$$

2 二電力計法

この方法は，単相電力計2台を図3のように接続して，三相電力を測定する方法である。図3は，2台の電力計の電流コイルそれぞれに負荷電流が流れるようにし，電圧コイルには三相の残った1線を共通として，電圧が加わるように接続したものである。各電力計 W_1，W_2 の指示 P_1，P_2 [W]は，次のように表される。

$$\left.\begin{aligned} P_1 &= V_{ac} I_a \cos\left(\frac{\pi}{6} - \theta\right) \\ P_2 &= V_{bc} I_b \cos\left(\frac{\pi}{6} + \theta\right) \end{aligned}\right\} \qquad (7)$$

▲図3　三相電力の測定

三相回路では，$V_{ac} = V_{bc} = V_l$，$I_a = I_b = I_l$ であるので，式(7)は次式で表される。

$$\left.\begin{aligned} P_1 &= V_l I_l \cos\left(\frac{\pi}{6} - \theta\right) \\ P_2 &= V_l I_l \cos\left(\frac{\pi}{6} + \theta\right) \end{aligned}\right\} \qquad (8)$$

P_1 と P_2 の和 P [W]を求めると，次式が得られる。

$$P = P_1 + P_2 = V_l I_l \left\{\cos\left(\frac{\pi}{6} - \theta\right) + \cos\left(\frac{\pi}{6} + \theta\right)\right\} = \sqrt{3}\,V_l I_l \cos\theta\ \ [\mathrm{W}] \qquad (9)$$

よって，$P_1 + P_2$ [W]は，三相電力を表していることになる。ここで，力率が0.5以下（θ が $\dfrac{\pi}{3}$ rad以上）になると，$\cos\left(\dfrac{\pi}{6} + \theta\right)$ の値が負となるので，P_2 [W]は負となり，電力計 W_2 の指針は逆に振れる。その場合は，逆振れする電力計 W_2 の電圧切換スイッチを切り換える。スイッチがない場合は，電力計 W_2 の電圧端子の接続を逆にすると，指針は正しく読める方向に振れる。このときの電力を P_2' とすれば，三相電力は $P = P_1 + (-P_2')$ [W]として求められる。

4 実験

実験１ 抵抗負荷の場合

① 図4のように結線する。三相負荷Zは，抵抗負荷とする。

② 三相誘導電圧調整器IRのハンドルが0の位置にあることを確認してから，電源を入れる。

③ IRのハンドルを徐々に回して電圧を200Vまで上昇させ，以後一定とする。

④ 抵抗負荷を調整し，線電流Iを1Aにする。そのときの各計器$\cos\phi$，W_1，W_2の指示を読み，表1のように記録する。

⑤ 線電流Iを1Aずつ5Aまで増加させ，そのつど各計器の指示を読み，表1のように記録する。

実験２ 誘導負荷の場合

① 三相負荷Zを，誘導負荷とする。

② 電源を入れ，IRを調整して電圧を200Vとし，以後一定にする。その後，負荷装置の電流設定ダイヤルを調整し，線電流Iを1Aにする。

③ 次に，線電流Iを1Aのまま誘導負荷の力率調整ダイヤルを調整し，力率計$\cos\phi$の値を0.9に設定する。そのときの各計器の指示W_1，W_2を読み，表1のように記録する。

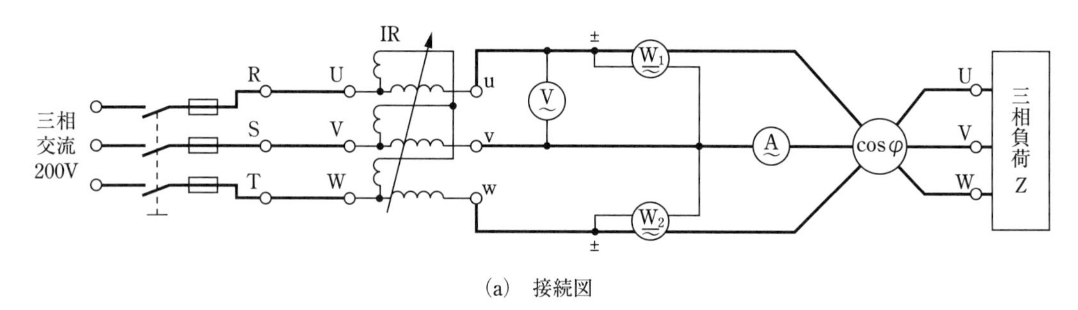

(a) 接続図

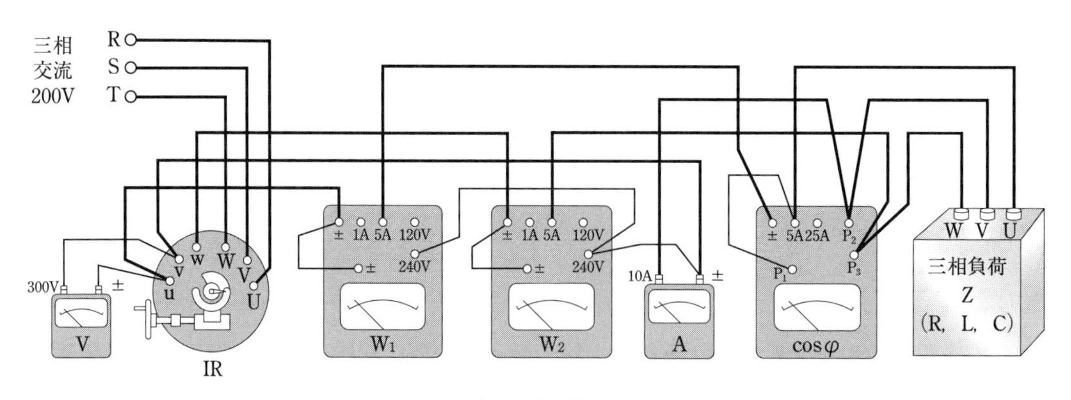

(b) 実体配線図

▲図4 三相電力の測定回路

④ 以後，線電流 I は 1 A ずつ増加させて 5 A まで，力率計 $\cos\phi$ は 0.1 ずつ減少させて 0.5 まで変化させ，そのつど各計器の指示を読み，表 1 のように記録する。

⑤ 電力計の指針が逆に振れたときには，いったん電源を切り，その電力計の電圧端子の接続を逆にして，測定を行う。

実験 3　容量負荷の場合

① 三相負荷 Z を，容量負荷とし，実験 2 と同様の測定を行う。

5 結果の整理

[1] 実験 1，実験 2，実験 3 の計器の読みを，表 1 のように整理しなさい。

[2] 三相電力，および力率の計算値を，表 1 のように整理しなさい。

[3] 表 1 の計算値の $\cos\theta$ および W [W]は，次の式を用いて求めなさい。

$$\cos\theta = \frac{P_1 + P_2}{\sqrt{3}\,V_l I_l},\qquad W = \sqrt{3}\,V_l I_l \cos\phi \tag{10}$$

▼表 1　三相電力の測定結果（負荷定格 2 kW）

負荷の種類	各計器の読み						計算値	
	線間電圧 V [V]	線電流 I [A]	力率 $\cos\phi$	電力計 P			力率 $\cos\theta$	三相電力 W [W]
				電力 P_1 [W] (W_1)	電力 P_2 [W] (W_2)	電力 P ($=P_1+P_2$) [W]		
抵抗負荷	200 V 一定	1.0	1.0	175	200	375	1.08	346
		2.0	1.0	345	382	727	1.05	693
		3.0	1.0	510	562	1 072	1.03	1 039
		4.0	1.0	668	725	1 393	1.01	1 386
		5.0	1.0	835	905	1 740	1.00	1 732
誘導負荷	200 V 一定	1.0	0.9	115	225	340	0.981	312
		2.0	0.8	160	435	595	0.859	554
		3.0	0.7	135	598	733	0.705	727
		4.0	0.6	80	740	820	0.592	831
		5.0	0.5	5	830	835	0.482	866
容量負荷	200 V 一定	1.0	0.9	205	125	330	0.953	312
		2.0	0.8	385	200	585	0.844	554
		3.0	0.7	562	135	697	0.671	727
		4.0	0.6	725	40	765	0.552	831
		5.0	0.5	820	10	830	0.479	866

6 結果の検討

[1] 電力計の読み P と，三相電力の計算値 W は一致しているか，比較してみよう。

[2] 力率計 $\cos\phi$ の読みと，計算値 $\cos\theta$ は一致しているか，比較してみよう。

電力制御編

24 ダイオードによる整流回路・平滑回路

1 目的

家電製品やスマートフォンなどに内蔵される電子回路には，直流電源が必要である。ここでは，交流電圧から直流電圧に変換する整流回路と平滑回路の構成について学び，これらがもつ特性について理解を深める。

2 使用機器

機器の名称	記号	定格など	機器の名称	記号	定格など
変圧器	T	一次：100 V，二次：12V，0.3 A	交流電圧計	V_{AC}	テスタの ACV 計
滑り抵抗器	R_L	0 ~ 330 Ω，0.6 A	オシロスコープ	OS	2 現象
整流ダイオード	D	耐電圧 100 V　1 A 程度	電解コンデンサ	C	100 μF-25 V 1 000 μF-25 V
直流電流計	A	1 A (可動コイル形)	スイッチ	S_2	単極スイッチ
直流電圧計	V_L	30 V (可動コイル形)	ブレッドボード		

3 関係知識

1 直流電源回路

図 1 は，直流電源回路の構成例である。直流電源回路は，変圧器を用いて交流電圧の大きさを変える変圧回路，ダイオードの整流作用を利用した整流回路，整流回路から出力された脈動 (リプル) 波形を平滑な波形に変換する平滑回路などから構成される。

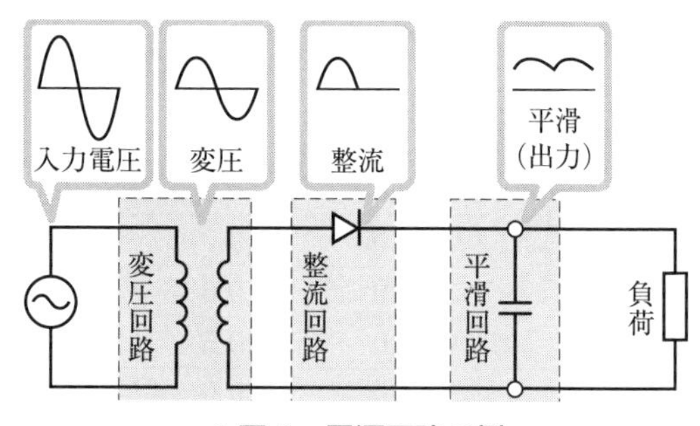

▲図 1　電源回路の例

2 変圧回路・整流回路・平滑回路

変圧回路に用いられる変圧器では，図 2 のように，一次側と二次側の電圧・電流および巻数には，式 (1) の関係があり，a を変圧器の**巻数比**という。

$$\frac{V_1}{V_2}=\frac{N_1}{N_2}=\frac{I_2}{I_1}=a \quad (1)$$

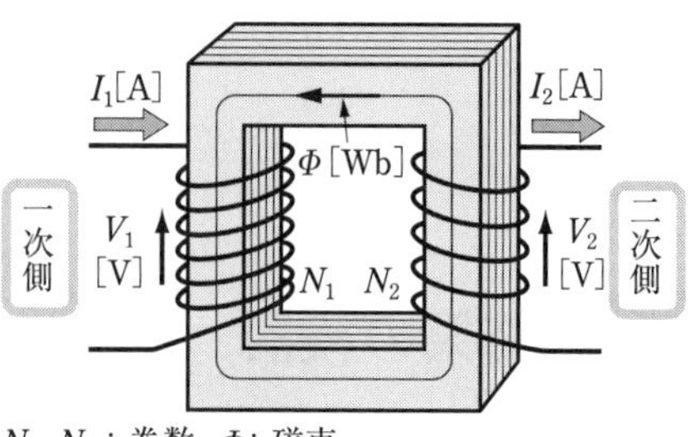

N_1, N_2：巻数，Φ：磁束
V_1, V_2：電圧の実効値，I_1, I_2：電流の実効値
▲図 2　変圧器の電圧・電流・巻数

図3(a)に示す回路を**半波整流回路**といい，ダイオード1個の整流作用により，交流電圧の正の半周期だけを取り出すことができる。

図3(b)は，**ブリッジ形全波整流回路**という。ダイオード4個を使用して，交流電圧を全周期にわたって整流することができる。

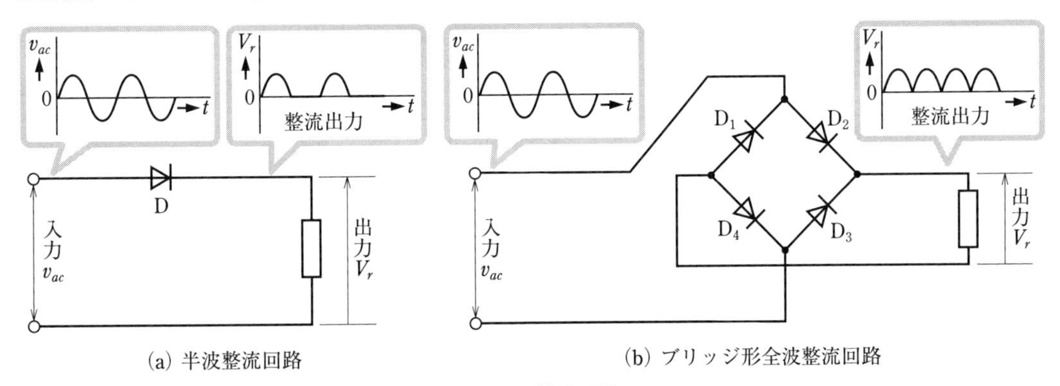

(a) 半波整流回路　(b) ブリッジ形全波整流回路

▲図3　整流回路

整流回路から出力されたリプル電圧を，滑らかな直流電圧にする回路を**平滑回路**という。平滑回路の例として，図4(a)にコンデンサの充放電現象を利用したコンデンサによる平滑回路，図4(b)にチョークコイルとコンデンサを用いたπ形平滑回路を示す。

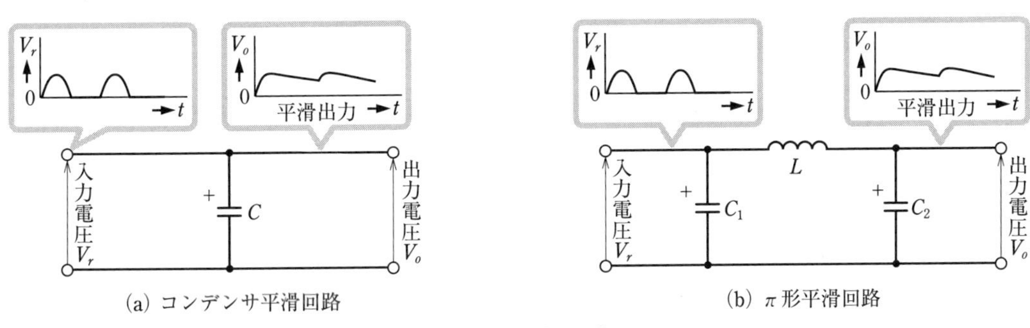

(a) コンデンサ平滑回路　(b) π形平滑回路

▲図4　平滑回路

3 リプル百分率と電圧変動率

リプル電圧ΔV_{p-p}は，図5のように，リプル電圧波形の最大値V_{max}と最小値V_{min}の差から求められる。**リプル百分率**γ [%]は，リプル電圧ΔV_{p-p}を出力電圧V_Lで割り，100倍した値である。また，電圧変動率D [%]は，無負荷時の出力電圧V_0から負荷時の出力電圧V_Lを引き，V_Lで割った値を100倍した値である。

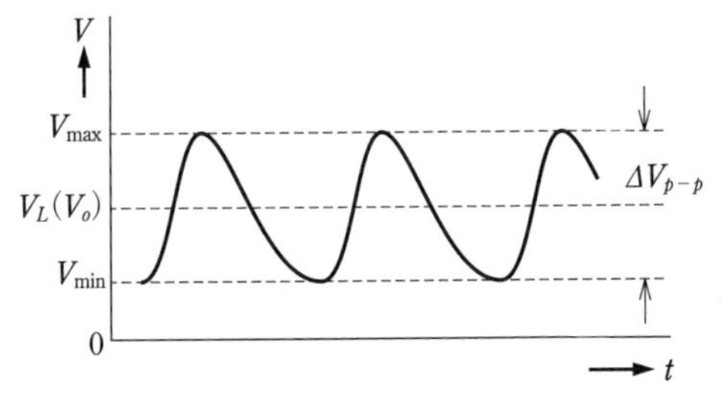

▲図5　リプル電圧波形

リプル電圧　$\Delta V_{p-p} = V_{max} - V_{min}$ [V]

リプル百分率　$\gamma = \dfrac{\Delta V_{p-p}}{V_L} \times 100$ [%]

電圧変動率　$D = \dfrac{V_o - V_L}{V_L} \times 100$ [%]

4 実験

実験 1 半波整流特性の測定

① 図6のように結線する。なお，平滑コンデンサ C は1000 μF を接続する。

② スイッチ S_2 を開いた状態で電源スイッチ S_1 を閉じて，出力電圧 V_L (V_L) とリプル電圧 ΔV_{p-p} を測定し，表1のように記録する。このときの V_L は，無負荷時の直流電圧 V_0 である。 5

③ 無負荷時のトランス出力電圧 v_{ac} をテスタのACV計で測定し，表1のように記録する。

④ スイッチ S_2 を閉じる。滑り抵抗器を調整して負荷電流 I_o (A) を0.1, 0.2, …, 0.5 A まで変化させて，そのつど負荷時の出力電圧 V_L とリプル電圧 ΔV_{p-p} を表1のように記録する。

⑤ 負荷電流 I_o が0.1 A のときのリプル電圧波形を観測し，写真などで記録する。

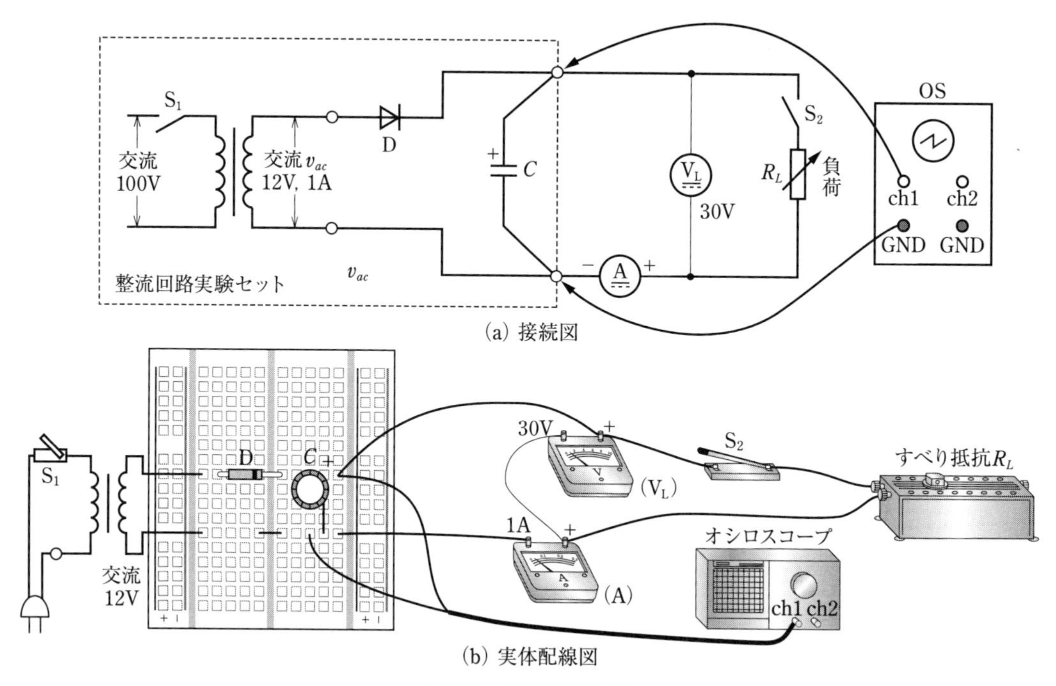

▲図6 半波整流回路

実験 2 全波整流特性の測定

10

① 平滑コンデンサ C は1000 μF のまま，図7のように結線する。

② スイッチ S_2 を開いた状態で電源スイッチ S_1 を閉じて，出力電圧 V_L (V_L) とリプル電圧 ΔV_{p-p} を測定し，表2のように記録する。このときの V_L は，無負荷時の直流電圧 V_0 である。

③ 無負荷時のトランス出力電圧 v_{ac} をテスタのACV計で測定し，表2のように記録する。

④ スイッチ S_2 を閉じる。滑り抵抗器を調整して負荷電流 I_o を0.1，0.2，…，0.5 A まで変化させ，そのつど出力電圧 V_L とリプル電圧 ΔV_{p-p} を表2のように記録する。 15

⑤ 負荷電流 I_o が0.1 A のときのリプル電圧波形を観測し，写真などで記録する。

⑥ 平滑コンデンサ C を100 μF に交換して②～⑤の測定を行い，表3のように記録する。

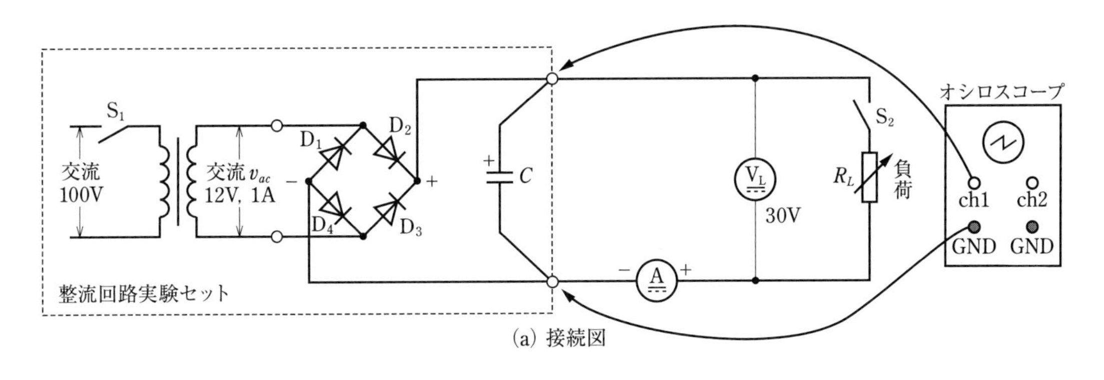

(a) 接続図

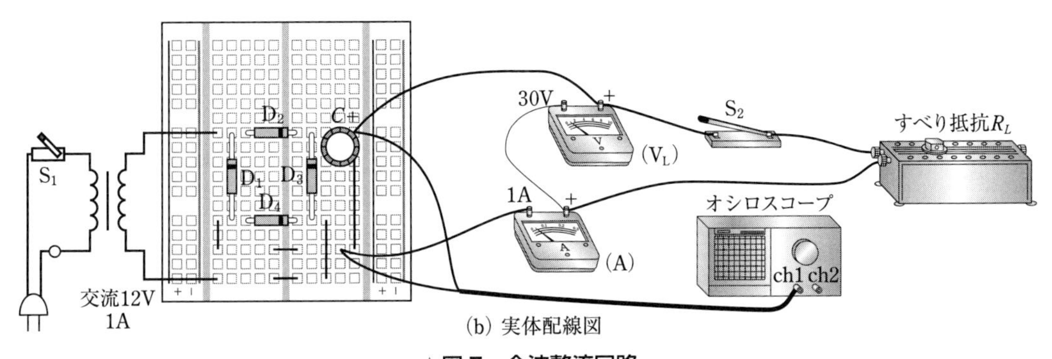

(b) 実体配線図

▲図7　全波整流回路

5 結果の整理

[1] 実験1 の測定結果を表1のように整理しなさい。

[2] 実験2 の測定結果を表2, 3のように整理しなさい。

[3] 表1をもとに，図8のようなグラフを描きなさい。

[4] 表2, 3をもとに，図9のようなグラフを描きなさい。

[5] 実験1 において，負荷電流が0.1 Aのときのリプル電圧波形を図10のように描きなさい。

[6] 実験2 において，負荷電流が0.1 Aのときのリプル電圧波形を図11(a), (b) のように描きなさい。

▼表1　半波整流の測定結果 (C = 1 000 μF)

トランス出力電圧 v_{ac} = 12.2 V，無負荷時の直流電圧 V_0 = 17.5 V

負荷電流 I_o [A](A)	出力電圧 V_L [V](V_L)	リプル電圧 ΔV_{p-p} [V]	リプル百分率 γ [%]	電圧変動率 D [%]
0.0	17.5	0.00	0.0	0.0
0.1	15.8	2.00	12.7	10.8
0.2	14.6	3.95	27.1	19.9
0.3	12.5	5.60	44.8	40.0
0.4	12.4	7.00	56.5	41.1
0.5	11.5	8.20	71.3	52.2

▼表 2　全波整流の測定結果 (C = 1 000 μF)

トランス出力電圧 v_{ac} = 12.9 V，無負荷時の直流電圧 V_0 = 16.8 V

負荷電流 I_o [A] (A)	出力電圧 V_L [V] (V_L)	リプル電圧 ΔV_{p-p} [V]	リプル百分率 γ [%]	電圧変動率 D [%]
0.0	16.8	0.01	0.038	0.0
0.1	15.6	0.24	1.54	7.7
0.2	15.0	1.75	11.7	12.0
0.3	14.5	2.50	17.2	15.9
0.4	14.1	3.15	22.3	19.1
0.5	13.5	3.80	28.1	24.4

▼表 3　全波整流の測定結果 (C = 100 μF)

トランス出力電圧 v_{ac} = 12.9 V，無負荷時の直流電圧 V_0 = 16.8 V

負荷電流 I_o [A] (A)	出力電圧 V_L [V] (V_L)	リプル電圧 ΔV_{p-p} [V]	リプル百分率 γ [%]	電圧変動率 D [%]
0.0	16.8	0.05	0.3	0.0
0.1	13.6	6.00	44.1	23.5
0.2	11.7	9.60	82.1	43.6
0.3	10.7	11.40	106.5	57.0
0.4	10.1	12.60	124.8	66.3
0.5	9.8	15.20	155.1	71.4

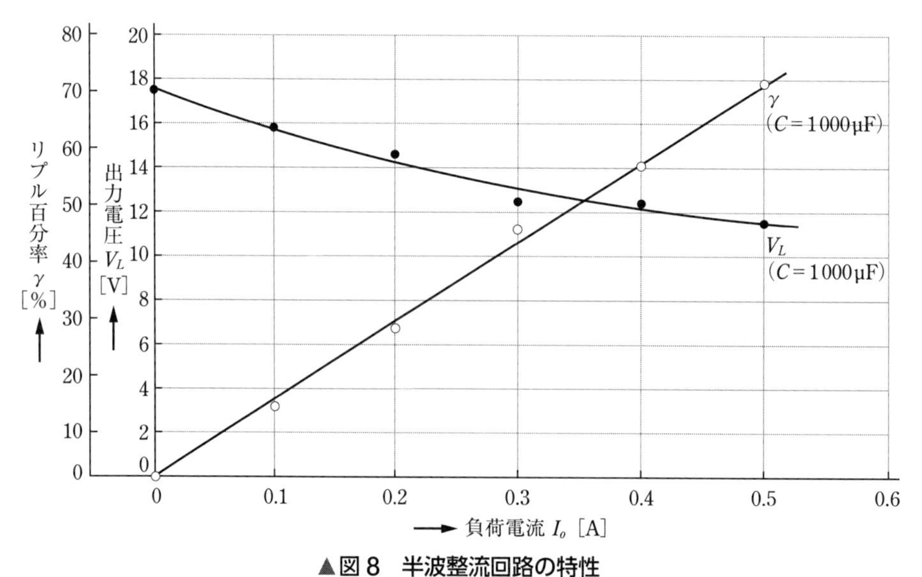

▲図 8　半波整流回路の特性

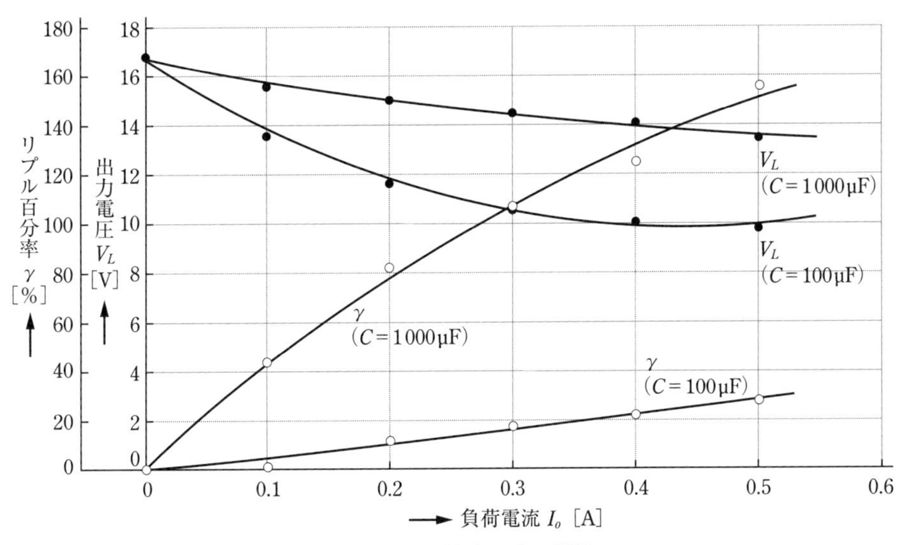

▲図9　全波整流回路の特性

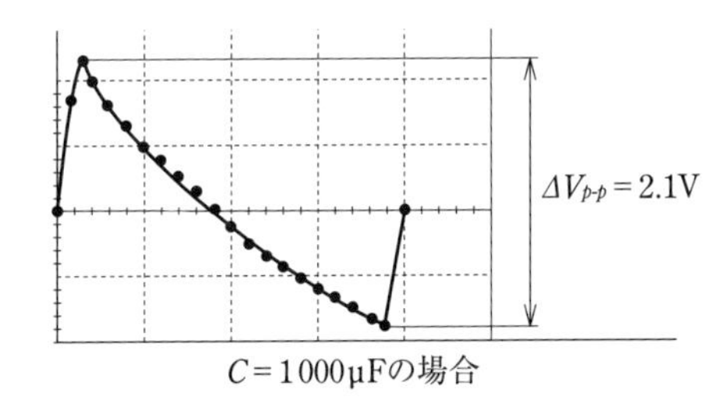

◀図10　半波整流のリプル電圧波形 (I_o = 0.1 A)

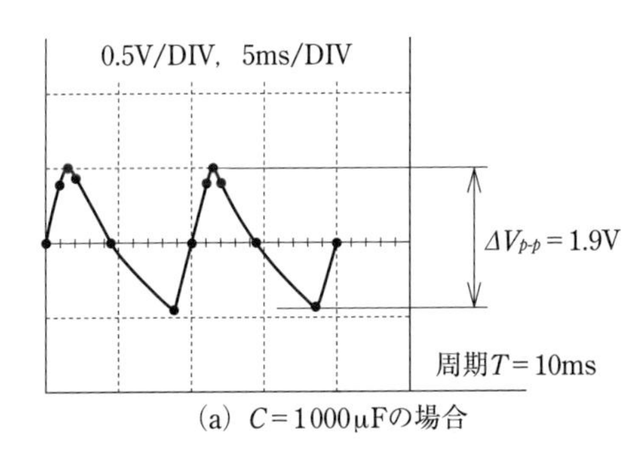

(a) C=1000μFの場合

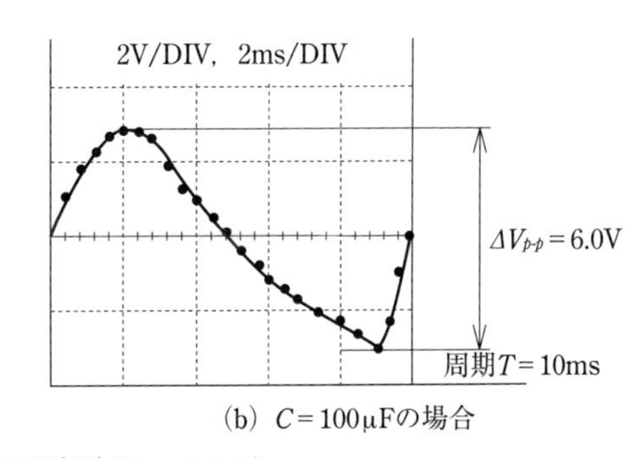

(b) C=100μFの場合

▲図11　全波整流のリプル電圧波形 (I_o = 0.1 A)

6　結果の検討

[1] 図9の全波整流特性のグラフより，平滑コンデンサの容量を大きくすると何がどのように変化するか。また，この結果からどのような結論が導かれるか考えてみよう。

[2] 平滑コンデンサを接続すると，負荷電流 I_o が小さいときに，出力電圧 V_L がトランスの交流出力電圧 v_{ac} より大きくなるのはなぜか考えてみよう。

[3] 平滑コンデンサの容量が同じ場合，負荷電流に対する図8の半波整流電圧と図9の全波整流電圧を比較して，全波整流の利点を考えてみよう。

電力制御編

25 トランジスタの負荷線とスイッチング回路

1 目的

トランジスタの動作は，電流増幅作用のほかにスイッチング作用がある。

ここでは，トランジスタを機械式スイッチと同じように，オンオフ動作を行うスイッチング回路として利用することを学び，負荷線を使ったスイッチング回路の動作原理を理解する。

2 使用機器

機器の名称	記号	定格など
直流電源装置（2台）	V_B　V_{CC}	0 ～ 18 V
直流電流計	A	3 mA/100 mA/300 mA/1 A/3 A
直流電圧計	$\mathrm{V_0}$	3/10/30 V（抵抗値測定のためディジタルマルチメータだとなおよい）
トランジスタ	$\mathrm{T_r}$	パワー Tr　I_{cmax} = 3 A 程度 （参考　2SD2012 など　放熱器付きが望ましい）
炭素被膜抵抗	R_B	300 Ω，1/4 W，± 5%
セメント抵抗	R	10 Ω
直流モータ	M	定格電圧 12 V　定格電流 1 A　程度 （無負荷電流 0.1 A 程度）
ブレッドボード		

3 関係知識

1 スイッチング作用

図 1 のように，トランジスタのコレクタに，負荷となる抵抗 R と電源 V_{CC} の直列回路を構成する。トランジスタにベース電流 I_B を流さない図 1 (a)では，コレクタ電流 I_C も流れない。この I_C が流れない状態をオフ状態という。一方，図 1 (b)のように，I_B を流すと I_C にも電流が流れ，I_B に比例して I_C も増えていく。しかし，I_B がある値以上になると，I_C は電源電圧 V_{CC} と負荷抵抗 R により，一定値となる。このような状態をオン状態という。ベース電流によりオン状態とオフ状態となることから，コレクタ-エミッタ間は機械的なスイッチの役割を担うことができることがわかる。トランジスタのこのような作用を**スイッチング作用**という。

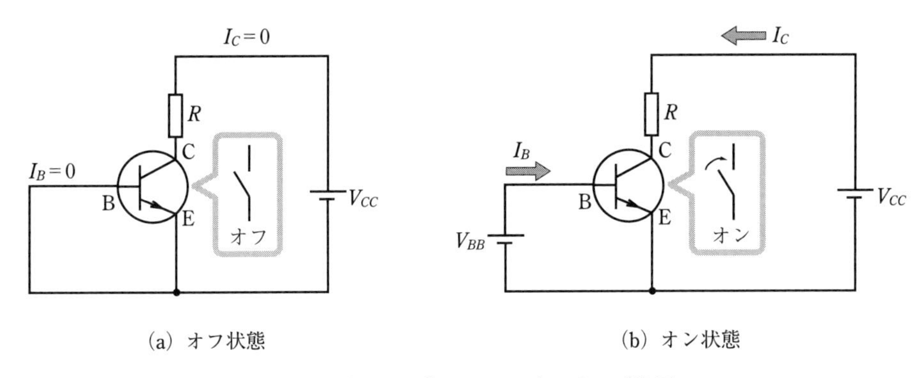

(a) オフ状態　　(b) オン状態

▲図1　トランジスタのスイッチング作用

2 負荷線

図2(a)に示すトランジスタのスイッチング回路において，電源電圧 V_{CC} とコレクタ-エミッタ間電圧 V_{CE}，コレクタ電流 I_C の関係は，式(1)で表される。

$$V_{CC} = R_C I_C + V_{CE} \tag{1}$$

トランジスタのコレクタ-エミッタ間が短絡状態(オン状態)と仮定すると，$V_{CE} = 0$ V である。よって，コレクタに流れる電流 I_C は，式(1)より $\frac{V_{CC}}{R_C}$ となり，図2(b)の点Aが定められる。

また，トランジスタのコレクタ-エミッタ間が開放状態(オフ状態)と仮定すると，$I_C = 0$ A である。よって，式(1)より $V_{CE} = V_{CC}$ となり，図2(b)の点Bが定められる。

この，V_{CE}-I_C 特性上の点Aと点Bを結んだ直線を**負荷線**という。図2の増幅回路はこの負荷線に沿って動作するため，負荷線と流れた I_B との交点から，I_C の大きさを求めることができる。この交点は，I_B をいくら大きくしても点Sよりも左側には移動できず，V_{CE} は0Vにはならない。このときの V_{CE} を**コレクタ-エミッタ間飽和電圧**といい，点Sは，このトランジスタがオン状態であることを示している。

電力制御編

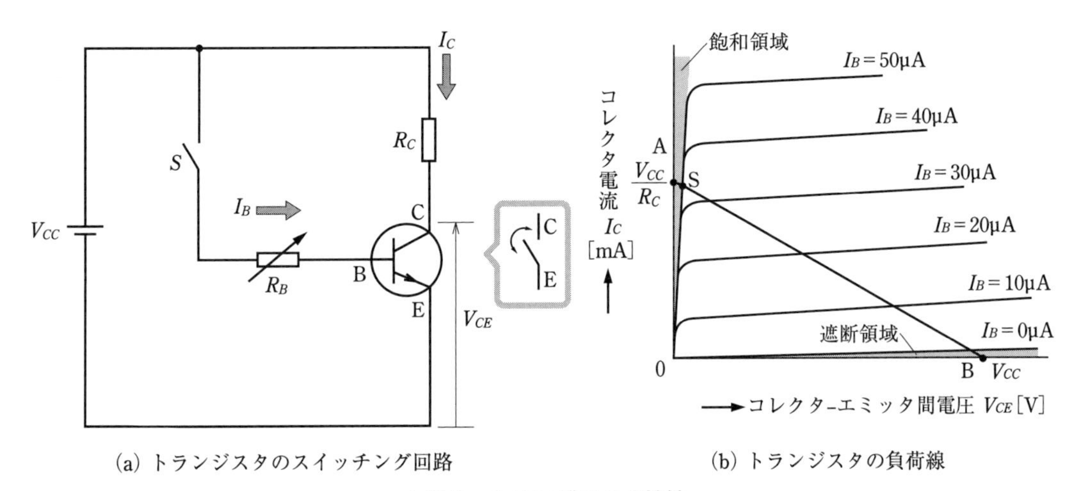

(a) トランジスタのスイッチング回路　　(b) トランジスタの負荷線

▲図2　トランジスタの特性

4 実験

実験 1　トランジスタの負荷線と動作点の測定

① 図3のように，測定回路を結線する。

② 電圧 V_{CC} を加え，電流計 A_C の読み I_C から，負荷抵抗 R と電流計 A_C の内部抵抗との合成抵抗を測定し，表1のように記録する。

③ ベース電圧 V_B を調整して，ベース電流 I_B を 0 mA から 10 mA まで 1 mA ずつ増やし，そのつどコレクタ電流 I_C とコレクタ-エミッタ間電圧 V_{CE} を測定し，表1のように記録する。

④ 式 (1) よりコレクタ電流の最大値 (点 A) と最小値 (点 B) を求め，I_C と V_{CE} のグラフ上にプロットする。点 A と点 B を直線で結び，負荷線を引く。

⑤ 表1より，I_C と V_{CE} の測定値をグラフ上にプロットする。

＊注意　トランジスタおよび負荷抵抗が発熱するため，各測定はすばやく行う。また，やけど等には十分注意する。

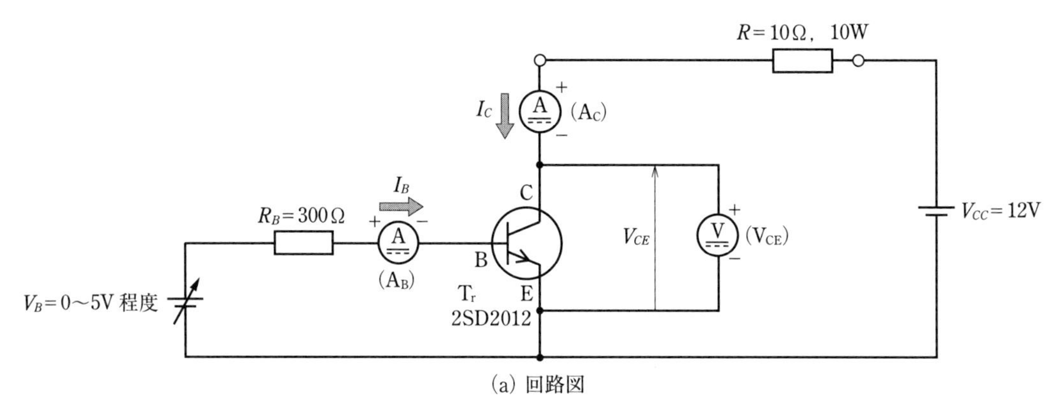

(a) 回路図

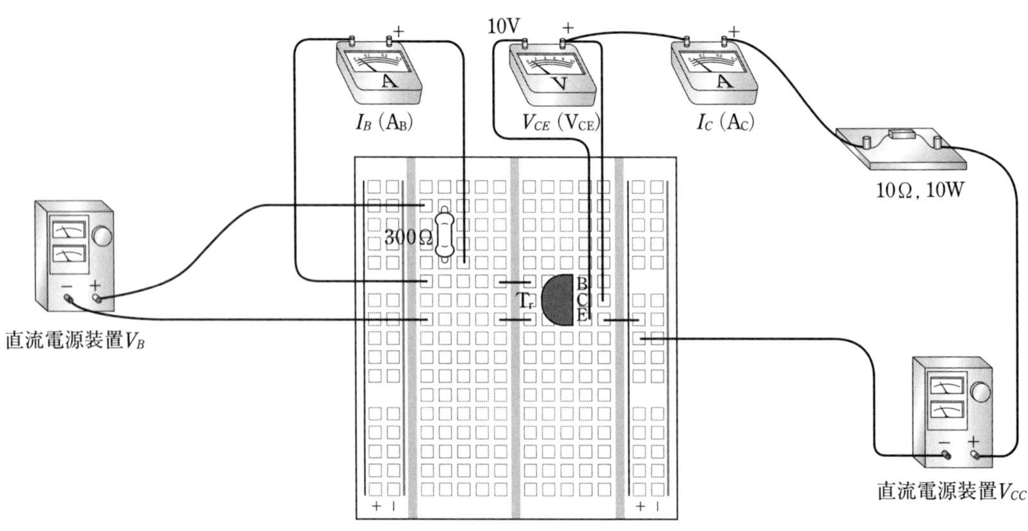

(b) 実体配線図

▲図3　負荷線の測定回路

実験２ トランジスタのスイッチング回路の設計（DCモータの駆動）

① 図３の測定回路を参考に，図４の回路を結線する。

② $V_{CC}=12\,\mathrm{V}$ とし，モータＭがいったん回るまでベース電圧 V_B を調整する。その後，徐々に V_B を減少させ，モータＭが静止しないぎりぎりの電流（モータ始動時の I_B）を測定し，表２のように記録する。

③ $I_B=0\,\mathrm{A}$ からモータ始動時の I_B まで，徐々に I_B を増加させて，各 I_B における I_C と V_{CE} を測定し，表２のように記録する。

④ さらに I_B を増加させてモータを回転状態にする。その後，②で測定した電流値まで I_B を戻す。その値から再度 I_B を徐々に増加させて，各 I_B における I_C と V_{CE} を測定し，表２のように記録する。測定は，I_C がじゅうぶん飽和するまで続ける。

⑤ 表２より，I_C がじゅうぶんに飽和したときの I_B の値と，p.165のトランジスタの電気的特性から読み取った V_{BE} の値より，図５のトランジスタがオン状態になるために必要な抵抗 R_B の値を決め，スイッチング回路を設計する。

$$V_{CC}=R_BI_B+V_{BE} \tag{2}$$

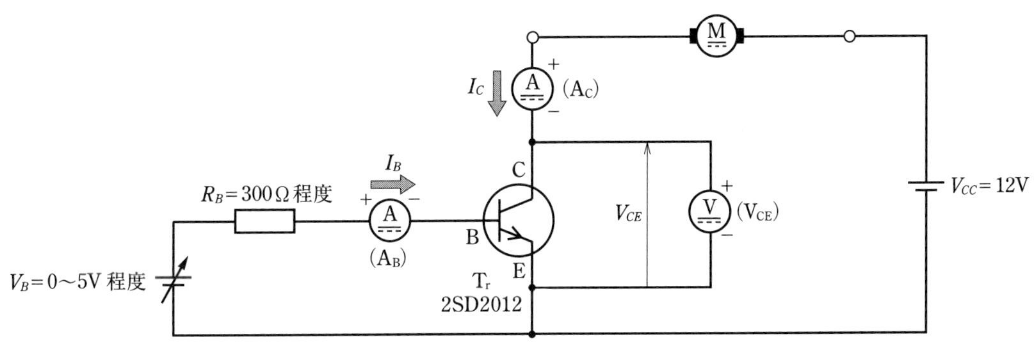

▲図４ DCモータのスイッチング回路

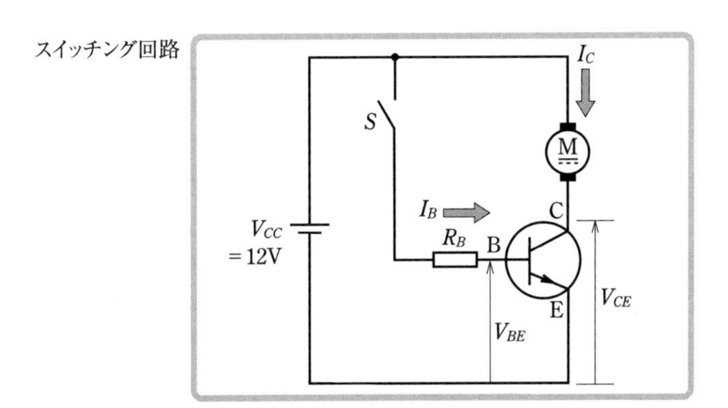

▲図５ DCモータ駆動のスイッチング回路

5 結果の整理

[1] 実験1 の測定結果を整理しなさい。

▼表1 トランジスタの動作点測定

使用トランジスタ 2SD2012 V_{CC} = 12.0 V, $R_C = R$ + 電流計内部抵抗 = 11.1 Ω

ベース電流 I_B [mA]	0	1.0	2.0	3.0	4.0	5.0	6.0	7.0	8.0	9.0	10
コレクタ電流 I_C [mA]	0	225	390	500	590	675	720	780	810	815	820
コレクタ-エミッタ間電圧 V_{CE} [V]	12.0	8.7	6.6	5.0	3.9	3.1	2.2	1.5	1.2	0.9	0.8

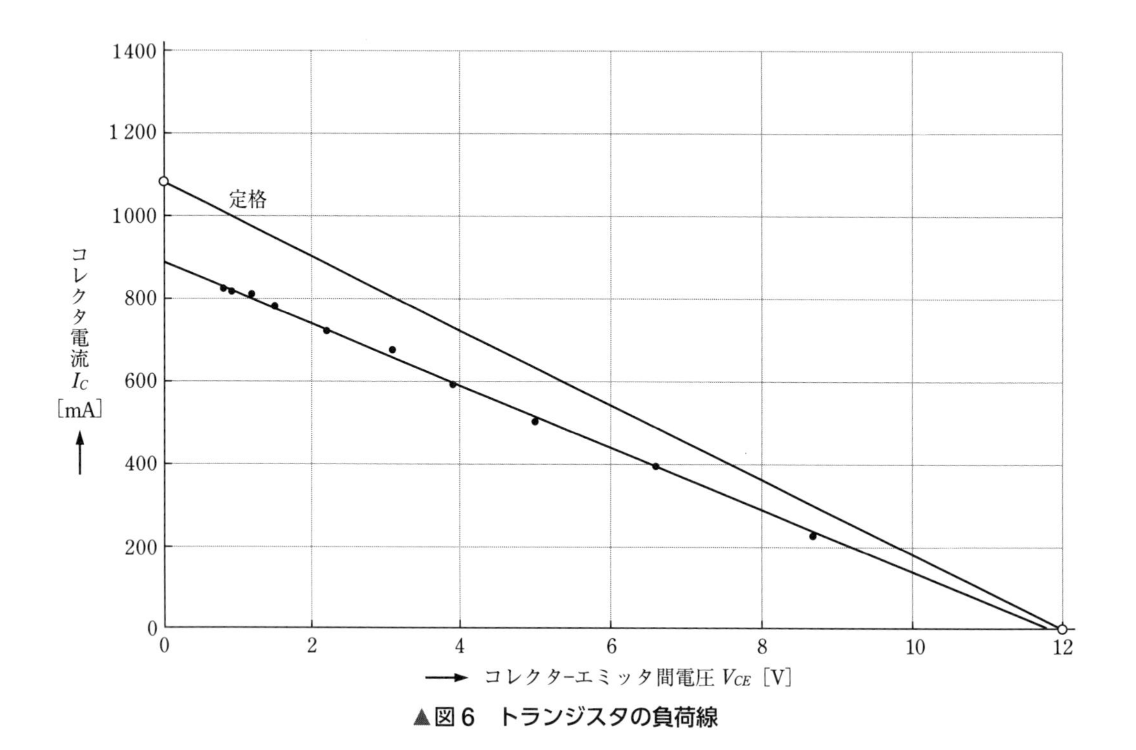

▲図6 トランジスタの負荷線

[2] 実験2 の測定結果を表2のように整理しなさい。

▼表2 モータの駆動電圧

モータ始動時の I_B = 0.22 mA

	回転停止状態						回転状態								
I_B [mA]	0.0	0.05	0.10	0.15	0.20	0.22	0.25	0.30	0.35	0.40	0.45	0.50	0.55	0.60	0.65
I_C [mA]	0.0	15.0	32.0	49.0	64.0	67.0	77.0	89.0	99.0	109	111	112	112	113	113
V_{CE} [V]	12.0	11.6	11.2	10.8	10.3	9.90	8.34	6.10	3.88	1.45	0.56	0.32	0.23	0.17	0.16

モータが回転状態において飽和したときのI_Bは，表2より0.65 mA，また，V_{BE}は表4の電気的特性より0.75V（代表値）である。式（2）より，R_Bは次のように求められる。

$$R_B = \frac{V_{CC} - V_{BE}}{I_B} = \frac{12 - 0.75}{0.6 \times 10^{-3}} = 17.3\,\mathrm{k\Omega}$$

参考資料

▼表3　トランジスタ（2SD2012）の定格

項目	記号	定格	単位
コレクタ-ベース間電圧	V_{CBO}	60	V
コレクタ-エミッタ間電圧	V_{CEO}	60	V
エミッタ-ベース間電圧	V_{EBO}	7	V
コレクタ電流	I_C	3	A
ベース電流	I_B	0.5	A

項目		記号	定格	単位
コレクタ損失	$T_a = 25$ ℃	P_C	2.0	W
	$T_c = 25$ ℃		25	
接合温度		T_j	150	℃
保存温度		T_{stg}	− 55 ~ 150	℃

▼表4　トランジスタ（2SD2012）の電気的特性

項目	記号	測定条件	最小	標準	最大	単位
コレクタ遮断電流	I_{CBO}	$V_{CB} = 60$ V，$I_E = 0$	−	−	100	μA
エミッタ遮断電流	I_{EBO}	$V_{EB} = 7$ V，$I_C = 0$	−	−	100	μA
コレクタ-エミッタ間降伏電圧	$V_{(BR)CEO}$	$I_C = 50$ mA，$I_B = 0$	60	−	−	V
直流電流増幅率	$h_{FE(1)}$	$V_{CE} = 5$ V，$I_C = 0.5$ A	100	−	320	
	$h_{FE(2)}$	$V_{CE} = 5$ V，$I_C = 2$ A	20	−	−	
コレクタ-エミッタ間飽和電圧	$V_{CE(sat)}$	$I_C = 2$ A，$I_B = 0.2$ A	−	0.4	1.0	V
ベース-エミッタ間電圧	V_{BE}	$V_{CE} = 5$ V，$I_C = 0.5$ A	−	0.75	1.0	V
トランジション周波数	f_T	$V_{CE} = 5$ V，$I_C = 0.5$ A	−	3	−	MHz
コレクタ出力容量	C_{ob}	$V_{CB} = 10$ V，$I_E = 0$，$f = 1$ MHz	−	35	−	pF

6 結果の検討

[1] 実験1 において，負荷線と測定結果にずれがある場合，その原因を考えてみよう。

[2] 実験2 の結果をトランジスタのI_C-V_{CE}特性のグラフにプロットし，負荷線を引いてみよう。また，モータの運転状態により，負荷線の傾きが変わる。この理由を考えてみよう。

[3] トランジスタでモータをスイッチングすると，ベース電流を増やしてもV_{CE}は0 Vにはならない。この電圧を何というか。また，測定したトランジスタの電圧を調べよう。

26 直流チョッパ回路

1 目的

入力した直流電圧を別の直流電圧に変換する装置をDC-DCコンバータといい，半導体スイッチを使った直流チョッパ回路が使われている。この実習では，直流降圧チョッパ回路，直流昇圧チョッパ回路，直流昇降圧チョッパ回路について，それぞれの出力電圧を測定し，各回路の動作を理解する。また，電子回路シミュレータを用いて上記3種類の直流チョッパ回路の動作を確認する。

2 使用機器

機器の名称	記号	定格など
トランジスタ	Tr	2SC1815L　60 V　150 mA
発光ダイオード	LED	OSYL5161A-QR　超高輝度黄色 LED
ダイオード	D	1N4148　汎用小信号高速スイッチング用
炭素皮膜抵抗	R_1	220 Ω　1/4 W　± 5%
炭素皮膜抵抗	R_2	1 kΩ　1/4 W　± 5%
インダクタ	L	220 μH　LI-8X10-221
コンデンサ	C_1	100 μF/16 V　立形電解コンデンサ
コンデンサ	C_2	10 μF/16 V　立形電解コンデンサ
直流電源装置	E	0 ~ 18 V
オシロスコープ	OS	
ファンクションジェネレータ	FG	方形波 1 Hz ~ 1 MHz，通流率可変，TTL 出力
ブレッドボード		EIC-801　84 × 54.3 × 8.5 mm
ジャンプワイヤキット		14 種類× 10 本
パソコン		一式
電子回路シミュレータソフトウェア		TINA-TI_JAPANESE (DesignSoft 社，テキサス・インスツルメンツ社)

この実習では，電子回路シミュレータを利用する。電子回路シミュレータは，CAD等で作成した電子回路を作成し，回路の動作をコンピュータ上で再現するソフトウェアである。画面上で各箇所の電圧や電流の値がわかり，グラフ表示もできる。実際の回路を製作するまえに，動作の確認だけでなく，設計期間の短縮や問題点の発見ができるので，広く利用されている。電子回路シミュレータは数社から販売されているが，ここでは日本語対

応で，しかも無料で利用できるTINA-TI_JAPANESE（DesignSoft社，テキサス・インスツルメンツ社）を例に取り上げる。

3 関係知識

1 直流チョッパ回路

直流回路において，入力電圧よりも低い電圧（降圧）や高い電圧（昇圧）を出力する回路を**直流チョッパ**という。直流チョッパは，トランジスタやFET等の半導体スイッチ素子によって入力電圧をオン・オフするチョップ部，ダイオード，インダクタ（コイル），コンデンサから構成される。インダクタには，電流を止めても流れ続けようとする性質があり，ダイオード，インダクタ，コンデンサの配置によって，直流電圧の降圧や昇圧を行うことができる。また，半導体スイッチのオンとオフの時間を変えることで，出力電圧の昇降圧（調整）ができる。

1 直流降圧チョッパ回路

図1に示すように，入力電圧より低い出力電圧をつくることができる回路を，**直流降圧チョッパ回路**という。トランジスタTrがオンのときは，端子V_i→トランジスタTr→インダクタL→抵抗R_2→LED→GNDの経路で電流が流れる。出力電圧V_oはV_iとLに生じる電圧の差になるため，V_iよりも低くなる。TrがオフのときはV_iからの電流は流れないが，Lは電流を流し続けようとするため，L→R_2→LED→ダイオードD→Lの経路で電流が流れる。このことから，Trのオンとオフを繰り返したときの出力電圧V_oの平均値は，入力電圧よりも小さくなる（降圧）。Cは，電圧の変動を一定に保つ働きがある。

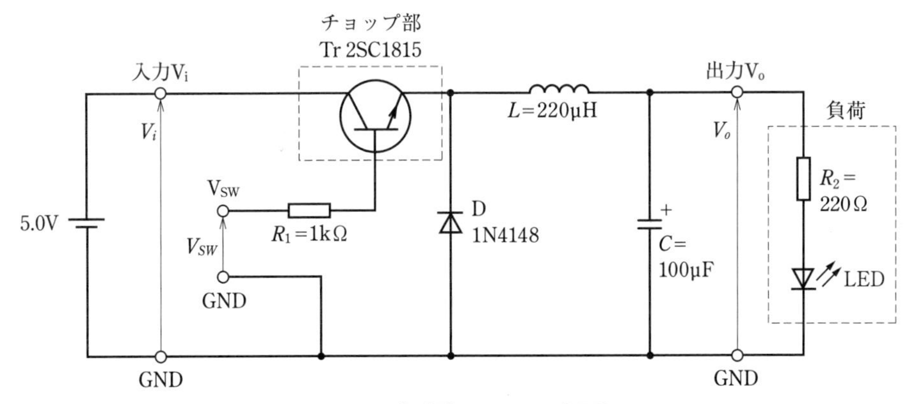

▲図1　直流降圧チョッパ回路

出力電圧V_oは，トランジスタのベース端子に加わる方形波V_{SW}のオン時間T_{ON}とオフ時間T_{OFF}，周期$T = T_{ON} + T_{OFF}$を用いて式(1)で表される。周期Tに対するオン時間T_{ON}の比$\alpha = \frac{T_{ON}}{T}$を**通流率**（**デューティ比**）といい，通流率αを変えることにより，電圧を調整できる。

式 (1) において，α は 1 より小さいため，出力電圧 V_o は入力電圧 V_i より小さくなる。

$$V_o = \frac{T_{ON}}{T_{ON} + T_{OFF}} V_i = \frac{T_{ON}}{T} V_i = \alpha V_i \text{ [V]} \qquad (0 \leqq \alpha \leqq 1) \tag{1}$$

2　直流昇圧チョッパ回路

図 2 に示すように，入力電圧より高い出力電圧をつくることができる回路を，**直流昇圧チョッパ回路**という。トランジスタ Tr がオンのときは，端子 V_i → インダクタ L → Tr → GND の経路で電流が流れる。Tr がオフのときは，L は電流を流し続けようとするので L → ダイオード D → 抵抗 R_2 → LED → GND となる。ここで L と V_i に生じる電圧が同じ極性であるため，Tr のオンとオフを繰り返したときの出力電圧 V_o の平均値は，入力電圧よりも高くなる (昇圧)。C は電圧の変動を一定に保つ働きがある。

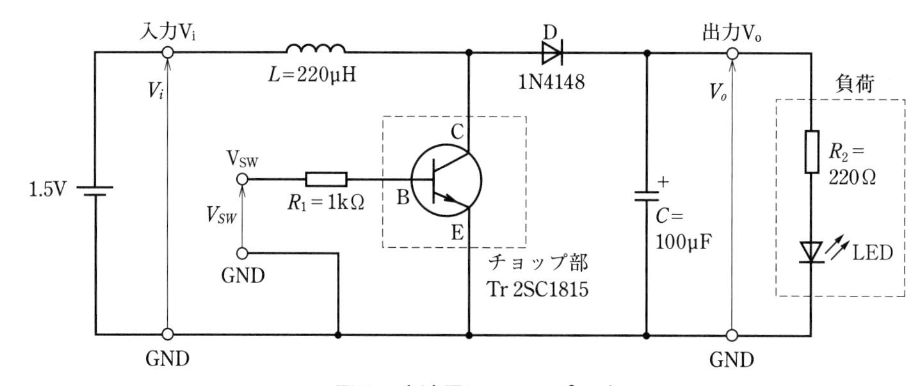

▲図 2　直流昇圧チョッパ回路

出力電圧 V_o は式 (2) で表される。$\dfrac{1}{1-\alpha}$ は 1 より大きくなるため，出力電圧 V_o は入力電圧 V_i より大きくなる。

$$V_o = \frac{T_{ON} + T_{OFF}}{T_{OFF}} V_i = \frac{T}{T_{OFF}} V_i = \frac{1}{1-\alpha} V_i \text{ [V]} \qquad (0 \leqq \alpha < 1) \tag{2}$$

3　直流昇降圧チョッパ回路

図 3 のように，直流昇圧チョッパと直流降圧チョッパの機能をあわせもつ直流変換回路を，**直流昇降圧チョッパ回路**という。トランジスタ Tr がオンのときは，端子 V_i → Tr → インダクタ L → GND の経路で電流が流れる。Tr がオフのときは，L は電流を流し続けようとするので，L → 抵抗 R_2 → LED → ダイオード D → L の経路で電流が流れる。Tr のオンとオフを繰り返したときの出力電圧 V_o の平均値は，トランジスタ Tr のオン時間 (T_{ON}) とオフ時間 (T_{OFF}) の割合によって，高くなったり低くなったりする (昇降圧)。C は，電圧の変動を一定に保つ働きがある。

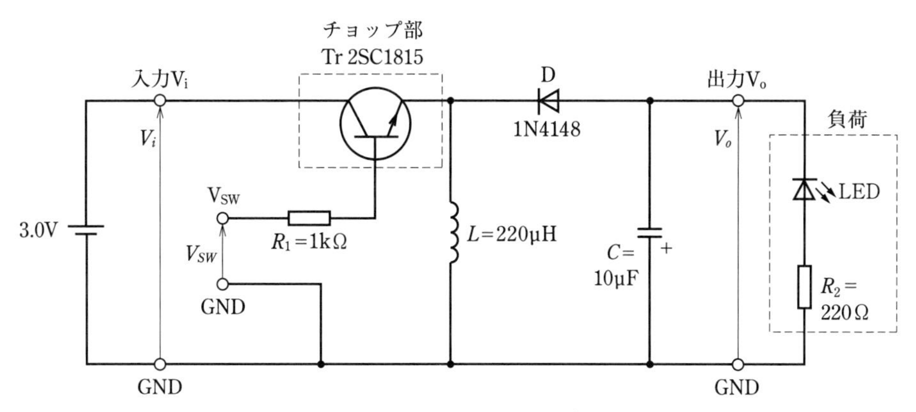

▲図３　直流昇降圧チョッパ回路

出力電圧 V_o は，式 (3) で表される。通流率 α を変えることによって，出力電圧 V_o を，入力電圧 V_i より小さくも大きくもできる。このときの出力電圧は，入力電圧に対して逆極性になる。

$$V_o = \frac{T_{ON}}{T_{OFF}} V_i = \frac{\alpha}{1-\alpha} V_i \ [\mathrm{V}] \qquad \begin{matrix} (0 \leqq \alpha < 0.5 \quad 降圧) \\ (0.5 \leqq \alpha < 1 \quad 昇圧) \end{matrix} \qquad (3)$$

2 電子回路シミュレータ

電子回路シミュレータは回路図をもとに，数値計算によって電気的な性質を調べることができる。一般的な電子回路シミュレータは，次の順番で操作する。

①回路図を作成　　②部品定数を決定

③シミュレーション条件を決定　　④シミュレーションを実行

⑤電圧や電流等の測定箇所を決定　　⑥測定結果をグラフに表示

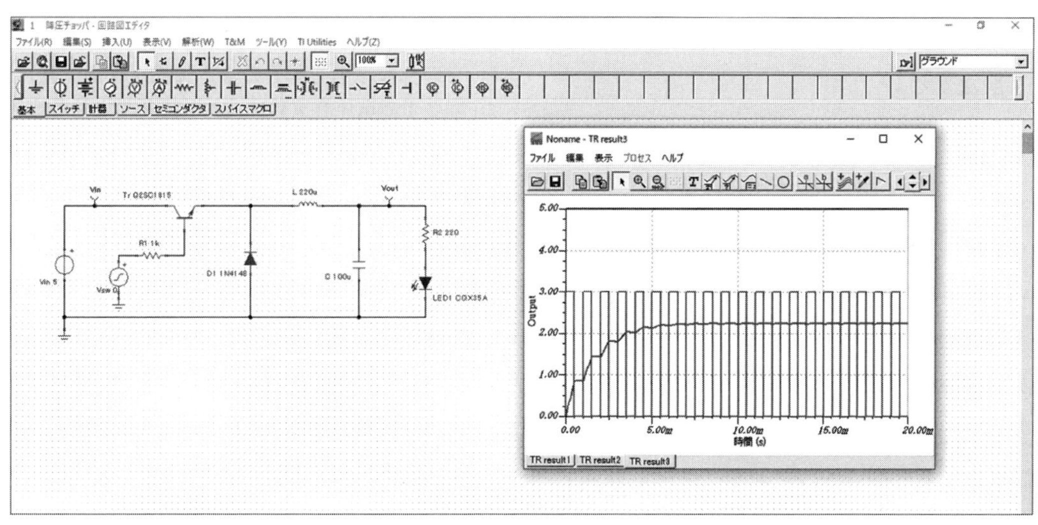

▲図４　直流昇降圧チョッパ回路のシミュレーション例

4 実験

実験1 直流降圧チョッパの実験

① 図1の直流降圧チョッパの回路を，ブレッドボードを利用して結線する。

② 入力電圧 V_i を5Vにし，ファンクションジェネレータFGから0V基準で＋3V，周波数1kHz，通流率50%の方形波をトランジスタの V_{SW} 端子に加える。

③ オシロスコープOSで出力電圧 V_o の波形を観測し，出力電圧を測定して表1のように記録する。

実験2 直流昇圧チョッパの実験

① 図2の直流昇圧チョッパの回路を，ブレッドボードを利用して結線する。

② 入力電圧 V_i を1.5Vにし，ファンクションジェネレータFGから0V基準で＋1.5V，周波数1kHz，通流率50%の方形波をトランジスタの V_{SW} 端子に加える。

③ 実験1 と同様に出力電圧の波形の観測とその値の測定を行い，表2のように記録する。

実験3 直流昇降圧チョッパの実験

① 図3の直流昇降圧チョッパの回路を，ブレッドボードを利用して結線する。出力電圧が入力電圧に対して逆極性になるためLED，コンデンサの極性に注意する。

② 入力電圧 V_i を3Vにし，ファンクションジェネレータFGから0V基準で＋2V，周波数1kHz，通流率50%の方形波をトランジスタの V_{SW} 端子に加える。

③ 実験1 と同様に出力電圧の波形の観測とその値の測定を行い，表3のように記録する。

実験4 直流降圧チョッパの電子回路シミュレーション

① 図1の直流降圧チョッパ回路を作図し，実験1 のシミュレーション条件を設定する。

② 過渡解析シミュレーションを50msで実行し，出力電圧を求める。

③ 実験1 の出力電圧とシミュレーションの出力電圧を比較し，表4のように記録する。

④ 回路図，V_i，V_o グラフを図4のように配置し，印刷する。

注意 トランジスタをオン・オフさせる1kHzの方形波 V_{SW} は，シグナル・エディタの一般波形を図5のように設定する。振幅＃1の電圧を実験に合わせて変化させる。

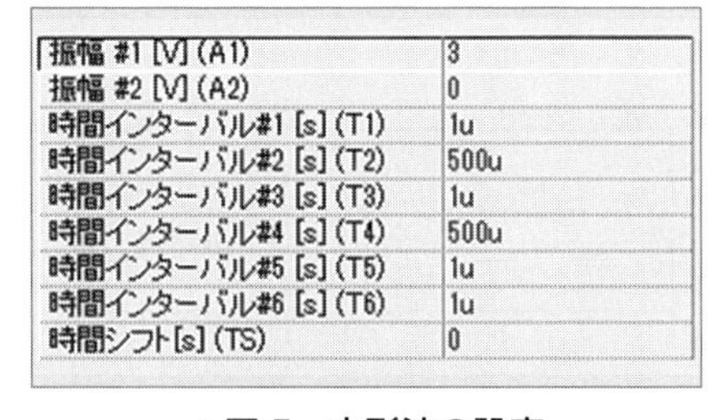

振幅 #1 [V] (A1)	3
振幅 #2 [V] (A2)	0
時間インターバル#1 [s] (T1)	1u
時間インターバル#2 [s] (T2)	500u
時間インターバル#3 [s] (T3)	1u
時間インターバル#4 [s] (T4)	500u
時間インターバル#5 [s] (T5)	1u
時間インターバル#6 [s] (T6)	1u
時間シフト[s] (TS)	0

▲図5 方形波の設定

実験5 直流昇圧チョッパの電子回路シミュレーション

① 図2の直流昇圧チョッパ回路を作図し，実験2 のシミュレーション条件を設定する。

② 過渡解析シミュレーションを50msで実行し，出力電圧を求める。

③ 実験2 の出力電圧とシミュレーションの出力電圧を比較し，表5のように記録する。

④ 回路図，V_i，V_o グラフを図4のように配置し，印刷する。

実験6 直流昇降圧チョッパの電子回路シミュレーション

① 図3の直流昇降圧チョッパ回路を作図し，実験3 のシミュレーション条件を設定する。

② 過渡解析シミュレーションを 50 ms で実行し，出力電圧を求める。

③ 実験3 の出力電圧とシミュレーションの出力電圧を比較し，表6のように記録する。

④ 回路図，V_i，V_o グラフを図4のように配置し，印刷する。

5 結果の整理

[1] 実験1 の測定結果を整理しなさい。

▼表1 直流降圧チョッパの実験

$V_{SW}=3$ V，$f=1$ kHz，$\alpha=50$%

入力電圧 V_i [V]	出力電圧 V_o [V]	α	式(1)の理論値 [V]
5.0	2.2	0.5	2.5

[2] 実験2 の測定結果を整理しなさい。

▼表2 直流昇圧チョッパの実験

$V_{SW}=1.5$ V，$f=1$ kHz，$\alpha=50$%

入力電圧 V_i [V]	出力電圧 V_o [V]	$\frac{1}{1-\alpha}$	式(2)の理論値 [V]
1.5	1.9	2	3.0

[3] 実験3 の測定結果を整理しなさい。

▼表3 直流昇降圧チョッパの実験

$V_{SW}=2$ V，$f=1$ kHz，$\alpha=50$%

入力電圧 V_i [V]	出力電圧 V_o [V]	$\frac{\alpha}{1-\alpha}$	式(3)の理論値 [V]
3.0	−1.1	1	−3.0

[4] 実験4 の測定結果を整理しなさい。

▼表4 直流降圧チョッパの電子回路シミュレーション 過渡解析時間 50 ms

	実験1の V_o [V]	シミュレーション値 [V]
出力電圧 V_o [V]	2.2	2.2

[5] 実験5 の測定結果を整理しなさい。

▼表5 直流昇圧チョッパの電子回路シミュレーション

過渡解析時間 50 ms

	実験2の V_o [V]	シミュレーション値 [V]
出力電圧 V_o [V]	1.9	1.8

[6] 実験6 の測定結果を整理しなさい。

▼表6 直流昇降圧チョッパの電子回路シミュレーション

過渡解析時間 50 ms

	実験3の V_o [V]	シミュレーション値 [V]
出力電圧 V_o [V]	−1.1	−1.1

6 結果の検討

[1] 直流チョッパ回路はどのような機器で利用されているか調べてみよう。

[2] 直流昇降圧チョッパ回路では入力電圧に対して逆極性の電圧が発生する。なぜ発生するのか考えてみよう。

27 PWMによる電圧制御

1 目的

パルス幅変調（PWM：Pulse Width Modulation）は，パルス波の周期を一定に保ち，パルス幅を時間的に変化させることで，出力電圧を調整する方法である。FETをパルス幅変調で動作させると，オン時間の割合，つまり通流率（デューティ比）によって出力電圧の平均値を調整できる。▶p.167 この実習では，FETスイッチング回路でパルス幅変調による電圧制御を行い，小形直流モータの回転数が変化することを確認する。

2 使用機器

機器の名称	記号	定格など
電界効果トランジスタ	FET	2SK4017　nチャネルパワーMOSFET
ダイオード	D_1	1N4148　汎用小信号高速スイッチング用
ダイオード	D_2	1N4007　汎用整流用
炭素皮膜抵抗	R_1	100 kΩ　±5%　1/4 W
炭素皮膜抵抗	R_2	10 Ω　±5%　1/4 W
小形直流モータ（固定金具付き）	M	定格DC3V　無負荷時9500 rpm　0.12 A
プーリ		20 mmプーリ
回転計		光学式，反射シール付属
ユニバーサルプレートセット		モータ固定用，ビス・ナット付属
電池ボックス	E	単3乾電池1本用（乾電池付き）
ファンクションジェネレータ	FG	TTL出力　通流率可変機能付き
直流電圧計	V_{PWM}	3 V　アナログ式
ブレッドボード		EIC-801　84 × 54.3 × 8.5 mm
ジャンプワイヤキット		14種類× 10本

3 関係知識

1 nチャネルパワーMOSFETによるスイッチング

エンハンスメント型nチャネルパワーMOSFETは，図1(a)のようにゲート-ソース間にしきい値電圧 V_{th} 以上の電圧を加えると，ドレーン-ソース間がオン状態となり，この間に電流が流れる。しかし，ゲート電圧がなくなると，ドレーン-ソース間がオフ状態となり電流は流れない。このような動作は，ドレーンとソースが機械的なスイッチの役割に相当し，ゲート－ソース間電圧によってオン･オフの状態をつくれるため，マイクロコンピュータなどからの小さな電圧でも，モータなど大電流を扱う機器のスイッチングを行うことができる。

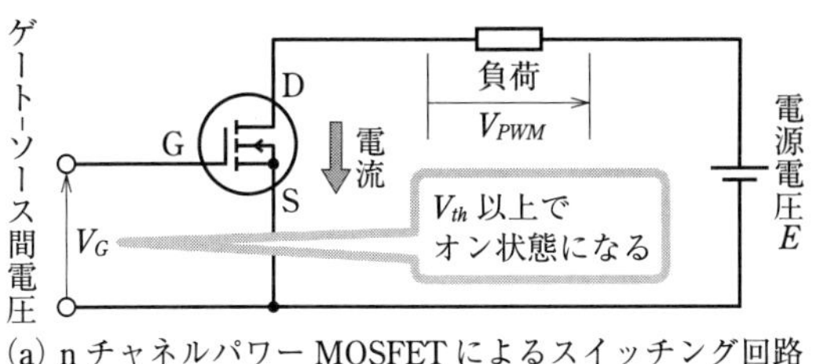

(a) nチャネルパワーMOSFETによるスイッチング回路

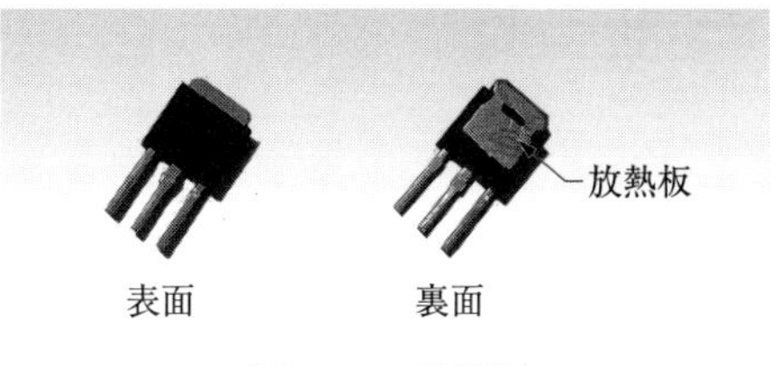

(b) FETの外観例

▲図1　FETの例

2 PWMによる電圧制御

nチャネルパワーMOSFETを用いてPWMを行うと，ゲートに図2のような方形波パルスが加えられる。方形波の繰り返しの基本になる時間を周期 T といい，$T = T_{ON} + T_{OFF}$ となる。方形波の電圧 V_G が V_{th} 以上になるとFETがオン状態になり，V_G が0Vのときにオフ状態になる。

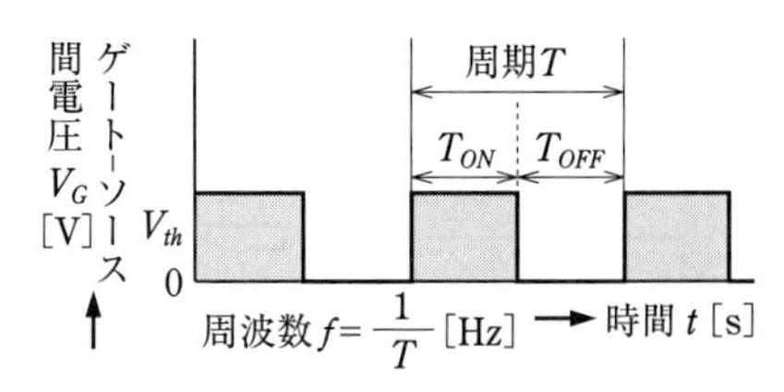

▲図2　方形波の周期

図3のような方形波パルスの周期 T に対して，オン時間 T_{ON} の割合を**通流率 α（デューティ比）**といい，式(1)で表される。

$$\alpha = \frac{T_{ON}}{T} = \frac{T_{ON}}{T_{ON} + T_{OFF}} \tag{1}$$

通流率 α が小さいときは，周期 T に対しオン時間 T_{ON} が小さいので，出力電圧の平均値 V_o が小さい。一方，通流率 α が大きいときは，周期 T に対しオン時間 T_{ON} が大きいので，出力電圧の平均値 V_o が大きい。

PWMによる出力電圧 V_{PWM} の平均値 V_o は，スイッチング回路の電源電圧を E，通流率を α とすると，式(2)で表される。

$$V_o = \frac{T_{ON}}{T} E = \alpha E \ [\mathrm{V}] \tag{2}$$

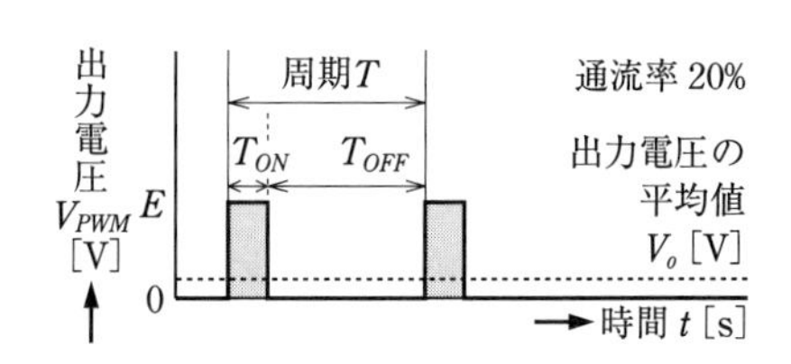

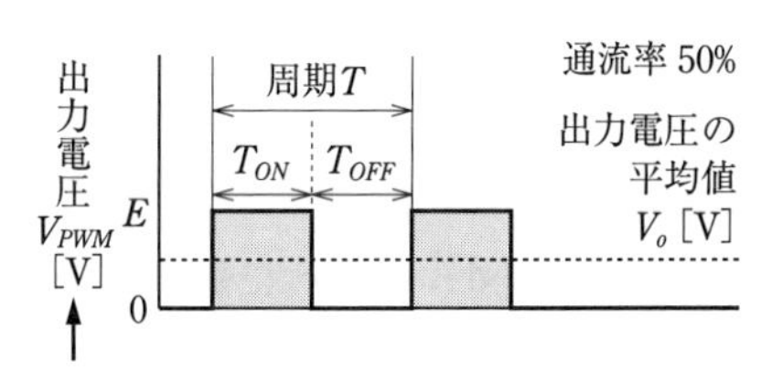

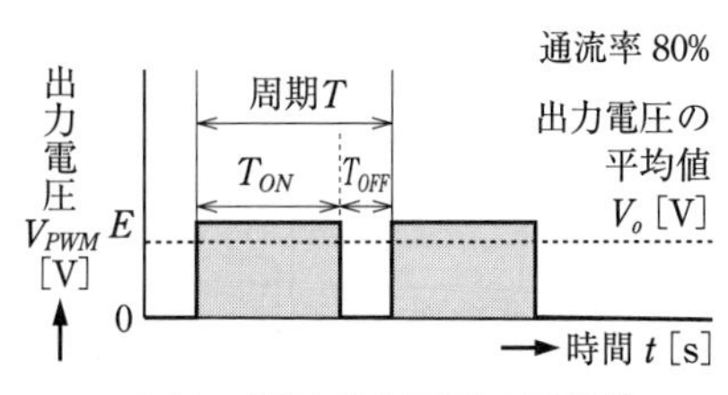

▲図3　通流率と電圧の平均値

4 実験

準備　スイッチング回路の組み立て

① 図4のように，ユニバーサルプレートとアングル材を用いてモータの固定台を製作し，モータを接続する。モータにプーリを差し込み，回転数測定用の反射テープを取りつける。

プレートを切断する。　アングル材を取りつける。　モータを取りつける。

▲図4　モータの固定台の製作

② 図5の回路を，ブレッドボードを利用して結線する。

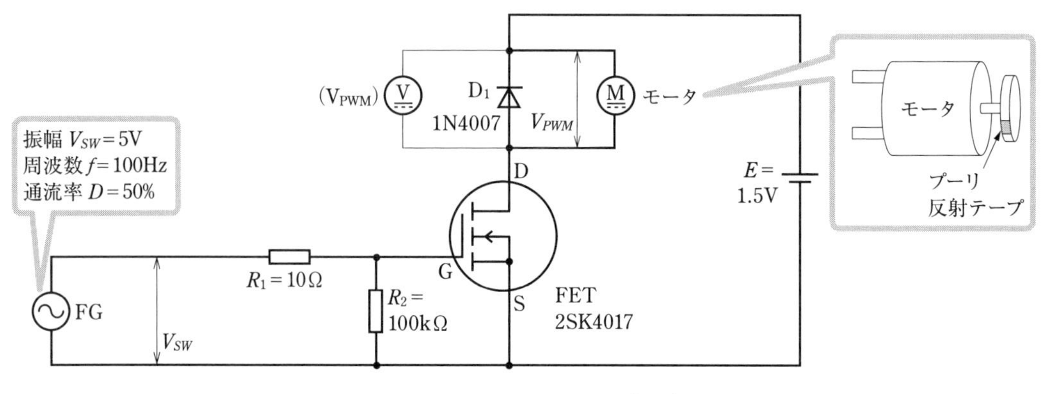

▲図5　FET スイッチング回路

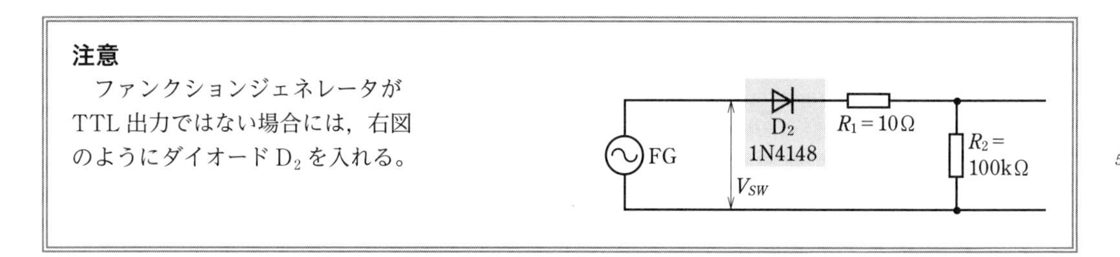

注意

ファンクションジェネレータがTTL出力ではない場合には，右図のようにダイオード D_2 を入れる。

③ 計器を図6のように結線する。

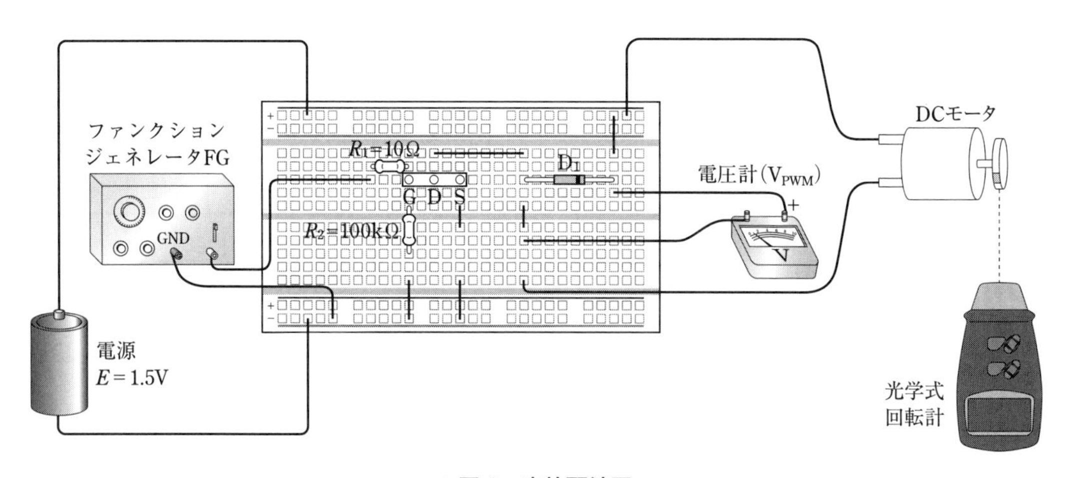

▲図6　実体配線図

注意
・FETは静電気に弱く，人体の静電気で破損することがあるため，取り扱いに注意する。
・モータは高速回転するため，モータ本体の固定やプーリの取付けをしっかりと行う。とくに回転時に，反射テープがはがれないよう注意する。

実験1 通流率とDCモータの回転速度

① 準備 で用意した回路のファンクションジェネレータから，0Vを基準に+5V，周波数100Hz，通流率50%の方形波 V_{SW} をFETに加える。モータの電源電圧 E は1.5Vとする。

② 単三乾電池を電池ボックスに入れると，モータが回転する。このときのモータの回転速度 n [min^{-1}]と出力電圧 V_{PWM} [V]を測定し，表1のように記録する。

③ 通流率 α を0.2～0.8まで0.1おきに変化させ，そのつど回転速度と出力電圧を測定し，表1のように記録する。

5 結果の整理

[1] 実験1 の結果を表1のように整理しなさい。

[2] 表1の結果から，図7，8のような通流率のグラフを描きなさい。

▼表1 通流率と回転速度の関係

V_{SW} = +5V，モータ電源電圧 E = 1.5V

周波数 f [Hz]	通流率 α	回転速度 n [min^{-1}]	出力電圧 V_{PWM} [V]
100	0.2	0	0.20
	0.3	1000	0.67
	0.4	1845	0.85
	0.5	2401	1.04
	0.6	2687	1.16
	0.7	2998	1.25
	0.8	3205	1.32

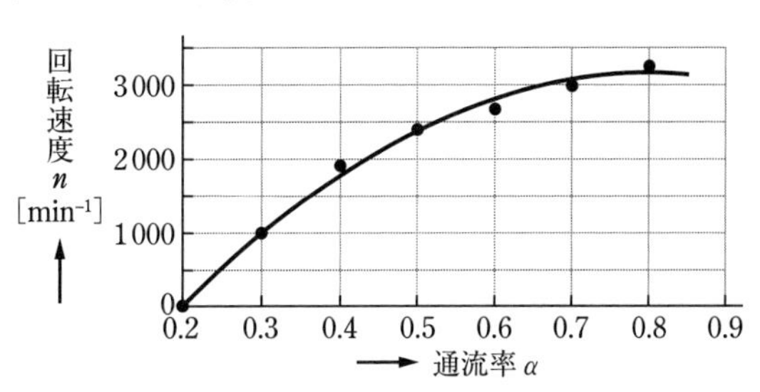

▲図7 通流率と回転速度の関係

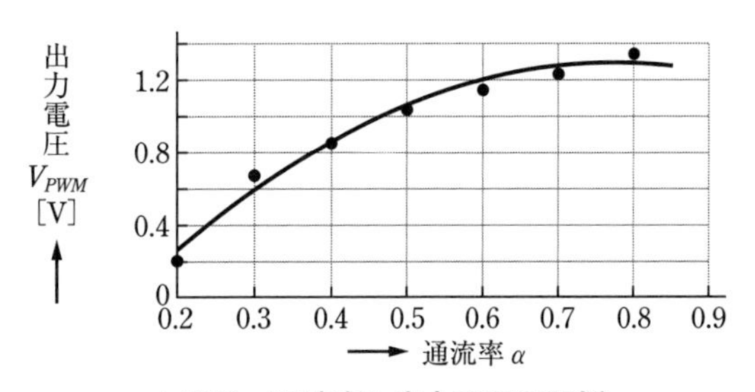

▲図8 通流率と出力電圧の関係

6 結果の検討

[1] 半導体スイッチはFETのほかに何があるか。それぞれの長所や短所を調べてみよう。

[2] FETスイッチ回路でモータを回転させる場合に，モータの電気的な性質から保護回路が必要になる場合がある。どのような保護回路が必要になるのか調べてみよう。

電力制御編

28 インバータの特性

1 目的

直流から交流へ電力変換する装置であるインバータについて，電力変換回路の動作原理を学習し，負荷特性と電力変換効率について理解を深める。

2 使用機器

機器の名称	記号	定格など
DC-AC インバータ実習回路 おもな構成部品 n チャネル MOSFET 変圧器		 TK40A06N1 ($V_{DSS}=60$ V，$I_D=40$ A) R1-242 (110 V-100 V-0/24 V-20 V-15 V-12 V-0，2 A)
電球負荷	$L_1 \sim L_4$	10W 形，100 V 電球 4 個
直流電流計	A_i	3/10 A，0.5 級
直流電圧計	V_i	30 V，0.5 級
オシロスコープ	OS	2 チャネルデジタルオシロスコープ
電子電圧計	V_o	交直両用 150 V
直流安定化電源	E	12 V，3 A

3 関係知識

1 インバータ

交流から直流に変換する回路を**順変換回路**といい，逆に直流を交流に変換する回路を**逆変換回路**という。逆変換回路によって低周波交流を発生させ，これを変圧器などで昇圧・降圧して,必要とする交流電源を得る直流-交流変換装置を**インバータ**とよぶ。インバータに要求される性能は，(1) 変換効率が高いこと，(2) 出力の安定性がよいことなどである。

2 インバータの動作原理

図 1 (a)は，スイッチを二つ用いたインバータの原理図である。スイッチ S_1 と S_2 が交互にオンとオフを繰り返すことで，電流 I_{1a} と I_{1b} が交互に変圧器の一次巻線 L_{1a} と L_{1b} (低圧側) へ流れる。L_{1a} と L_{1b} に流れる電流の向きをたがいに逆にすることで，発生する誘導起電力の向きもたがいに逆となる。これにより，変圧器の二次巻線 L_2 (高圧側) の出力端子には，図 1 (a)のような方形波の交流電圧 v_o (最大値 V_{oa} と V_{ob}) が発生する。

図 1 (b)は，スイッチを 4 個用いた場合の回路である。一次巻線 L_1 には，S_1 と S_2 を入

れると I_{1a} が，S_3 と S_4 を入れると I_{1b} がそれぞれ逆向きに流れ，誘導起電力が発生する。これにより，変圧器の二次側巻線 L_2 には，方形波の交流電圧 v_o（最大値 V_{oa}，V_{ob}）が発生する。

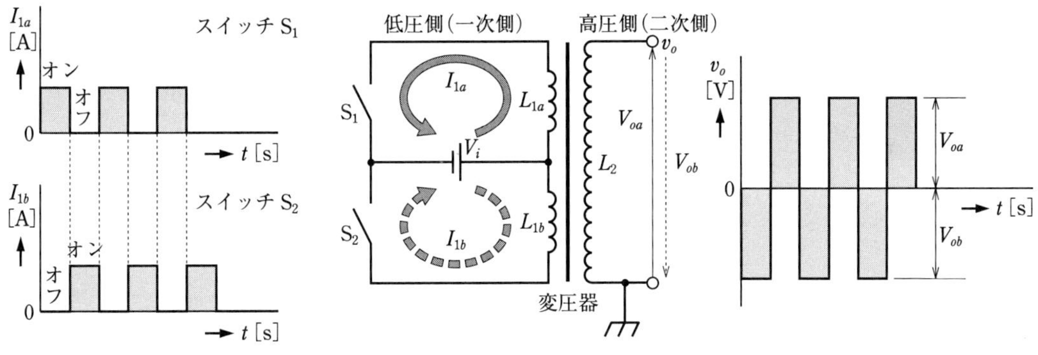

(a) 二つのスイッチによるスイッチング回路

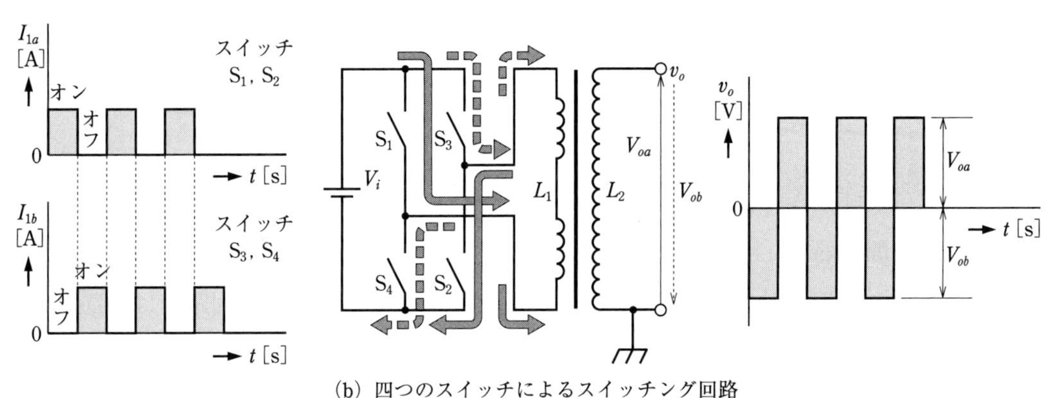

(b) 四つのスイッチによるスイッチング回路

▲図１　スイッチを用いたインバータの原理図

図２は，図１のスイッチのかわりに n チャネル MOSFET（以後，たんに FET とよぶ）を用いたインバータ回路の原理図である。出力電圧 v_o の周波数 f は，FET のスイッチング周期によって決まる。図３は，FET のオンとオフを制御するためにマイコンボードを使用した，インバータの回路図である。

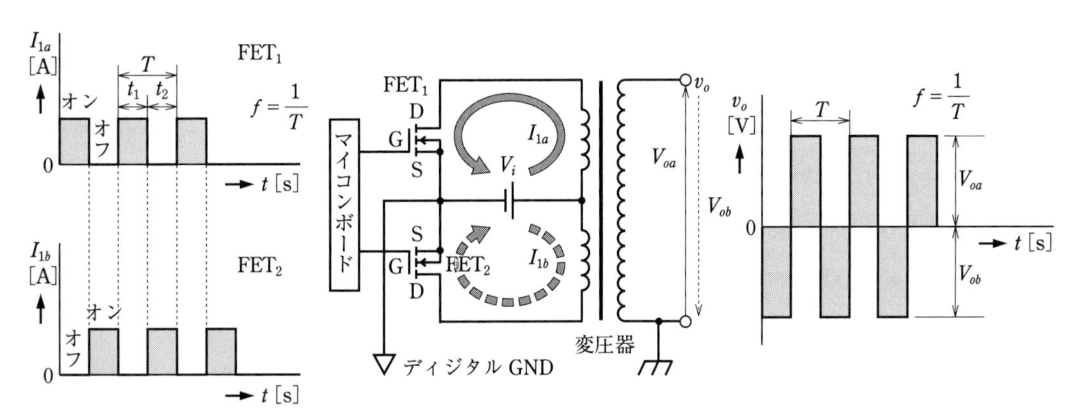

▲図２　FET によるインバータ回路

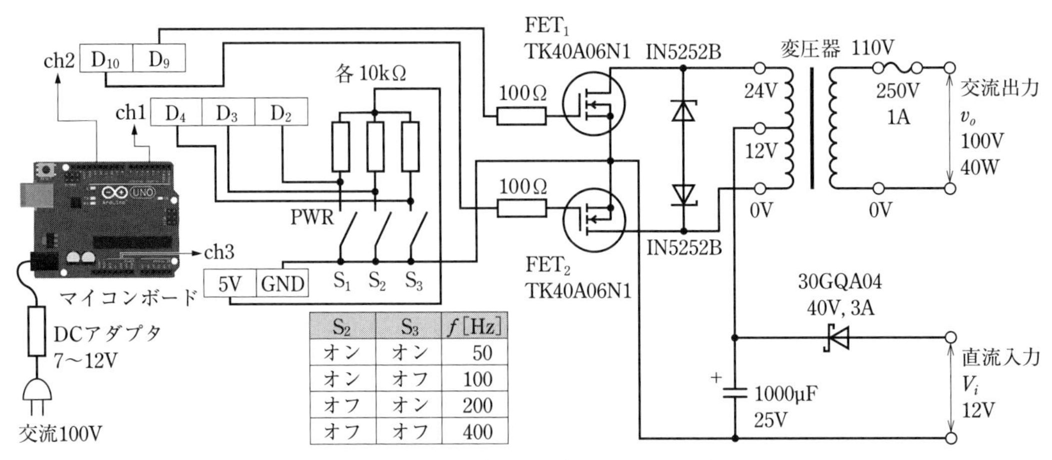

S_2	S_3	f[Hz]
オン	オン	50
オン	オフ	100
オフ	オン	200
オフ	オフ	400

▲図3　インバータ回路（100 V，40 W）

3 方形波の生成方法

FET_1 と FET_2 のゲート駆動信号として与える方形波パルスを生成するには，図3のようにマイコンを用いる方法がある。この実習では，マイコンの「Arduino UNO」を用いる。

方形波は，「H」(5 V) と「L」(0V) の周期的な繰り返しである。そこで，マイコンによって一定時間間隔で「H」と「L」を交互に出力し，FET_1，FET_2 のゲート端子に加える。マイコンにはディジタル信号を入出力できる端子があり，図3の回路では，D_9 端子を FET_1，D_{10} 端子を FET_2 のゲート駆動信号出力にそれぞれ用いている。

図2のように，二つのFETを交互にスイッチングするためには，オン時間とオフ時間を交流出力の周波数に合わせる必要がある。たとえば，50 Hz の場合，周期 T は 20 ms であるため，10 ms ごとに FET_1 と FET_2 を切り換えればよい。プログラムの基本的な流れを以下に示す。

① Arduino UNO のディジタル端子 D_9 と D_{10} を出力端子に設定する。

② D_9 端子 (FET_1 のゲート駆動端子) を「H」，D_{10} 端子 (FET_2 のゲート駆動端子) を「L」にし，$t_1 = 10$ ms の間，その状態を保持する。

③ D_9 端子を「L」，D_{10} 端子を「H」にし，$t_2 = 10$ ms の間，その状態を保持する。

以降，②と③を繰り返して実行すればよい。周波数を変更する場合は，周期（周波数）に応じて，t_1 と t_2 の時間を変更すればよい。

この実習では，周波数によって電力変換効率がどのように変化するかを調べるため，50 Hz，100 Hz，200 Hz，400 Hz の4種類の周波数を，スイッチ S_2，S_3 で切り換えられるようにしている。スイッチ S_2 と S_3 は，Arduino UNO のディジタル端子 D_3 と D_4（どちらも入力に設定）に接続し，スイッチの状態により周波数ごとのプログラムを切り換えられるようにしている。

4 正弦波と方形波の違い

わたしたちの家庭で使われている交流電源は，図4に示すような正弦波交流である。正弦波交流の場合，電圧や電流を測定する可動コイル形の計器は，平均値を指示する。しかし，平均値を使ってオームの法則に基づいた交流回路の計算を行うと，直流回路における値と一致しない。このような矛盾が起こらないように，交流の場合には**実効値**というくふうされた値を用いて計算を行う。交流を測定する計器の目盛には，実効値を読み取ることができるように，平均値を1.11倍した値が書かれている。ただし，方形波では最大値と平均値が等しいため，交流計器で測定すると1.11倍高い値を読み取ることになる。よって，波形の違いによる実効値の違いが機器に与える影響には，注意が必要である。

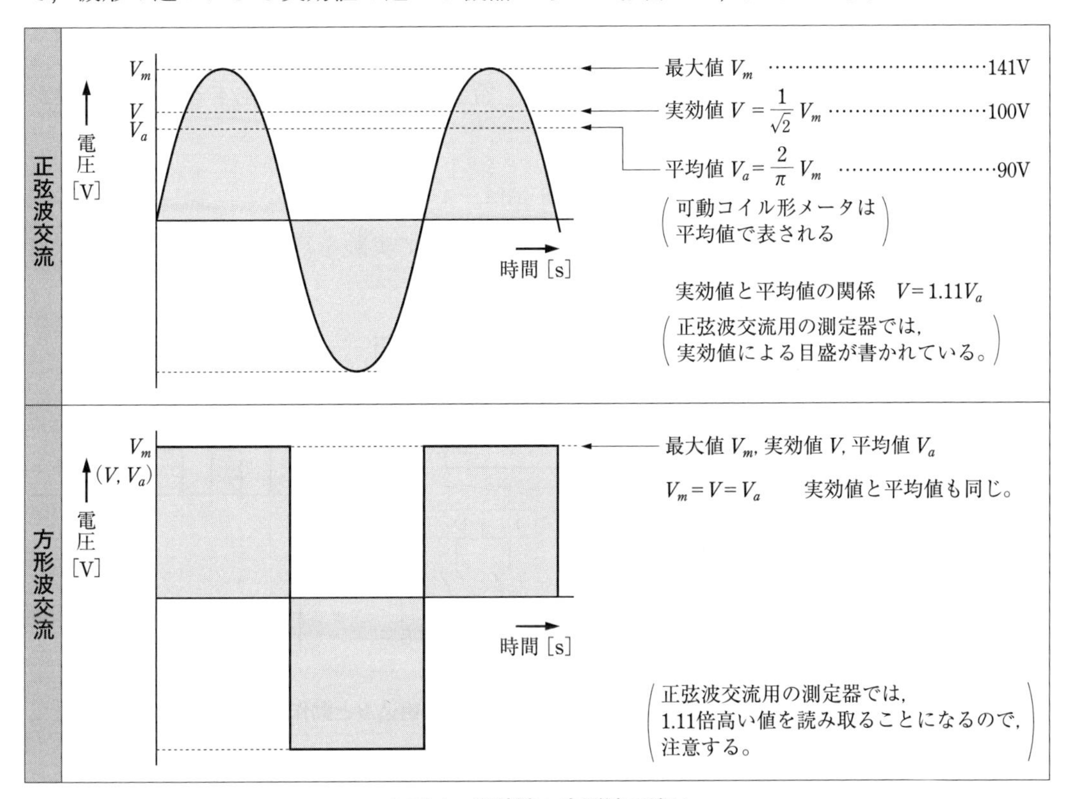

▲図4　正弦波と方形波の違い

4 実験

実験1　Arduinoからの出力波形の確認

① 図5のように，パソコンとマイコンボード（Arduino UNO）を用意する。

＊あらかじめ，パソコンにプログラム開発統合環境ソフト「Arduino IDE」をインストールしておく。

② パソコンとマイコンボードをUSBケーブルで接続する。

③ パソコン上でArduino IDEを立ち上げ，プログラムを作成する。

プログラムよる設定内容

1) スイッチ S_1 ～ S_3 を接続するディジタル端子 D_2, D_3, D_4 を「入力」に設定する。
2) FET_1 と FET_2 のゲート駆動信号を出力するディジタル端子 D_9, D_{10} を「出力」に設定する。
3) p.178 関係知識 3 を参考に，方形波パルスを出力するためのプログラムを作成する。
4) スイッチ S_1 と S_2 によって 4 種類の周波数 (50 Hz，100 Hz，200 Hz，400 Hz) が切り換えられるようにしておく。

④ 完成したプログラムをマイコンに書き込み，ディジタル出力端子 D_9，D_{10} をインバータ回路の FET_1 と FET_2 のゲート端子に接続する。

⑤ スイッチ S_1 をオン状態にして，D_9，D_{10} 端子からゲート駆動電圧 V_a，V_b が交互に出力されていることを，オシロスコープで確認する。

⑥ スイッチ S_2，S_3 を切り換えることにより，希望する周波数に変化することを，オシロスコープで確認する。

＊周波数値を微調整するさいは，プログラムの INTERVAL1 ～ 4 の数値を変更する。

⑦ プログラムを書き込んだ後，パソコンを切り離して実験を行う場合は，マイコンに DC アダプタを接続して電源を供給する。

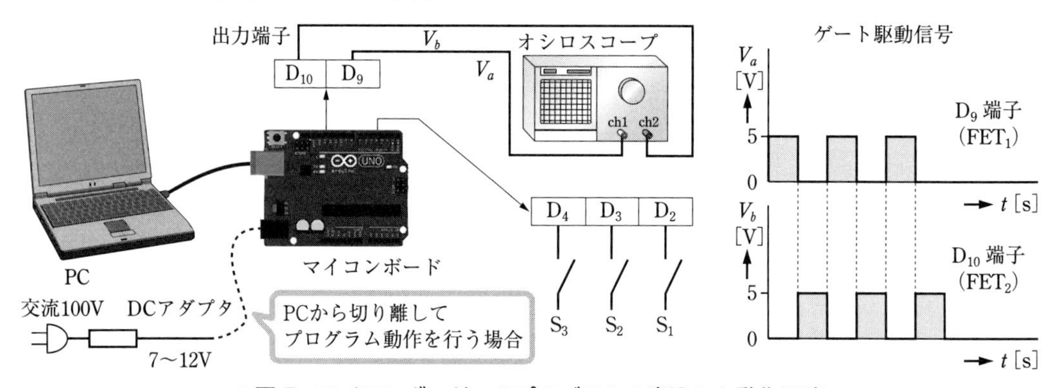

▲図 5 マイコンボードへのプログラムの書込みと動作回路

実験 2 インバータの電力変換効率の測定

① 図 6 のように，各機器を結線する。

② インバータの出力周波数を 50 Hz に設定した後，直流安定化電源を入れる。

③ 電球負荷を 10 W から 40 W まで変化させ，入力側の直流電圧計 V_i の値 V_i，直流電流計 A_i の値 I_i，出力側の出力電圧 (電圧波形の最大値) V_o，出力電流* (抵抗 R_s の電圧波形の最大値) I_o をオシロスコープでそれぞれ測定し，表 1 のように記録する。このとき，**波形の最大値は右下がりとなるので，中間部分で測定する**。また，直流安定化電源の入力電圧は，つねに 12.0 V 一定になるよう調節する。

＊出力電流の最大値 I_o は，電流検出抵抗 R_s (1 Ω，5 W) の電圧波形から $I_o = \frac{V_o}{R_s}$ を用いて読み取る。

④　周波数を 100 Hz，200 Hz，400 Hz に設定し，周波数ごとに③を繰り返す。

⑤　測定が終わったら，入力電力 P_i，出力電力 P_o，電力変換効率 η をそれぞれ計算し，表 1 を完成させる。

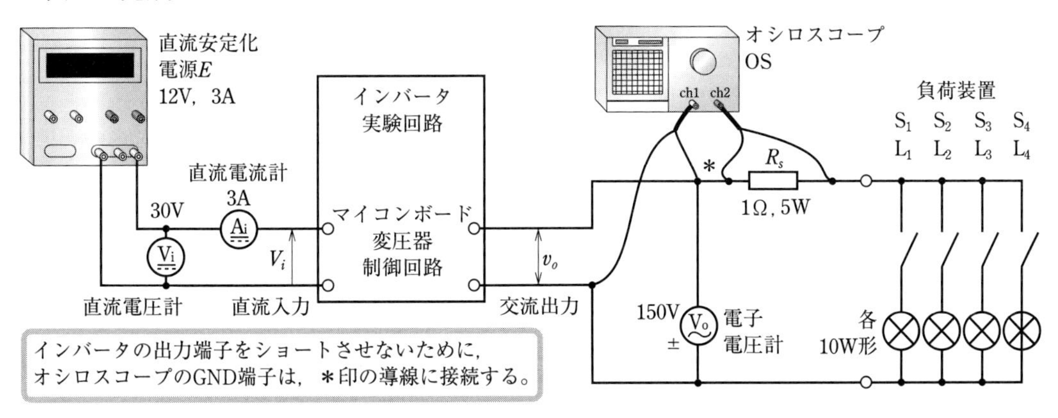

▲図 6　インバータの電力変換効率測定の動作回路

5

実験 3　正弦波と方形波の実効値

①　実験 2 の回路において，インバータの動作周波数を 100 Hz に設定する。

②　電球負荷を 10 W から 40 W まで変化させたとき，直流入力電圧がつねに 12.0 V で一定になるよう調節しながら，電子電圧計 V_o の値 V_o とオシロスコープの ch1 の波形から最大値 V_m を測定し，表 2 のように記録する。波形の最大値は右下がりとなるので，実験 2 と同様に中間部分で測定する。

10

③　測定が終わったら，V_t と差分 e の計算を行い，表 2 を完成させる。

5　結果の整理

[1]　実験 1 の波形を図 7，8 のようにまとめなさい。

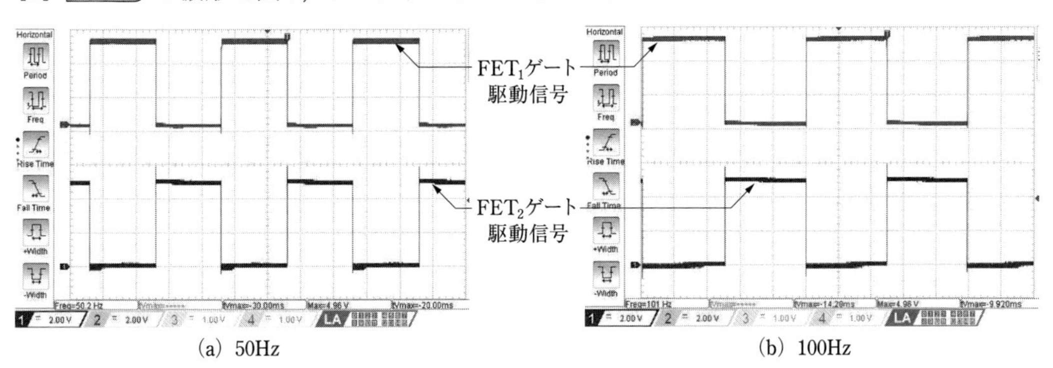

(a) 50Hz　　(b) 100Hz

▲図 7　インバータの電力変換効率 (1)

電力制御編

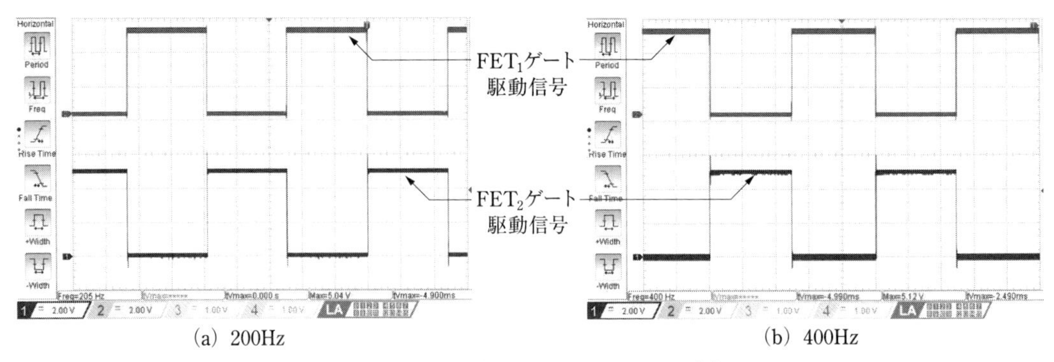

(a) 200Hz (b) 400Hz

▲図8 インバータの電力変換効率 (2)

[2] 実験2 の測定結果を表1のようにまとめ，図9のような効率特性図を方眼紙に作成しなさい。

▼表1 インバータの負荷特性の測定（電力変換効率の算出）

周波数 f [Hz]	電球負荷 P [W]	直流入力			交流出力			電力変換効率 η $\left(\frac{P_o}{P_i}\right) \times 100$ [%]
		入力電圧 V_i [V]	入力電流 I_i [A]	入力電力 P_i [W]	出力電圧の最大値 V_o [V]	出力電流の最大値 I_o [A]	出力電力 P_o [W]	
50	10	12.0 V 一定	0.84	10.1	91.0	0.075	6.8	67.3
	20		1.46	17.5	87.0	0.152	13.2	75.4
	30		2.05	24.6	82.6	0.221	18.3	74.4
	40		2.57	30.8	78.3	0.286	22.4	72.7
100	10		0.79	9.5	92.0	0.078	7.2	75.8
	20		1.42	17.0	88.2	0.156	13.7	81.2
	30		2.05	24.6	84.1	0.227	19.1	77.6
	40		2.55	30.6	80.1	0.292	23.4	76.5
200	10		0.77	9.2	91.9	0.075	6.9	75.0
	20		1.40	16.8	88.0	0.152	13.4	79.8
	30		1.98	23.8	83.7	0.221	18.5	77.7
	40		2.50	30.0	79.3	0.284	22.5	75.0
400	10		0.77	9.2	91.0	0.075	6.8	73.9
	20		1.39	16.7	87.1	0.153	13.3	79.6
	30		1.96	23.5	82.5	0.220	18.2	77.4
	40		2.48	29.8	78.0	0.286	22.3	74.8

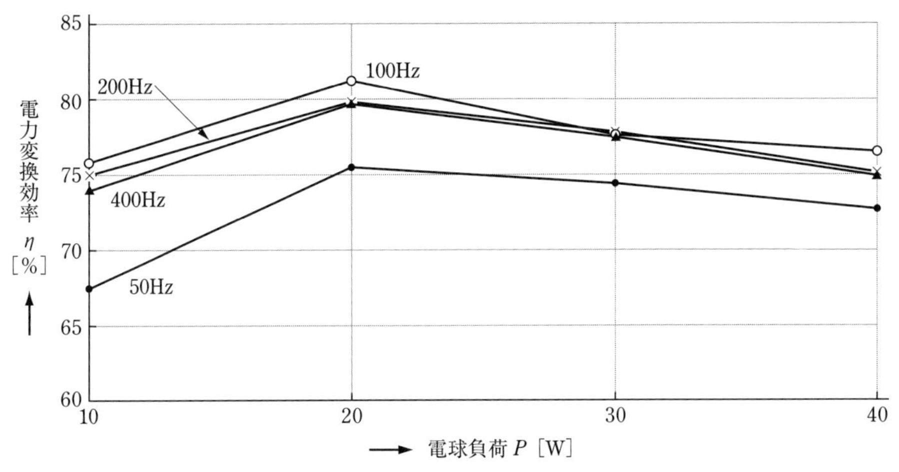

▲図 9　インバータの負荷特性（電力変換効率）

[3] 実験 3 の測定結果を表 2 のようにまとめなさい。

▼表 2　インバータの負荷特性の測定（実際の実効値への変換）

電球負荷 P [W]	電子電圧計の読み 実効値 V_o [V]	正しい実効値への換算 $V_t = \frac{V_o}{1.11}$ [V]	オシロスコープの読み 最大値 V_m	差 $e = V_m - V_t$
10	100	90.1	93.0	2.9
20	95	85.6	88.5	2.9
30	89	80.2	83.5	3.3
40	84	75.7	78.5	2.8

6 結果の検討

[1] 電球負荷に対して動作周波数と電力変換効率は，どのような関係になっているか考えてみよう。

5 [2] この実験でのインバータの出力電圧の波形は方形波であり，一般的な交流電源としては用いられない。その理由を考えてみよう。

[3] マイコンボードから出力された方形波を商用電源と同じような正弦波交流波形に近づけるためには，どのようにすればよいか考えてみよう。

29 トランジスタによる自動点灯回路の製作

1 目的

トランジスタ（MOSFET）によるスイッチング例として，周囲の明るさを光センサで検出し，暗くなると自動的に点灯する自動点灯回路の動作原理について理解する。また，ユニバーサル基板を使った電子回路の製作方法について技能と技術を習得する。

▲図1　製作する自動点灯回路

2 使用機器

機器の名称	記号	定格など	個数
炭素皮膜抵抗	R_1，R_2，R_3	10 kΩ，100 kΩ，300 kΩ　± 5%，1/4 W	各1
半固定抵抗	VR	100 kΩ	1
光導電セル（CdS）	CdS	暗抵抗 1 MΩ，ϕ5 mm，GL5528	1
小信号用トランジスタ	Tr_1	2SC1815，60 V，150 mA	1
p チャネル MOSFET	MOSFET	IRFU5505PBF，VDS = 55 V，ID=18 A または相当品（2SJ334 など）	1
赤色 LED	LED	OSDR5113A，ϕ5 mm，砲弾形赤色 LED	5
端子台	TB	ターミナルブロック，2P，縦形小 TB111-2-2-E-1-1	1
ユニバーサル基板	PCB	ICB-93S　72 × 95 mm	1
スペーサ	SP	ジュラコン製 M3 ねじ用，15 mm，AS-315	4
なべ小ねじ	SC	M3 × 5 mm	4
配線用すずめっき線		線径 ϕ0.3 mm または ϕ0.5 mm	
使用工具など	はんだごて，ニッパ，ラジオペンチ，ピンセット，精密ドライバ		

3 関係知識

1 回路のしくみ

図2は自動点灯回路のブロック図である。周囲の明るさを光センサによって検出し，p チャネル MOSFET のゲート駆動回路を制御している。p チャネル MOSFET がオン状態になると，ソース-ドレーン間が導通状態になり，負荷に電源が供給される。

負荷への電源供給は，pチャネルMOSFETの定格電流の範囲であれば，どのような負荷電流でも供給することができる。

図3は，製作する自動点灯回路である。光センサとして，光導電セル (CdS: 硫化カドミウム) を使用している。CdSは，明るさ (照度) によって素子の電気抵抗が変化する光センサである。

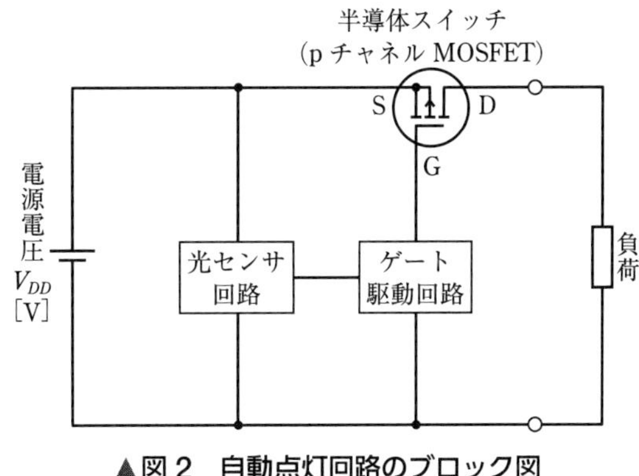

▲図2　自動点灯回路のブロック図

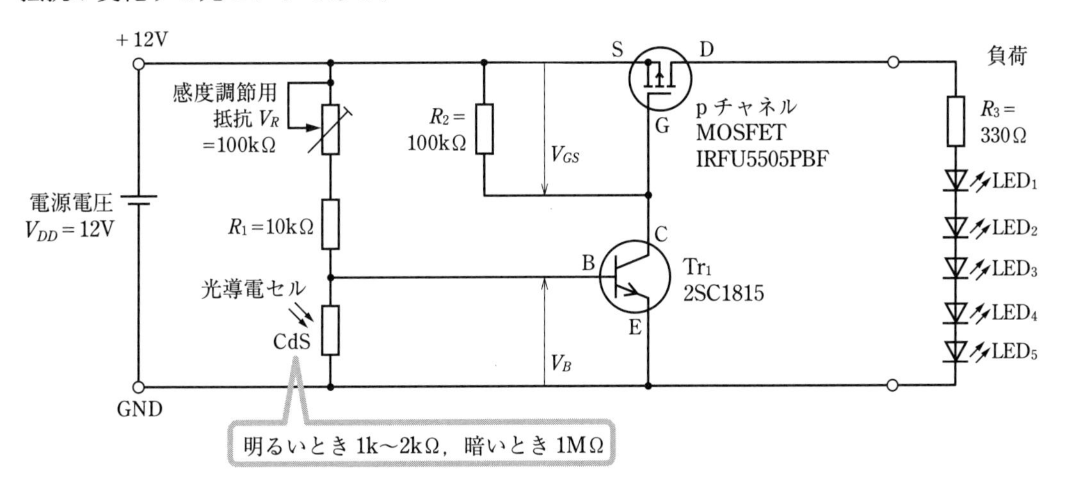

▲図3　自動点灯回路の構成

2 光導電セルの働きとMOSFETのスイッチング動作

明るいときの動作　CdSの抵抗値が低く，V_Bは約0Vになるためベース電流が流れず，Tr_1はオフ状態になる。また，R_2の電圧降下が0になるため，MOSFETのソース端子とゲート端子は同電位となり，MOSFETもオフ状態になる。

暗いときの動作　CdSの抵抗値が増加し，V_Bが上昇する。V_Bが約0.6Vになるとベース電流が流れてTr_1がオン状態になり，R_2を経由してコレクタ電流が流れる。R_2による電圧降下はMOSFETのV_{GS}となるため，V_{GS}がMOSFETのしきい値電圧よりも大きな値になると，ソース-ドレーン間はオン (導通) 状態になる。MOSFETがオン状態になると，ドレーン-ソース間電圧の電圧降下は非常に小さく，$V_{DS} \fallingdotseq 0$ Vであるため，ドレーン端子の電位は，ほぼ電源電圧V_{DD}と等しくなり，負荷に電源を供給することができる。

抵抗R_1の役割　感度調節用の可変抵抗器VRが0になったとき，CdSに過電流が流れないようにする保護用である。可変抵抗器で感度の調整ができない場合，100kΩ程度の値に変更するとよい。

4 製作

図3の回路を，ユニバーサル基板に配線する。配線は線径0.5 mmのすずめっき線を使用し，次のような手順で製作する。

① **すずめっき線のくせ取り（直線化）**　図4(a)のように，長さ約20 cmのすずめっき線を2本のラジオペンチで挟み，たがいに外側に向かって強く引っ張ると，電線の曲がりが修正され，図4(b)のようにまっすぐなすずめっき線が得られる。

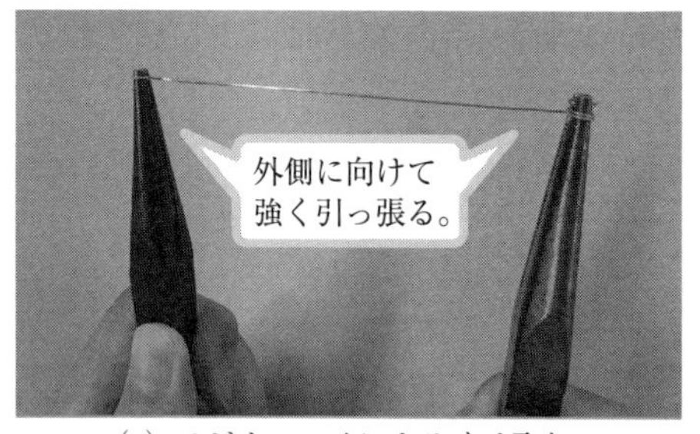

(a) ラジオペンチによるくせ取り

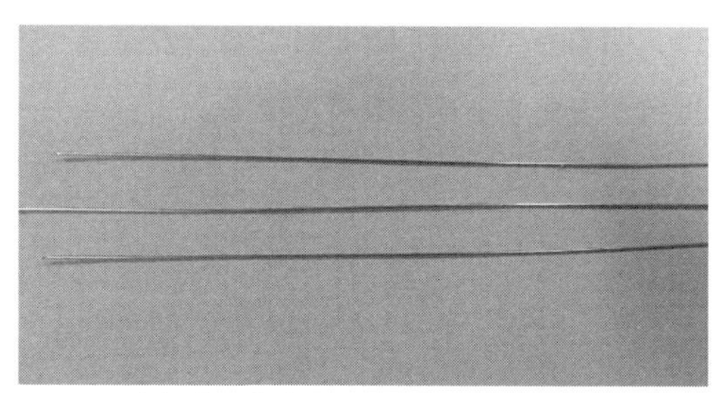

(b) まっすぐになったすずめっき線

▲**図4　すずめっき線のくせ取り**（直線化）

② **作業用スペーサの取付け**

ユニバーサル基板に部品を実装したときに，部品の凹凸で基板ががたつかないよう，図5のように部品面側に，長さ15 mmから20 mm程度のスペーサを四隅に取りつける。

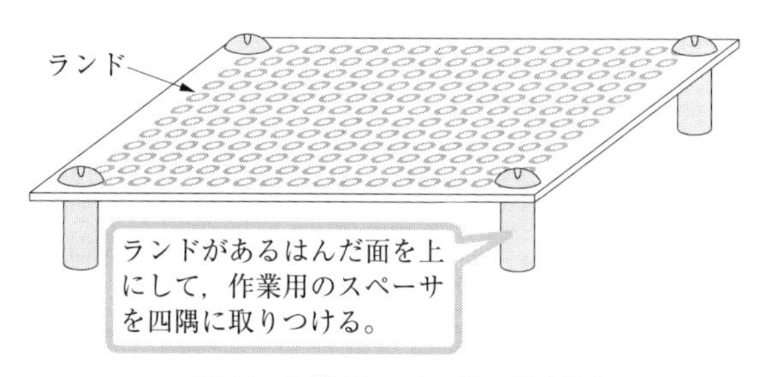

▲**図5　作業用スペーサの取付け**

③ **部品の配置とすずめっき電線による配線**

(1)　図6(a)のように，抵抗のリード線を部品の根元から直角に曲げる。または，ランド1～3個分の間をあけて「コの字形」に，直角に曲げる。

(2)　ユニバーサル基板に部品を差し込み，図6(b)のように，はんだ面のランドに部品のリード線が密着するように折り曲げる。抵抗は，カラーコードの向きをそろえる。

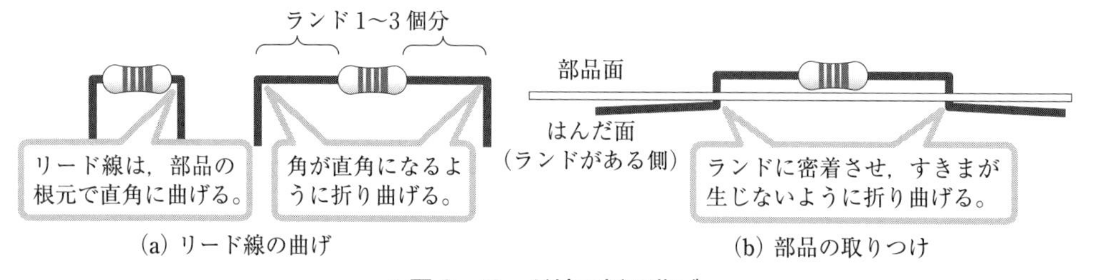

(a) リード線の曲げ　　(b) 部品の取りつけ

▲**図6　リード線の折り曲げ**

(3)　図7(a)のように，ランドからはみ出ないように，折り曲げたリード線を切断する。

このとき，ニッパの平らな面を内側に向けて切断する。

(4)　部品と別の部品のリード線を，すずめっき線で図 7 (b)のように配線し，リード線とすずめっき線の接合部分 (突き合わせ部分) を，図 7 (c)のようにはんだづけする。

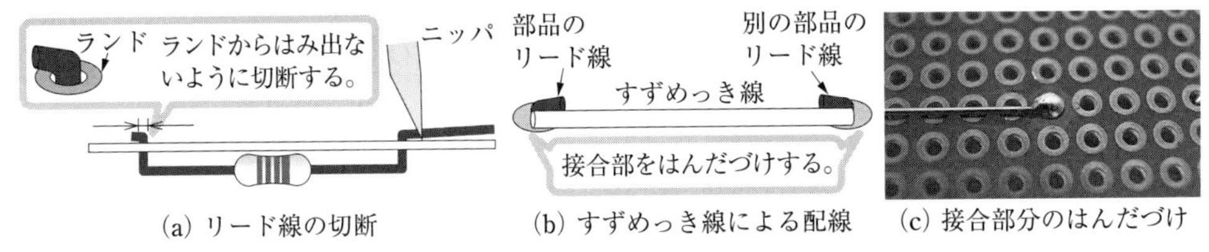

(a) リード線の切断　(b) すずめっき線による配線　(c) 接合部分のはんだづけ

▲図 7　ユニバーサル基板への部品の配線

(5)　すずめっき線をはんだ面上で直角に曲げる場所では，図 8 (a)のように 2 本のすずめっき線をランドの上でつき合わせるか，図 8 (b)のようにラジオペンチの先端ですずめっき線を直角に曲げ，接合・屈曲部分をはんだづけする。また，分岐する場所では図 8 (c)のようにすずめっき線の接合部をはんだづけする。

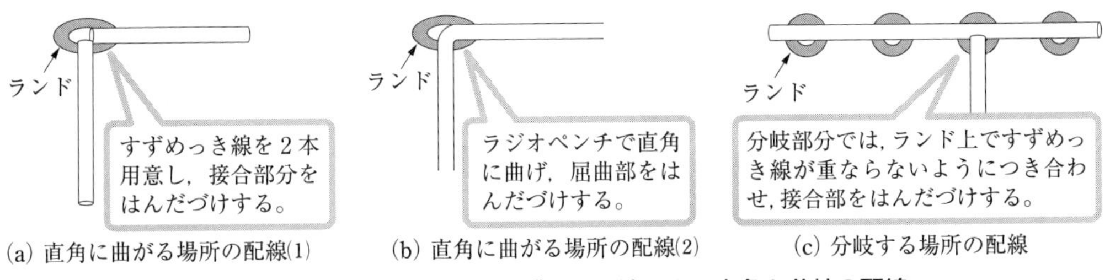

(a) 直角に曲がる場所の配線(1)　(b) 直角に曲がる場所の配線(2)　(c) 分岐する場所の配線

▲図 8　はんだ面におけるすずめっき線による直角と分岐の配線

(6)　図 9 のように配線を終えた後，配線に誤りがないか図 3 の回路図と照らし合わせて確認する。確認完了後，極性に注意しながら，端子台に 12 V の電源を供給する。

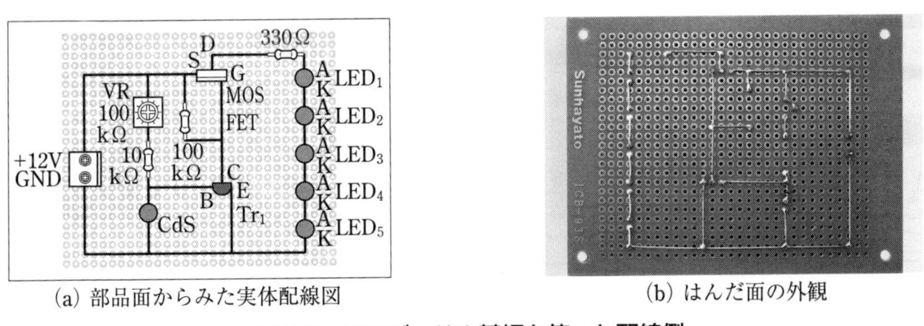

(a) 部品面からみた実体配線図　(b) はんだ面の外観

▲図 9　ユニバーサル基板を使った配線例

(7)　光センサ (CdS) 部分を手で覆うか暗くすると，LED が点灯することを確認する。また，必要に応じて，可変抵抗器を使って感度の調整を行う。

5　結果の検討

[1] すずめっき線を使った配線を適切に行うには，どのような工夫が必要か考えてみよう。

[2] MOSFET の許容電流内で，より大きな電流が流れる負荷で動作を確認してみよう。

付録 1. 実習で使うおもな計器や測定器具

●直流電流計

定　格
1/3/10/30A

図記号

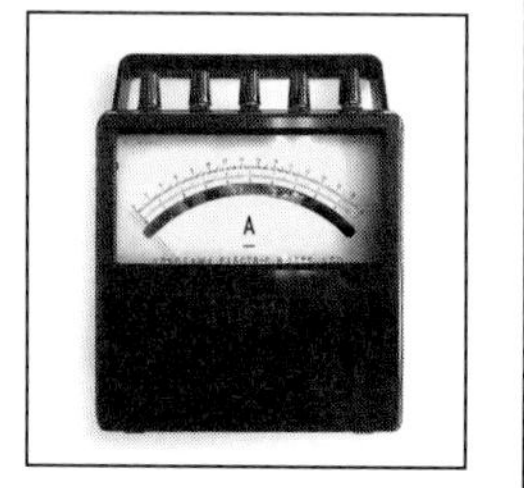

●単相電力計

定　格
5/25A
120/240V

図記号

●直流電圧計

定　格
10/30/100/300V

図記号

●三相電力計

定　格
5/25A
120/240V

図記号

●交流電流計

定　格
2/5/10/20A

図記号

●力率計

定　格
5/25A
60～300V

図記号

●交流電圧計

定　格
150/300V

図記号

●周波数計

定　格
120/200V
45～65Hz

図記号

Hz

●すべり抵抗器

定　格

180/45Ω
2/4A

図記号

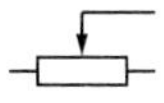

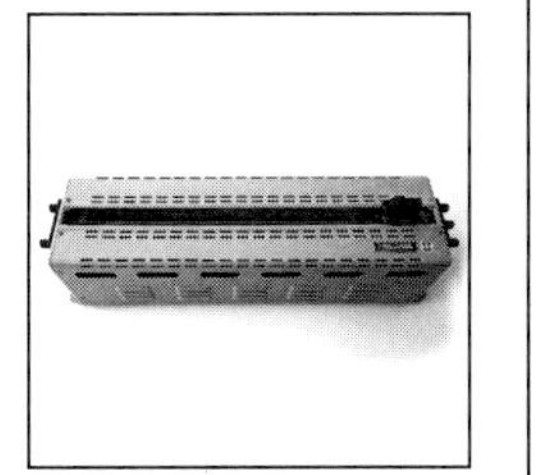

●三相誘導電圧調整器

定　格

200V, 8.7A
3kV・A

図記号

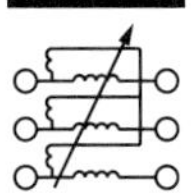

●回転計

定　格

0～20000rpm
60～50000rpm

図記号

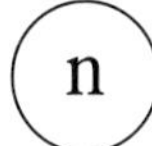

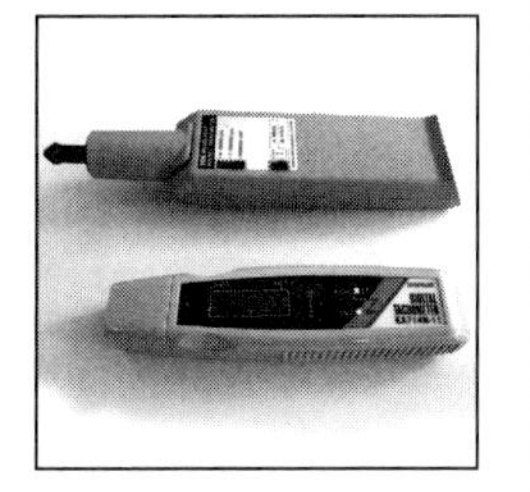

●負荷抵抗器（単相）

定　格

100V, 0～30A
3kW

図記号

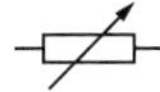

●スライダック

定　格

0～130V, 10A
1kV・A

図記号

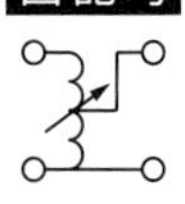

●力率可変負荷装置（三相用）

定　格

200V, 8.7A
3kV・A

●単相誘導電圧調整器

定　格

100V, 30A
3kV・A

図記号

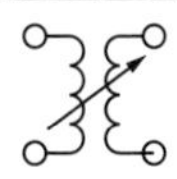

●電気動力計

定　格

1500rpm, 4極
2kW

付録

付録 2. 本書で学習するおもな重要公式

■電気機器編

1. 直流電動機の始動と速度制御

電機子電流	$I_a = \dfrac{V - E}{R_a}$ [A]	p. 17
逆起電力	$E = K\Phi n$ [V]	p. 17
端子電圧	$V = E + R_a I_a$ [V]	p. 17
回転速度	$n = \dfrac{V - R_a I_a}{K\Phi}$ [min^{-1}]	p. 18

2. 直流発電機の特性

誘導起電力	$E = \dfrac{Z}{a} p\Phi \dfrac{n}{60} = K\Phi n$ [V]	p. 24
端子電圧	$V = E - (R_a I_a + v_a + v_b + v_f)$ [V]	p. 26
電圧変動率	$\varepsilon = \dfrac{V_0 - V_n}{V_n} \times 100$ [%]	p. 26

3. 単相変圧器の巻数比の測定と極性試験

一次巻線の誘導起電力	$E_1 = 4.44 f N_1 \Phi_m$ [V]	p. 30
二次巻線の誘導起電力	$E_2 = 4.44 f N_2 \Phi_m$ [V]	p. 30
巻数比	$a = \dfrac{N_1}{N_2} = \dfrac{E_1}{E_2} = \dfrac{V_1}{V_2} = \dfrac{I_2}{I_1}$	p. 30
減極性	$V_3 = V_1 - V_2$ [V]	p. 31
加極性	$V_3 = V_1 + V_2$ [V]	p. 31

4. 単相変圧器の特性

無負荷損	$P_0 = P_i + P_{0c} + P_d = V_{2n} I_0 \cos\theta_0$ [W]	p. 35
無負荷力率	$\cos\theta = \dfrac{P_t}{V_{2n} I_{1n}}$	p. 35
t [℃] における負荷損	$P_t = P_s = V_{1Z} I_{1n} \cos\theta$ [W]	p. 35
力率	$\cos\theta = \dfrac{P_t}{V_{1Z} I_{1n}}$	p. 36
75 ℃に換算した負荷損	$P_{t75} = I_1^2 R_{t12} \left(\dfrac{235 + 75}{235 + t}\right)$ [W]	p. 36
電圧変動率	$\varepsilon = p\cos\theta + q\sin\theta$ [%]	p. 36
百分率抵抗降下	$p = \dfrac{P_{s75}}{V_{1n} I_{1n}} \times 100$ [%]	p. 36
百分率リアクタンス降下	$q = \sqrt{\left(\dfrac{V_{1Z}}{V_{1n}}\right)^2 - \left(\dfrac{P_{t75}}{V_{1n} I_{1n}}\right)^2} \times 100$ [%]	p. 36
規約効率	$\eta = \dfrac{V_2 I_2 \cos\theta}{V_{2n} I_2 \cos\theta + P_0 + P_{t75}} \times 100$ [%]	p. 36

7. 円線図法による三相誘導電動機の特性

出力トルク	$T = \dfrac{P_{2n}}{2\pi\left(\dfrac{n}{60}\right)}$	p. 62
同期速度	$n_s = \dfrac{120 f}{p}$ [min^{-1}]	p. 62
回転速度	$n = n_s (1 - s)$ [min^{-1}]	p. 62

8. 電気動力計による三相誘導電動機の負荷特性

トルク	$T = 9.8\,WL$ [N·m]	p. 65
出力	$P_o = 2\pi \dfrac{n}{60} T$ [W]	p. 65
力率	$\cos\theta = \dfrac{P}{\sqrt{3}\, V I_1} \times 100$	p. 67

滑り　$s = \dfrac{n_s - n}{n_s} \times 100$ [%] ………… p. 67

9. 三相同期発電機の特性

同期インピーダンス　$Z_s = \sqrt{r_a{}^2 + x_s{}^2} = \dfrac{V_n}{\sqrt{3}\,I_s}$ [Ω] ………… p. 69, 70

百分率同期インピーダンス　$z_s = \dfrac{Z_s I_n}{\dfrac{V_n}{\sqrt{3}}} \times 100 = \dfrac{I_n}{I_s} \times 100$ [%] ………… p. 70

短絡比　$S = \dfrac{I_{fs}}{I_{fn}} = \dfrac{I_s}{I_n} = \dfrac{100}{z_s}$ ………… p. 70

■電力応用編

12. LED電球の光度測定

光度　$I = \dfrac{\Delta F}{\Delta \omega} = El^2 = I_s \left(\dfrac{l}{l_s}\right)^2$ [cd] ………… p. 90, 92

距離逆2乗の法則　$E = \dfrac{F}{A} = \dfrac{4\pi I}{4\pi l^2} = \dfrac{I}{l^2}$ [lx] ………… p. 91

■電力設備編

17. 過電流継電器の特性

トルク　$T = K\Phi_1\Phi_2 \sin\theta$ ………… p. 119

18. 模擬送電線路による送電線の特性

力率　$\cos\theta = \dfrac{P}{VI}$ ………… p. 125

インピーダンス　$Z = \dfrac{V}{I}$ [Ω] ………… p. 125

抵抗　$R = \dfrac{P}{I^2}$ [Ω] ………… p. 125

リアクタンス　$X = \sqrt{Z^2 - R^2}$ [Ω] ………… p. 125

電圧降下率　$\varepsilon = \dfrac{V_S - V_r}{V_r} \times 100$ [%] ………… p. 126

無効電力　$Q = V_r I \sin\theta$ [var] ………… p. 127

23. 単相電力計による三相電力の測定

三相電力　$P = P_1 + P_2 = V_l I_l \left\{\cos\left(\dfrac{\pi}{6} - \theta\right) + \cos\left(\dfrac{\pi}{6} + \theta\right)\right\} = \sqrt{3}\,V_l I_l \cos\theta$ [W] …… p. 151

力率　$\cos\theta = \dfrac{P}{\sqrt{3}\,V_l I_l}$ ………… p. 153

■電力制御編

24. ダイオードによる整流回路・平滑回路

巻数比　$\dfrac{V_1}{V_2} = \dfrac{N_1}{N_2} = \dfrac{I_2}{I_1} = a$ ………… p. 154

25. トランジスタの負荷線とスイッチング回路

スイッチングに必要な抵抗　$R_B = \dfrac{V_{CC} - V_{BE}}{I_B}$ [Ω] ………… p. 163

26. 直流チョッパ回路

通流率　$\alpha = \dfrac{T_{ON}}{T}$ ………… p. 167

直流降下チョッパ回路の出力電圧　$V_{out} = \dfrac{T_{ON}}{T_{ON} + T_{OFF}} V_{in} = \dfrac{T_{ON}}{T} V_{in} = \alpha V_{in}$ [V]　$(0 \leqq \alpha \leqq 1)$ p. 168

直流昇圧チョッパ回路の出力電圧　$V_{out} = \dfrac{T_{ON}}{T_{ON} + T_{OFF}} V_{in} = \dfrac{T}{T_{OFF}} V_{in} = \dfrac{1}{1 - \alpha} V_{in}$ [V]　$(0 \leqq \alpha < 1)$ ………… p. 168

直流昇降圧チョッパ回路の出力電圧　$V_{out} = \dfrac{T_{ON}}{T_{ON} + T_{OFF}} V_{in} = \dfrac{\alpha}{1 - \alpha} V_{in}$ [V]　$(0 \leqq \alpha < 0.5$ 降圧)
$(0.5 \leqq \alpha < 1$ 昇圧) p. 169

27. PWMによる電圧制御

PWMによる電圧の平均値　$V_0 = \dfrac{T_{ON}}{T} E = \alpha E$ [V] ………… p. 173

付録

■監修

長野県駒ケ根工業高等学校教諭
髙田直人

■編修

埼玉県立秩父農工科学高等学校教諭
斎藤晴樹

仙台市立仙台工業高等学校教諭
佐々木康

宮城県工業高等学校教諭
庄司忠信

宮城県工業高等学校教諭
津田良仁

実教出版株式会社

表紙デザイン――難波邦夫
本文基本デザイン――難波邦夫

写真提供・協力――シンフォニアテクノロジー㈱，㈱第一エレクトロニクス
QR コードは㈱デンソーウェーブの登録商標です。

電気・電子実習 2

電気機器・電力応用・電力設備・電力制御

©著作者 髙田直人
ほか 5 名

●編者 実教出版株式会社編修部

●発行者 実教出版株式会社
代表者 小田良次
東京都千代田区五番町 5

●印刷者 亜細亜印刷株式会社
代表者 藤森英夫
長野県長野市大字三輪荒屋 1154 番地

●発行所 実教出版株式会社
〒102-8377 東京都千代田区五番町 5
電話〈営業〉(03) 3238-7777
〈編修〉(03) 3238-7854
〈総務〉(03) 3238-7700

https://www.jikkyo.co.jp/

002402024 ISBN 978-4-407-36308-1

電気・電子実習2

電気機器・電力応用・電力設備・電力制御

実習レポート

学科名	学年	組	番号
名前			

報告書の作成手順

報告書は，以下に示す手順で作成する。

まず，提出者の名前・共同実習者名・実習日・実験室名・天候・提出日・提出期限などを記入する。

1 目的 には，行った実験の目標を書く。

2 使用機器 には，機器の名称，機器番号，定格などを記入する。具体的には，「機器の名称」欄には，実験に使用した計器や器具類および電子部品などの名称を，「機器番号」欄には，学校で定めた管理番号を，「定格など」欄には，定格・精度・形式などをそれぞれ記録する。

3 測定結果 では，測定値および計算値を表にまとめる。また，それをわかりやすく表すためのグラフを描く。

4 結果の検討 には，次の点について，具体的・技術的見地から述べる。

・理論上の数値と比較し，誤差について自分の考えをまとめる。

・理論上の数値と比較するために，用いた実験回路や実験方法について考察する。

・使用機器の精度，誤差などについて検討する。

・実験結果の妥当性を考察する。

5 感想 には，次の視点から所見を述べる。

・実験の目的達成の程度について述べる。

・技術的に改善する方法など，気づいた点をまとめる。

実習1　直流電動機の始動と速度制御

提出者　　年　　組　　番　　名前

共同実習者名

実習日　　年　　月　　日（　　）　実験室

天候　　　　温度　　℃　　　　湿度　　%

提出日　　年　　月　　日（　　）　提出期限　　月　　日（　　）

検　印　欄

1 目的

2 使用機器

機器の名称	機器番号	定格など

3 測定結果

▼表1　供試直流電動機の定格値

出力	kW
電圧	V
電流	A
極数	
回転速度	min^{-1}

実験1

▼表2　始動電流の測定結果

回数	電源電圧 V_m [V] (V_m)	始動電流 I_a [A] (A_a)
1	V 一定	
2		
3		

実験 2 [1]

▼表 3　界磁制御法による速度制御の測定結果

(1)　V_a = ＿＿ V のとき

電機子電圧 V_a [V] (V_a)	界磁電流 I_f [A] (A_f)	電機子電流 I_a [A] (A_a)	回転速度 n [min^{-1}]
＿＿ V 一定 (定格電圧)			

(2)　V_a = ＿＿ V のとき

電機子電圧 V_a [V] (V_a)	界磁電流 I_f [A] (A_f)	電機子電流 I_a [A] (A_a)	回転速度 n [min^{-1}]
＿＿ V 一定			

(3)　V_a = ＿＿ V のとき

電機子電圧 V_a [V] (V_a)	界磁電流 I_f [A] (A_f)	電機子電流 I_a [A] (A_a)	回転速度 n [min^{-1}]
＿＿ V 一定			

実験２ [2]

▼表４　抵抗制御法による速度制御の測定結果

(1)　定格界磁（100%界磁）のとき

電機子電圧 V_a [V] (V_a)	界磁電流 I_f [A] (A_f)	電機子電流 I_a [A] (A_a)	回転速度 n [min^{-1}]
	A 一定		

(2)　　　　%界磁のとき

電機子電圧 V_a [V] (V_a)	界磁電流 I_f [A] (A_f)	電機子電流 I_a [A] (A_a)	回転速度 n [min^{-1}]
	A 一定		

(3)　　　　%界磁のとき

電機子電圧 V_a [V] (V_a)	界磁電流 I_f [A] (A_f)	電機子電流 I_a [A] (A_a)	回転速度 n [min^{-1}]
	A 一定		

（図6，7の特性曲線は，各自が方眼紙を用意して描くこと。）

4 結果の検討

[1]

[2]

[3]

[4]

5 感想

実習２　直流発電機の特性

提出者　　年　　組　　番　　名前

共同実習者名

実習日　　年　　月　　日（　　）　実験室

天候　　　　温度　　℃　　　　湿度　　％

提出日　　年　　月　　日（　　）　提出期限　　月　　日（　　）

検印欄

1 目的

2 使用機器

機器の名称	機器番号	定格など

3 測定結果

▼表１　供試直流発電機の定格値

出力	kW	電流	A	回転速度	min^{-1}
電圧	V	極数			

実験 1 ▼表2 無負荷飽和特性の測定結果

回転速度 n = [ ] min^{-1}一定

界磁電流の増加		界磁電流の減少	
界磁電流 I_{fg} [A] (A_{fg})	誘導起電力 E [V] (V_g)	界磁電流 I_{fg} [A] (A_{fg})	誘導起電力 E [V] (V_g)

実験 2 ▼表3 外部特性の測定結果

回転速度 n = [ ] min^{-1}一定

負荷電流 I_g [A] (A_g)	界磁電流 I_{fg} [A] (A_{fg})	端子電圧 V [V] (V_g)

(図7，8の特性曲線は，各自が方眼紙を用意して描くこと。)

4 結果の検討

[1]

[2]

5 感想

実習 3　単相変圧器の巻数比の測定と極性試験

提出者　　年　　組　　番　　名前

共同実習者名

実習日　　年　　月　　日（　）　実験室

天候　　　　温度　　℃　　　　湿度　　％

提出日　　年　　月　　日（　）　提出期限　　月　　日（　）

検印欄

1 目的

2 使用機器

機器の名称	機器番号	定格など

3 測定結果

実験 1

▼表 1　巻数比の測定結果

［供試単相変圧器の定格］　一次：　　V,　　A　二次：　　V,　　A

一次電圧 V_1［V］(V_1)	二次電圧 V_2［V］(V_2)	巻数比 $a=\frac{V_1}{V_2}$	一次電圧 V_1［V］(V_1)	二次電圧 V_2［V］(V_2)	巻数比 $a=\frac{V_1}{V_2}$

実験 2

▼表 2　極性試験の測定結果

電圧			極性の判定
V_1 [V] (V_1)	V_2 [V] (V_2)	V_3 [V] (V_3)	

4 結果の検討

[1]

[2]

[3]

[4]

5 感想

実習 4　単相変圧器の特性

提出者　　年　　組　　番　　名前

共同実習者名

実習日　　年　　月　　日（　）　実験室

天候　　　温度　　℃　　　湿度　　%

提出日　　年　　月　　日（　）　提出期限　　月　　日（　）

検印欄

1 目的

2 使用機器

機器の名称	機器番号	定格など

3 測定結果

実験 1

▼表 1　巻線抵抗の測定結果

［供試単相変圧器の定格］　一次：　　V,　　A

二次：　　V,　　A　巻数比 a =

巻線	巻線の抵抗値［Ω］	変圧器の周囲温度 t［℃］	一次側に換算した巻線抵抗値 R_{t12}［Ω］
一次側（高圧側）　r_1			
二次側（低圧側）　r_2			

実験2　▼表2　無負荷試験の測定結果　変圧器の周囲温度 t：　　℃

［供試単相変圧器の定格］　一次：　　V，　　A　二次：　　V，　　A

巻数比 a =

供給電圧 V_0［V］(V_0)	無負荷電流 I_0［A］(A_0)	無負荷損 P_0［W］(W)	無負荷力率 $\cos\theta_0$［%］$\left(=\frac{P_0}{V_0 I_0}\times 100\right)$

実験3　▼表3　短絡インピーダンス試験の測定結果　変圧器の周囲温度 t：　　℃

［供試単相変圧器の定格］　一次：　　V，　　A　二次：　　V，　　A

巻数比 a =

二次電流 I_2［A］(A_2)	一次電流 I_1［A］(A_1)	一次電圧 V_1［V］(V_1)	負荷損		インピーダンス Z［Ω］$\left(=\frac{V_1}{I_1}\right)$	力率 $\cos\theta$［%］$\left(=\frac{P_t}{V_1 I_1}\times 100\right)$
			測定値 P_t［W］(W)	補正値 P_{t75}［W］		

［定格値］　定格一次電流 I_{1n}：　　A，インピーダンス電圧 V_{1z}：　　V，

インピーダンスワット P_s：　　W，75℃換算のインピーダンスワット P_{s75}：　　W

▼表４　効率の算定（力率 100％の場合）

二次電圧（定格値）V_{2n} [V]	二次電流 I_2 [A]	無負荷損 P_0 [W]	負荷損 P_{t75} [W]	全損失 P_l [W] $(=P_0+P_{t75})$	出力 P_2 [W] $(=V_{2n}I_2)$	入力 P_1 [W] $(=P_2+P_l)$	効率 η [%] $\left(=\frac{P_2}{P_1}\times 100\right)$
V 一定		W 一定					

表３の「P_{t75}」の値を転記する。
表２の定格電圧（100 V）における「P_0」の値を転記する。
表３の「I_2」の値を転記する。

（図６，７，８の特性曲線は，各自が方眼紙を用意して描くこと。）

4 結果の検討

[1]

[2]

[3]

▼表５　補正値を用いたときの値

百分率抵抗降下 p [%]	百分率リアクタンス 降下 q [%]	力率 $\cos\theta$	無効率 $\sin\theta$	電圧変動率 ε [%]
		1		
		0.8		

[4]

[5]

5 感想

実習5　単相変圧器の三相結線

提出者　　年　　組　　番　　名前

共同実習者名

実習日　　年　　月　　日（　　）　実験室

天候　　　　温度　　℃　　　　湿度　　%

提出日　　年　　月　　日（　　）　提出期限　　月　　日（　　）

検印欄

1 目的

2 使用機器

機器の名称	機器番号	定格など

3 測定結果

▼表1　三相結線の各電圧の測定結果

［供試単相変圧器の定格］　一次：　　V,　　A　　二次：　　V,　　A

変圧器　No：　　No：　　No：

結線方法	一次側						二次側					
一次－二次	線間電圧［V］			相電圧［V］			線間電圧［V］			相電圧［V］		
	V_{AB}	V_{BC}	V_{CA}	V_A	V_B	V_C	V_{ab}	V_{bc}	V_{ca}	V_a	V_b	V_c
Y－Y												
Y－△												
△－△												
△－Y												
V－V												

（各結線のベクトル図は，各自が方眼紙などを用意して描くこと。）

4 結果の検討

[1]

[2]

[3]

▼表2　結線方法と位相角

結線方法	Y-Y	Y-△	△-△	△-Y	V-V
位相角（角変位）					

[4]

5 感想

実習6　三相誘導電動機の構造と運転

提出者　　　年　　　組　　　番　　　名前

共同実習者名

実習日　　　年　　月　　日（　　）　実験室

天候　　　　　　　温度　　　℃　　　　　　湿度　　　％

提出日　　　年　　月　　日（　　）　提出期限　　　月　　日（　　）

検印欄

1 目的

2 使用機器

機器の名称	機器番号	定格など

3 測定結果

実験1（スケッチは，各自が用意したレポート用紙に描いて同時に提出すること。）

実験2

▼表1　無負荷始動特性

定格出力 P_n ＝ ［　　　］ kW

定格電圧 V_n ＝ ［　　　］ V

定格電流 I_n ＝ ［　　　］ A

始動電流 I_{st} ＝ ［　　　］ A

実験 3

▼表 2 無負荷特性

供給電圧 (V の読み) $V_n =$ □ V

周波数 (Hz の読み) $f =$ □ Hz

無負荷電流 (A の読み) $I_0 =$ □ A

無負荷損 (W_1 の読み P_1, W_2 の読み P_2) $P_0 = P_1 + P_2 =$ □ W

力率 $= \cos\theta = \dfrac{\text{有効電力}}{\text{皮相電力}} = \dfrac{P_0}{\sqrt{3}\,V_n I_0} =$ □

百分率無負荷電流 $I_0' = \dfrac{I_0}{I_n} \times 100 =$ □ %

百分率無負荷損 $P_0' = \dfrac{P_0}{P_n} \times 100 =$ □ %

4 結果の検討

[1]

[2]

[3]

[4]

5 感想

実習7　円線図法による三相誘導電動機の特性

提出者　　年　　組　　番　　名前

共同実習者名

実習日　　年　　月　　日（　　）　実験室

天候　　　　　温度　　　℃　　　　　湿度　　　%

提出日　　年　　月　　日（　　）　提出期限　　月　　日（　　）

検印欄

1 目的

2 使用機器

機器の名称	機器番号	定格など

3 測定結果

実験1

▼表1　固定子巻線の抵抗の測定結果

	抵抗値［Ω］	室内温度［℃］	1相の平均抵抗値 R_v［Ω］
U，V間			$R_v = \frac{\square}{\square} \fallingdotseq \square$ Ω
V，W間			
W，U間			

実験2

▼表2　無負荷試験の測定結果

定格電圧 V_n［V］	無負荷電流 I_0［A］	無負荷損 P_0［W］			回転速度 n［min^{-1}］
		W_1 の読み P_1	W_2 の読み P_2	$P_1 + P_2$	

実験 3

▼表 3　拘束試験の測定結果

供給電圧 V_{sn} [V]	短絡電流 I_{sn} [A]	入力 P_{sn} [W]		
		W_1 の読み P_1	W_2 の読み P_2	$P_1 + P_2$

[4]　円線図の作成に必要な諸量 (数値)

1)　固定子巻線 1 相分の抵抗　R_{75} = ＿＿ Ω

2)　無負荷電流　無負荷電流の有効分 I_{0w} = ＿＿ A，無負荷電流の無効分 I_{0l} = ＿＿ A

3)　短絡電流　短絡電流 I_s = ＿＿ A，短絡電流の有効分 I_{s1} = ＿＿ A

短絡電流の無効分 I_{s2} = ＿＿ A

(図 10 の円線図は，各自が方眼紙を用意して描くこと。)

▼表 4　円線図から求めた出力特性

[供試三相誘導電動機の定格] 出力 P_n = ＿＿ kW，電圧 V_n = ＿＿ V，電流 I_n = ＿＿ A

極数 p = ＿＿，回転速度 $n_n = n_s$ = ＿＿ min^{-1}，電源周波数 f = ＿＿ Hz

運転状態	一次電流 I [A]	出力 P [kW]	二次入力 (回転子入力) P_{2n} [kW]	出力トルク T [N・m]	力率 $\cos\theta$ [%]	効率 η [%]	滑り s [%]	回転速度 n [min^{-1}]
P_1								
P_2								
P_3								
P_4								
P_5								
P_6								
P_7								
P_8								
P_9								
P_{10}								

出力トルク $T = \dfrac{P_{2n}}{2\pi\left(\dfrac{n_s}{60}\right)}$，同期速度 $n_s = \dfrac{120f}{P}$，回転速度 $n = n_s(1 - s)$

4 結果の検討

[1]　(図 11 のグラフは，各自が方眼紙を用意して描くこと。)

[2]　力率 $\cos\theta$ =

効率 η =

[3]

5 感想

(感想は，各自が別紙を用意して書くこと。)

実習8　電気動力計による三相誘導電動機の負荷特性

提出者　　年　　組　　番　　名前

共同実習者名

実習日　　年　　月　　日（　　）　実験室

天候　　　　温度　　　℃　　　　湿度　　　％

提出日　　年　　月　　日（　　）　提出期限　　月　　日（　　）

検印欄

1 目的

2 使用機器

機器の名称	機器番号	定格など

3 測定結果

▼表1　三相誘導電動機の負荷特性の測定結果

[供試三相誘導電動機の定格]　　kW,　　V,　　A,　　極

　　min^{-1},　　Hz

三相誘導電動機				動力計		三相誘導電動機の諸量の計算			
供給電圧 V [V] (V)	一次電流 I_1 [A] (A_1)	入力電力 P [W] (W)	回転速度 n [min^{-1}] (n)	界磁電流 I_f [A] (A_f)	トルク T [N・m] (T)	出力 P_o [W]	力率 $\cos\theta$ [%]	効率 η [%]	滑り s [%]
V 一定									

(図3の特性曲線は，各自が方眼紙を用意して描くこと。)

4 結果の検討

[1]

[2]

5 感想

実習 9　三相同期発電機の特性

提出者　　　年　　組　　番　　名前

共同実習者名

実習日　　年　　月　　日（　　）　実験室

天候　　　　温度　　　℃　　　　湿度　　　％

提出日　　年　　月　　日（　　）　提出期限　　月　　日（　　）

検印欄

1 目的

2 使用機器

機器の名称	機器番号	定格など

3 測定結果

実験 1

▼表 1　無負荷飽和特性の測定結果

（供試三相同期発電機の定格：　　　kV･A,　　　V,　　　A,　　　min^{-1}）

界磁電流 I_{fa} [A] ($\mathrm{A_{fa}}$)	端子電圧 V_0 [V] ($\mathrm{V_0}$)	周波数 f [Hz] (Hz)
		Hz 一定

界磁電流 I_{fa} [A] ($\mathrm{A_{fa}}$)	端子電圧 V_0 [V] ($\mathrm{V_0}$)	周波数 f [Hz] (Hz)
		Hz 一定

実験 2

▼表 2　短絡特性の測定結果

界磁電流 I_{fa} [A] (A_{fa})	短絡電流 I_s [A] (A)	回転速度 n [min^{-1}] (n)
		□ min^{-1} 一定

界磁電流 I_{fa} [A] (A_{fa})	短絡電流 I_s [A] (A)	回転速度 n [min^{-1}] (n)
		□ min^{-1} 一定

(図 9 の無負荷飽和曲線と短絡曲線は，各自が方眼紙を用意して描くこと。)

4 結果の検討

[1]

[2]

[3]

[4]

[5]

5 感想

実習 10　三相同期発電機の並行運転

提出者　　年　　組　　番　　名前

共同実習者名

実習日　　年　　月　　日（　　）　実験室

天候　　　　温度　　℃　　　　湿度　　％

提出日　　年　　月　　日（　　）　提出期限　　月　　日（　　）

検 印 欄

1 目的

2 使用機器

機器の名称	機器番号	定格など

3 測定結果

実験 2

▼表 1　負荷分担の測定結果

端子電圧 V[V] (V)	周波数 f[Hz] (Hz)	GS_1		GS_2		負荷 P[W] $(=P_1+P_2)$	備考
		負荷電流 I_1[A](A_1)	出力 P_1[W](W)	負荷電流 I_2[A](A_2)	出力 P_2[W](W_2)		
V 一定	Hz 一定						GS_1：三相同期発電機の定格 kV·A V A min^{-1} Hz GS_2：同上

実験3

▼表2　並行運転の測定結果

端子電圧 V[V] (V)	周波数 f[Hz] (Hz)	GS_1		GS_2		負荷 P[W] $(=P_1+P_2)$	備考
		負荷電流 I_1[A](A_1)	出力 P_1[W](P_1)	負荷電流 I_2[A](A_2)	出力 P_2[W](P_2)		
							GS_1：三相同期発電機の定格 kV·A、V、A、min^{-1}、Hz　GS_2：同上

4 結果の検討

[1]

[2]

[3]

[4]

5 感想

実習 11　三相同期電動機の始動および位相特性

提出者　　年　　組　　番　　名前

共同実習者名

実習日　　年　　月　　日（　）　実験室

天候　　　温度　　℃　　湿度　　%

提出日　　年　　月　　日（　）　提出期限　　月　　日（　）

検印欄

1 目的

2 使用機器

機器の名称	機器番号	定格など

3 測定結果

実験 2

▼表１　位相特性の測定結果

（供試三相同期電動機の定格：□ kV・A，□ V，□ A，□ min^{-1}）

	端子電圧 V_m [V] (V_m)	界磁電流 I_{fa} [A] (A_{fa})	入力電流 I_m [A] (A_m)	入力電力 P [W]		
				入力電力 P_1 [W] (P_1)	入力電力 P_2 [W] (P_2)	$P_1 + P_2$ [W]
無負荷	□ V 一定					

	端子電圧 V_m [V] (V_m)	界磁電流 I_{fa} [A] (A_{fa})	入力電流 I_m [A] (A_m)	入力電力 P [W]		
				入力電力 P_1 [W] (P_1)	入力電力 P_2 [W] (P_2)	$P_1 + P_2$ [W]
$\frac{1}{2}$ 負荷	□ V 一定					

	端子電圧 V_m [V] ($\mathrm{V_m}$)	界磁電流 I_{fa} [A] ($\mathrm{A_{fa}}$)	入力電流 I_m [A] ($\mathrm{A_m}$)	入力電力 P [W]		
				入力電力 P_1 [W] ($\mathrm{P_1}$)	入力電力 P_2 [W] ($\mathrm{P_2}$)	$P_1 + P_2$ [W]
全負荷	□ V 一定					

4 結果の検討

[1]　始動操作

①

②

[2]　位相特性

②

[3]

5 感想

実習 12　LED 電球の光度測定

提出者　　　年　　組　　番　　名前

共同実習者名

実習日　　年　　月　　日（　　）　実験室

天候　　　　　温度　　　℃　　　　湿度　　　％

提出日　　年　　月　　日（　　）　提出期限　　月　　日（　　）

検印欄

1 目的

2 使用機器

機器の名称	機器番号	定格など

3 測定結果

実験 1

▼表 1　LED 電球の光度測定

LED からの距離 l [m]	照度 E [lx]	光度 I [cd]
0.2		
0.3		
0.4		
0.5		
0.6		
0.7		
0.8		
0.9		
1.0		

$I = El^2$ [cd]

＊測定条件　LED 端子電圧 ［　　］V

定格 ［　　］W 形

平均光度 $I =$ ［　　］cd

実験 2

▼表2　水平配光の光度測定

距離 l = 1m（固定），使用電球 ＿＿ V，＿＿ W 形

回転角 θ_h [°]	照度 E [lx] (光度 I [cd])
0	
10	
20	
30	
40	
50	
60	
70	
80	
90	
100	
110	
120	

回転角 θ_h [°]	照度 E [lx] (光度 I [cd])
130	
140	
150	
160	
170	
180	
190	
200	
210	
220	
230	
240	

回転角 θ_h [°]	照度 E [lx] (光度 I [cd])
250	
260	
270	
280	
290	
300	
310	
320	
330	
340	
350	
360	

実験 3

▼表3　鉛直配光の光度測定

距離 l = 1m（固定），使用電球 ＿＿ V，＿＿ W 形

回転角 θ_v [°]	照度 E [lx] (光度 I [cd])
0	
10	
20	
30	
40	
50	
60	
70	
80	
90	
100	
110	
120	

回転角 θ_v [°]	照度 E [lx] (光度 I [cd])
130	
140	
150	
160	
170	
180	
190	
200	
210	
220	
230	
240	

回転角 θ_v [°]	照度 E [lx] (光度 I [cd])
250	
260	
270	
280	
290	
300	
310	
320	
330	
340	
350	
360	

実験 2

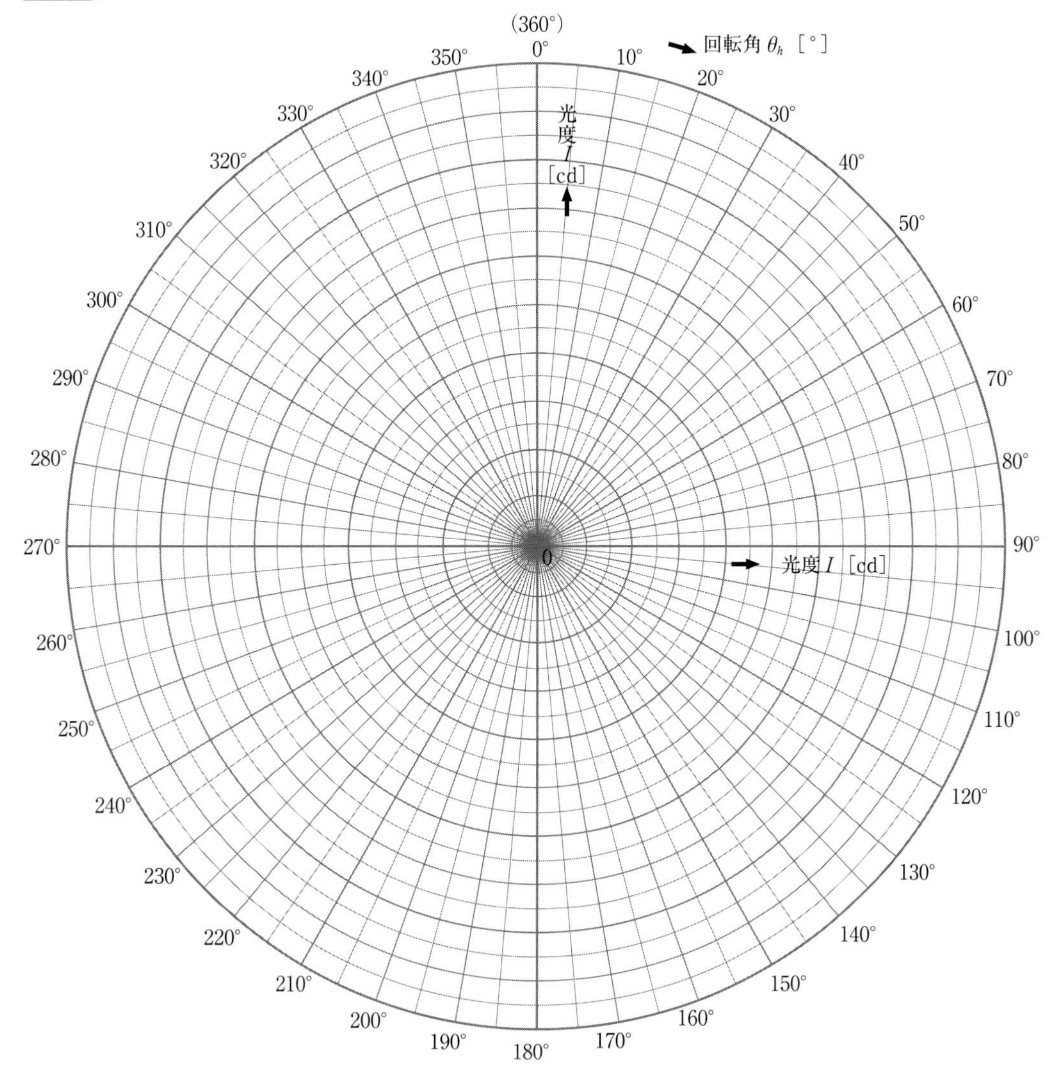

▲図 1 (a)　水平配光曲線

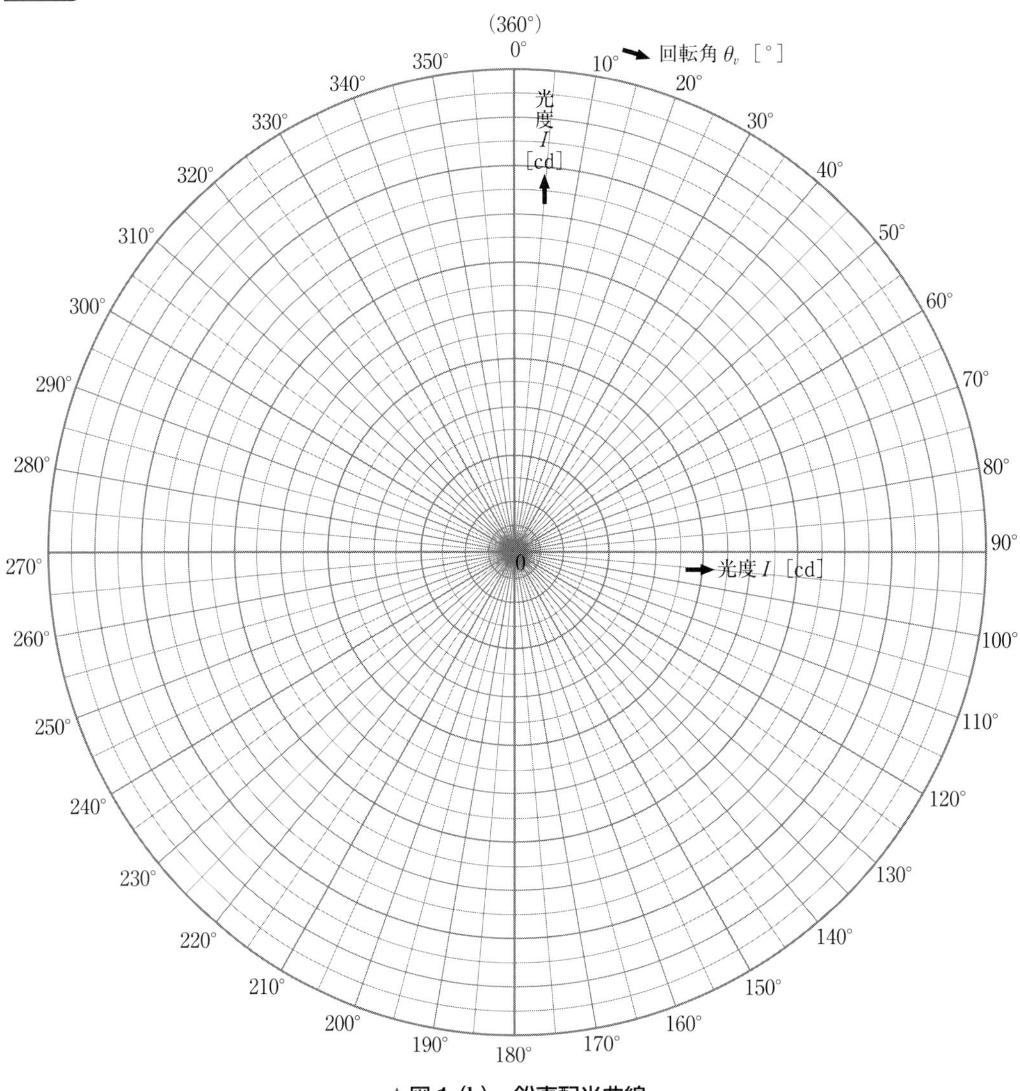

▲図 1 (b)　鉛直配光曲線

4 結果の検討

[1]

[2]

5 感想

実習 13　リレーシーケンスの基本回路

提出者　　　年　　組　　番　　名前

共同実習者名

実習日　　年　　月　　日（　）　実験室

天候　　　　温度　　℃　　　湿度　　%

提出日　　年　　月　　日（　）　提出期限　　月　　日（　）

検 印 欄

1 目的

2 使用機器

機器の名称	機器番号	定格など

3 実験結果　　＊（　）には，接続した端子番号を記入する。

実験 1　ランプ点滅回路

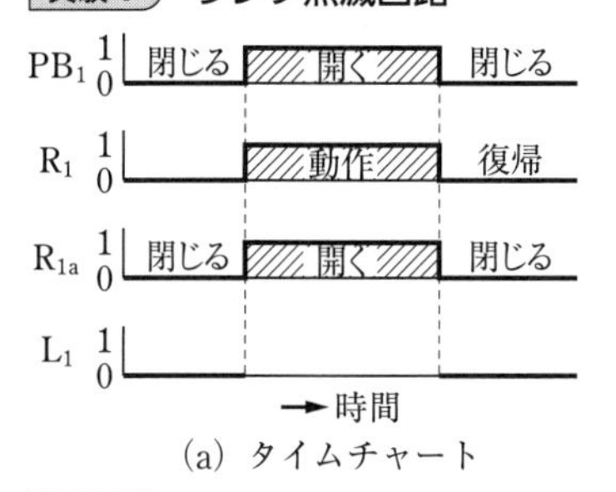

(a) タイムチャート

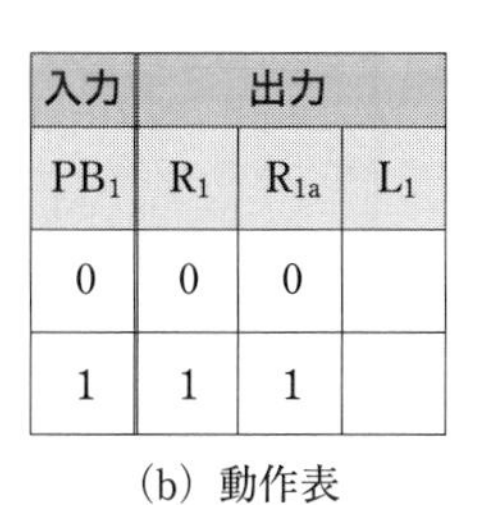

入力	出力		
PB_1	R_1	R_{1a}	L_1
0	0	0	
1	1	1	

(b) 動作表

実験 2　AND 回路

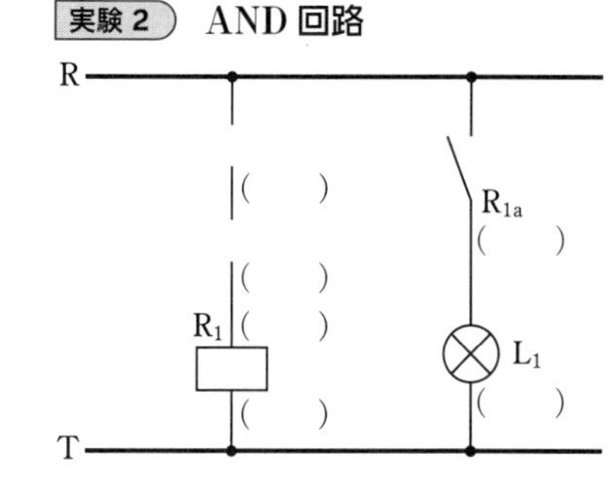

実験 3　OR 回路

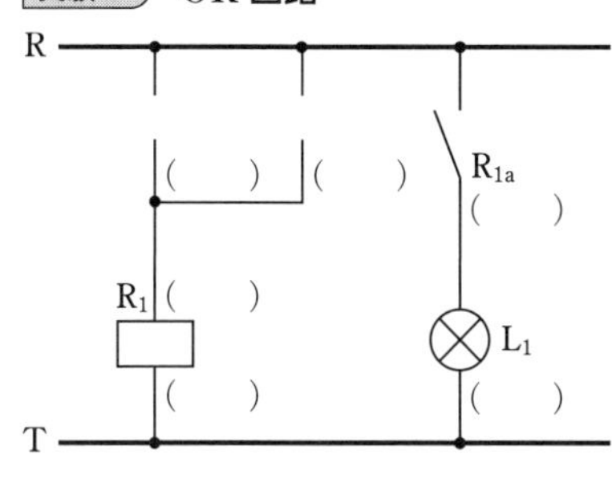

実験 4　NOT 回路

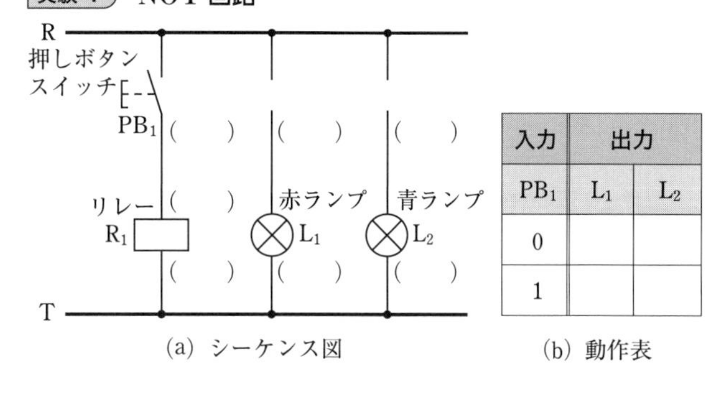

(a) シーケンス図

入力	出力	
PB_1	L_1	L_2
0		
1		

(b) 動作表

実験 5 自己保持回路

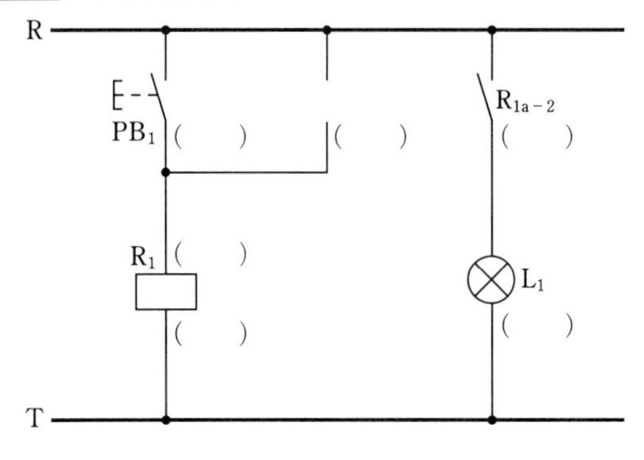

(a) シーケンス図

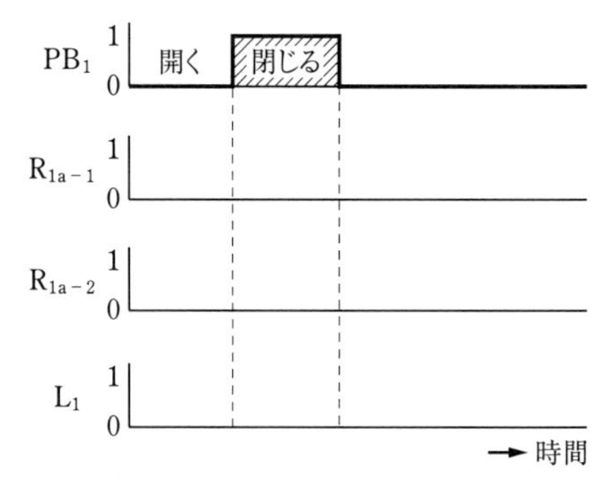

(b) タイムチャート

実験 6 復帰優先の自己保持回路（シーケンス図）

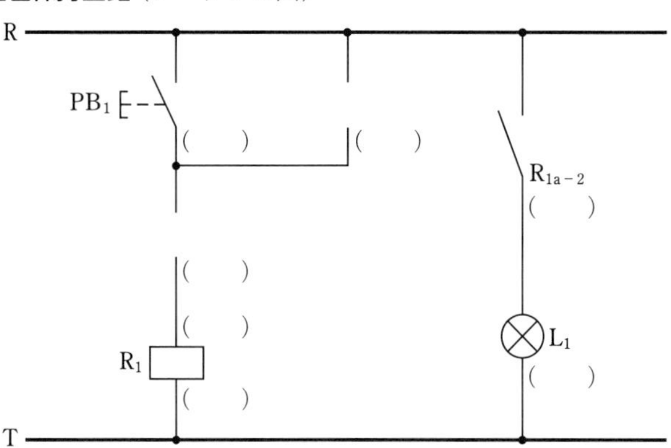

実験 7 インタロック回路

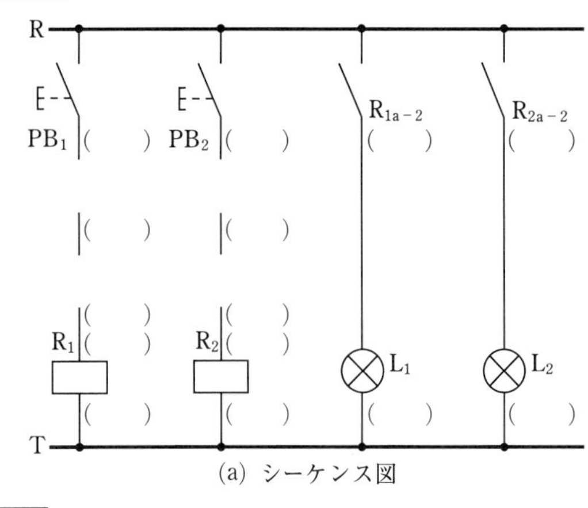

(a) シーケンス図

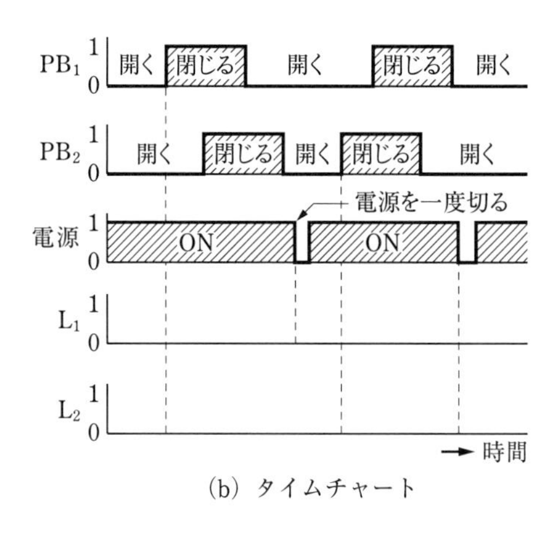

(b) タイムチャート

4 結果の検討

[1]

[2]

5 感想

実習 14　タイマを用いた回路

提出者　　　年　　組　　番　　名前

共同実習者名

実習日　　年　　月　　日(　　)　実験室

天候　　　　　温度　　　℃　　　　湿度　　　%

提出日　　年　　月　　日(　　)　提出期限　　月　　日(　　)

検　印　欄

1 目的

2 使用機器

機器の名称	機器番号	定格など

3 実験結果　＊(　)には，端子番号を記入する。

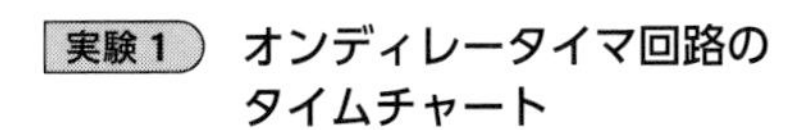

実験 1 オンディレータイマ回路のタイムチャート

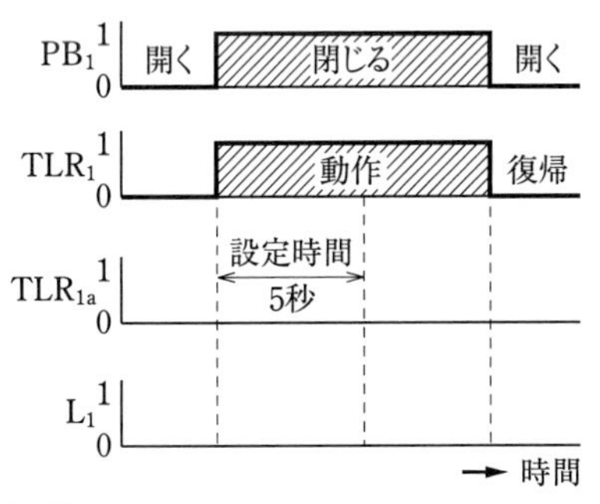

実験 2 自己保持機能をもったタイマ回路のシーケンス図

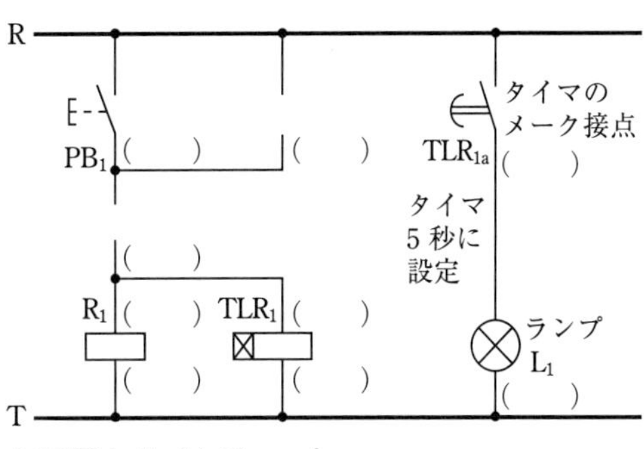

実験 3 オフディレー機能をもったタイマ回路のシーケンス図とタイムチャート

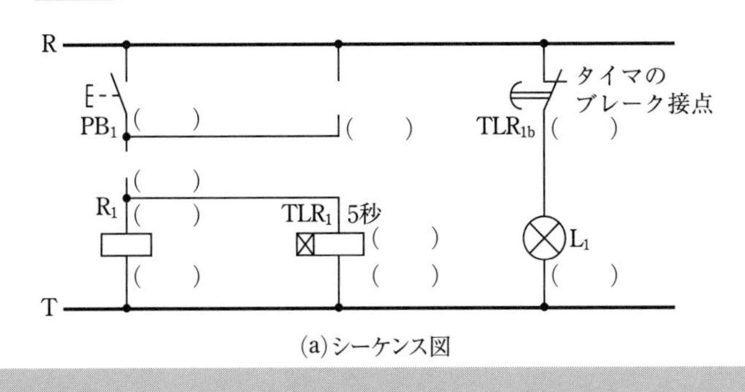

(a) シーケンス図

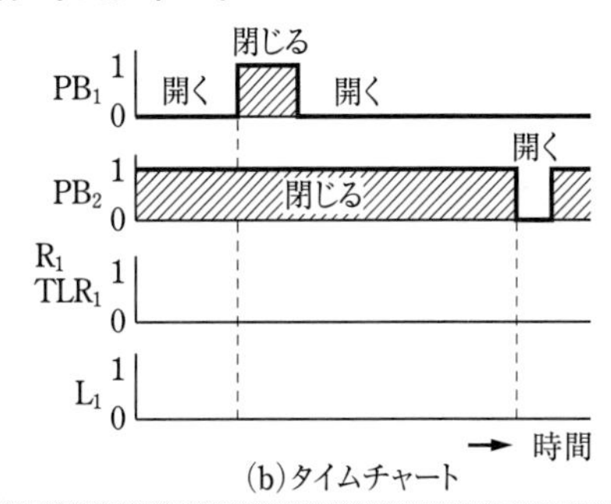

(b) タイムチャート

実験 4　順次動作回路のシーケンス図

実験 5　信号機の回路のシーケンス図

4 結果の検討

[1]

[2]

[3]　交差点の信号機の回路のシーケンス図

5 感想

実習 15　プログラマブルコントローラによる基本回路

提出者　　年　　組　　番　　名前

共同実習者名

実習日　　年　　月　　日（　　）　実験室

天候　　　温度　　℃　　　湿度　　％

提出日　　年　　月　　日（　　）　提出期限　　月　　日（　　）

検印欄

1 目的

2 使用機器

機器の名称	機器番号	定格など

3 実験結果

実験1　プログラムの入力の動作表

入力	出力	入力	出力
X000	Y000	X001	Y001
0		0	
1		1	

実験2　AND 命令・ANI 命令の動作表

入力		出力	入力		出力
X000 (PB_1)	X001 (PB_2)	Y000 (L_1)	X002 (PB_3)	X003 (PB_4)	Y001 (L_2)
0	0		0	0	
0	1		0	1	
1	0		1	0	
1	1		1	1	

実験3　OR 命令・ORI 命令の動作表

入力		出力	入力		出力
X000 (PB_1)	X001 (PB_2)	Y000 (L_1)	X002 (PB_3)	X003 (PB_4)	Y001 (L_2)
0	0		0	0	
0	1		0	1	
1	0		1	0	
1	1		1	1	

実験 4　自己保持回路のプログラム

アドレス	命令語	機器番号
0000		X000
0001		Y000
0002		X001
0003		Y000
0004		

実験 5　先行優先回路のプログラム

アドレス	命令語	機器番号
0000		
0001		
0002		
0003		
0004		
0005		
0006		
0007		
0008		

4 結果の検討

[1]

[2]

5 感想

実習 16　PLC によるタイマ回路・カウンタ回路

提出者　年　組　番　名前

共同実習者名

実習日　年　月　日（　）　実験室

天候　温度　℃　湿度　%

提出日　年　月　日（　）　提出期限　月　日（　）

検 印 欄

1 目的

2 使用機器

機器の名称	機器番号	定格など

3 実験結果

実験 1　タイマ回路の動作順序

実験 2 自己保持回路を用いたタイマ回路のタイムチャート

押す　離す
X000 1 0 閉 開
X001 1 0 閉 開 閉
M0 1 0
T0 1 0
Y000 1 0
→ 時間

実験 3 SET 命令・RST 命令を用いたタイマ回路のタイムチャート

押す　離す
X000 1 0 閉 開
X001 1 0 閉 開 閉
M0 1 0
T0 1 0
Y000 1 0
→ 時間

実験 4 オフディレータイマ回路のタイムチャート

押す　離す
X000 1 0 閉 開
M0 1 0
T0 1 0
T0 (b) 1 0
Y000 1 0
→ 時間

実験 5 フリッカ回路のタイムチャート

押す　離す
X000 1 0 閉 開
T0 1 0
T1 1 0
Y000 1 0
→ 時間

実験 6 SET 命令・RST 命令を用いたフリッカ回路のタイムチャート

押す　離す
X000 1 0 閉 開
X001 1 0
M0 1 0
T0 1 0
T1 1 0
Y000 1 0
→ 時間

4 結果の検討

[1]

[2]

5 感想

実習17　過電流継電器の特性

提出者　　　年　　組　　番　　名前

共同実習者名

実習日　　年　　月　　日（　）　実験室

天候　　　　温度　　　℃　　　　湿度　　　%

提出日　　年　　月　　日（　）　提出期限　　月　　日（　）

検印欄

1 目的

2 使用機器

機器の名称	機器番号	定格など

3 測定結果

実験1

▼表1　最小動作電流の測定結果

過電流継電器の定格 [　　] ~ [　　] A

電流整定タップ値［A］					
限時調整レバー目盛					
最小動作電流［A］					

実験２

▼表２　限時特性試験の測定結果

過電流継電器の定格 □ ～ □ A

電流整定タップ値[A]	限時調整レバー目盛	動作電流 I		サイクルカウンタの読み C				動作時間 T[s]	備考
		[A]	[%]	1	2	3	平均 C_a		
			150						
			200						
			250						
			300						周波数 f = □ Hz
			350						
			400						
			450						$T=\frac{C_a}{f}$
			500						
			150						fは商用周波数である。
			200						
			250						
			300						
			350						
			400						
			450						
			500						

(図６のグラフは，各自がグラフ用紙を用意して描くこと。)

4 結果の検討

[1]

[2]

5 感想

実習 18　模擬送電線路による送電線の特性

提出者　　年　　組　　番　　名前

共同実習者名

実習日　　年　　月　　日（　）　実験室

天候　　　温度　　℃　　　湿度　　%

提出日　　年　　月　　日（　）　提出期限　　月　　日（　）

検印欄

1 目的

2 使用機器

機器の名称	機器番号	定格など

3 測定結果

実験 1

▼表 1　線路定数の測定結果

電流 I [A] (A)	電圧 V [V] (V)	電力 P [W] (W)	力率 $\cos\theta$	インピーダンス Z [Ω]	抵抗 R [Ω]	リアクタンス X [Ω]
6						
7						
8						
9						
10						
			平均			

$\cos\theta = \frac{P}{VI}$, $Z = \frac{V}{I}$, $R = \frac{P}{I^2}$, $X = \sqrt{Z^2 - R^2}$

実験 2

▼表 2　線路電圧降下率の測定結果

受電端電圧 V_r [V]	負荷力率 $\cos\phi_r$	負荷電流 I [A]	送電端電圧 V_s [V]	電圧降下率 ε [%] $\left(=\frac{V_s - V_r}{V_r} \times 100\right)$
100 V 一定	1.0	1		
		2		
		3		
		4		
		5		
	0.8	1		
		2		
		3		
		4		
		5		
	0.6	1		
		2		
		3		
		4		
		5		

(図 7 の電圧降下率曲線は，表 2 を整理し，各自が方眼紙を用意して描くこと。)

実験 3

▼表 3　電力円線図の測定結果

負荷力率 $\cos\phi_r$	送電端電圧 V_s [V]	受電端電圧 V_r [V]	線路電流 I [A]	負荷電力 P [W]	負荷力率 $\cos\theta$	位相角 θ [°]	無効電力 Q [var] $(= V_r I \sin\theta)$
遅れ 0.5	110 V 一定	100 V 一定					遅れ
0.6							
0.7							
0.8							
0.9							
1.0							
進み 0.9							進み

(電力円線図は，表 3 を整理し，次ページの方眼紙を用いるか，各自が用意した方眼紙に描くこと。)

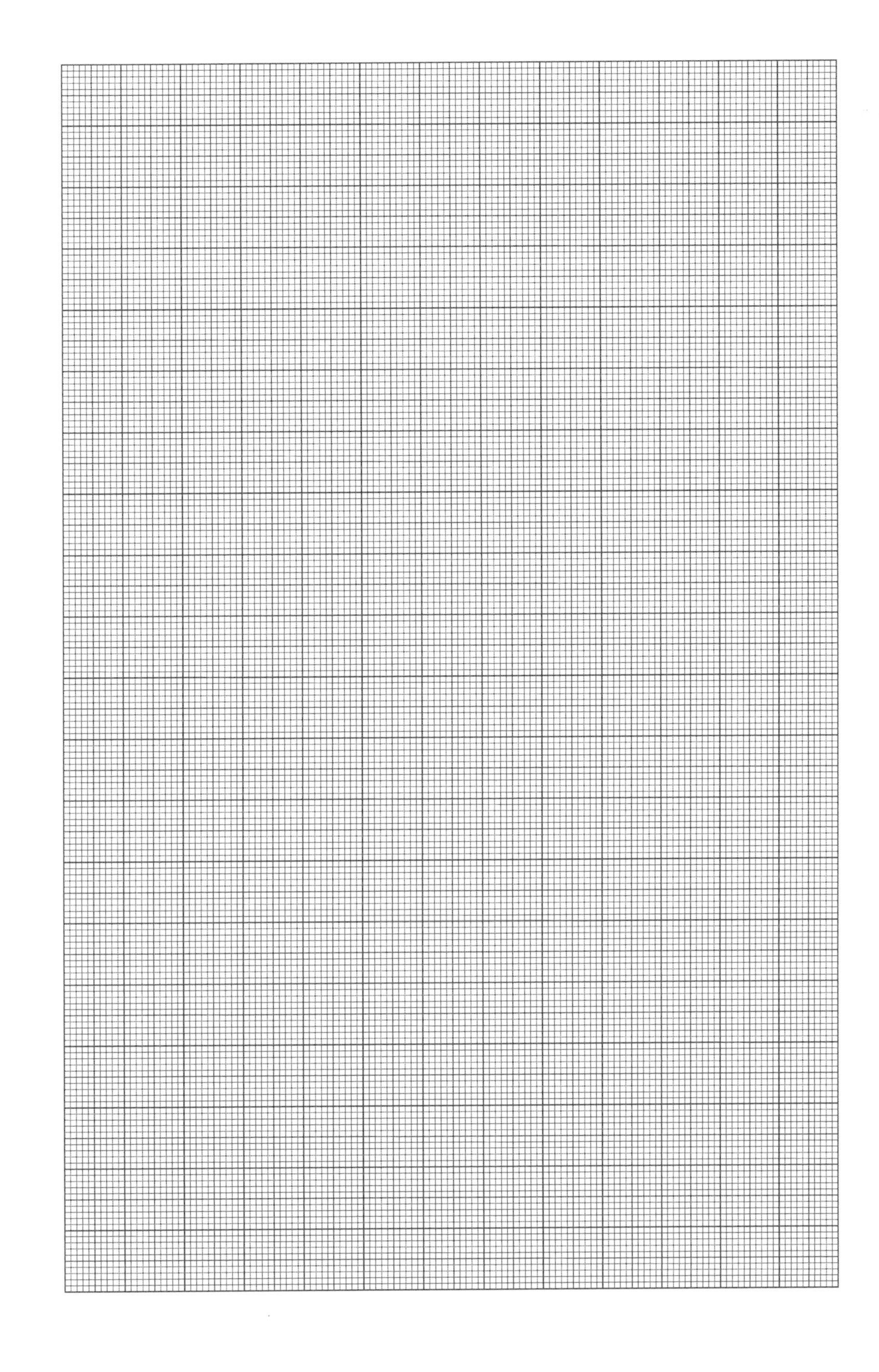

4 結果の検討

[1]

[2]

[3]

[4] 〔計算〕

① $V_s{}' =$

② $I' =$

③ $P' =$

5 感想

実習 19　絶縁抵抗計による絶縁抵抗の測定

提出者　　年　　組　　番　　名前

共同実習者名

実習日　　年　　月　　日（　）　実験室

天候　　　温度　　℃　　湿度　　%

提出日　　年　　月　　日（　）　提出期限　　月　　日（　）

検印欄

1 目的

2 使用機器

機器の名称	機器番号	定格など

3 測定結果

▼表 1　絶縁抵抗計による絶縁抵抗の測定結果

測定回路・機器名など	定格電圧［V］ほか	線間・大地間の別	測定値［MΩ］	規定値［MΩ］	良否判定

4 結果の検討

[1]

[2]

[3]

5 感想

実習 20　接地抵抗の測定

提出者　　　年　　組　　番　　名前

共同実習者名

実習日　　年　　月　　日（　）　実験室

天候　　　　温度　　℃　　　湿度　　％

提出日　　年　　月　　日（　）　提出期限　　月　　日（　）

検印欄

1 目的

2 使用機器

機器の名称	機器番号	定格など

3 測定結果

実験 1

▼表 1　接地抵抗の測定結果と判定

測定場所または機器名	接地抵抗値［Ω］	規定値	良否判定

実験 2

▼表2　接地極間距離と接地抵抗の関係

接地極 E からの距離 r [m]	0	0.1	0.25	0.5	0.75	1.0	1.5	2.0	3.0
接地抵抗 R [Ω]									

接地極 E からの距離 r [m]	4.0	5.0	6.0	8.0	10.0	12.0	14.0	15.0	16.0
接地抵抗 R [Ω]									

接地極 E からの距離 r [m]	17.0	18.0	18.5	19.0	19.25	19.50	19.75	19.9	20.0
接地抵抗 R [Ω]									

（図 8 のグラフは，各自が方眼紙を用意して描くこと。）

4 結果の検討

[1]

[2]

[3]

[4]

[5]

[6]

5 感想

実習 21　交流高電圧試験装置による放電電圧の測定

提出者　　　年　　組　　番　　名前

共同実習者名

実習日　　　年　　月　　日（　）　実験室

天候　　　　　　温度　　　℃　　　　　　湿度　　　%

提出日　　　年　　月　　日（　）　提出期限　　月　　日（　）

検 印 欄

1 目的

2 使用機器

機器の名称	機器番号	定格など

3 測定結果

実験 1

▼表 1　球ギャップの放電電圧の測定結果

気温 t ［　］℃　　相対空気密度 δ ［　］

湿度 ［　］%　　補 正 係 数 k ［　］

気圧 b ［　］hPa　　球 の 直 径 D ［　］mm

ギャップの長さ S [mm]	測定値					計算値	
	電圧計 V_2 の指示 [kV]				放電電圧 V_S [kV]	標準放電電圧 V_n [kV]	補正放電電圧 V_k [kV]
	1 回	2 回	3 回	平均値			
60							
50							
40							
30							
20							

$V_S = \sqrt{2}\, V_2$（波高値）　　V_2 は測定値の平均値である。

$V_k = kV_n$　　V_n は p. 145 の表 4 より求める。

（図 6 の放電特性は，各自がグラフ用紙を用意して描くこと。）

実験 2

▼表 2　針電極と平板電極ギャップによる放電電圧の測定結果

ギャップの長さ S [mm]	測定値				
	電圧計 V_2 の指示 [kV]				放電電圧 V_S [kV]
	1 回	2 回	3 回	平均値	
75					
60					
45					
30					
15					

$V_S = \sqrt{2}\, V_2$

(図 7 のグラフは，各自が方眼紙を用意して描くこと。)

4 結果の検討

[1]

[2]

[3]

5 感想

実習 22　絶縁油の絶縁破壊電圧の測定

提出者　　年　　組　　番　　名前

共同実習者名

実習日　　年　　月　　日（　　）　実験室

天候　　　　温度　　℃　　　　湿度　　%

提出日　　年　　月　　日（　　）　提出期限　　月　　日（　　）

検 印 欄

1 目的

2 使用機器

機器の名称	機器番号	定格など

3 測定結果

▼表 1　絶縁破壊電圧の測定結果

気温　　℃,　湿度　　%,　気圧　　hPa,　ギャップ長　　mm

種類	試料	絶縁破壊電圧 V［kV］						絶縁油の規格	良否判定	絶縁油の温度［℃］
		1 回	2 回	3 回	4 回	5 回	平均			
	1	（　　）								
	2	（　　）								
	3	（　　）								
	4	（　　）								

（裏面に続く）

（他の種類の絶縁油）

種類	試料	絶縁破壊電圧 V［kV］						絶縁油の規格	良否判定	絶縁油の温度［℃］
		1回	2回	3回	4回	5回	平均			
	5	（　　）								
	6	（　　）								
	7	（　　）								
	8	（　　）								

（図3のグラフは，各自が方眼紙を用意して描くこと。）

4 結果の検討

[1]

[2]

[3]

5 感想

実習 23　単相電力計による三相電力の測定

提出者　　年　　組　　番　　名前

共同実習者名

実習日　　年　　月　　日（　）　実験室

天候　　　温度　　℃　　湿度　　％

提出日　　年　　月　　日（　）　提出期限　　月　　日（　）

検印欄

1 目的

2 使用機器

機器の名称	機器番号	定格など

3 測定結果

▼表1　三相電力の測定結果　　負荷定格 ＿＿ kW

負荷の種類	各計器の読み						計算値	
	線間電圧 V[V]	線電流 I[A]	力率 $\cos\phi$	電力計 P 電力 P_1 [W](W)	電力 P_2 [W](W_2)	電力 P[W] ($=P_1+P_2$)	力率 $\cos\theta$	三相電力 W[W]
抵抗負荷	200 V 一定							
誘導負荷	200 V 一定							
容量負荷	200 V 一定							

4 結果の検討

[1]

[2]

5 感想

実習 24　ダイオードによる整流回路・平滑回路

提出者　　年　　組　　番　　名前

共同実習者名

実習日　　年　　月　　日（　）　実験室

天候　　　温度　　℃　　湿度　　%

提出日　　年　　月　　日（　）　提出期限　　月　　日（　）

検印欄

1 目的

2 使用機器

機器の名称	機器番号	定格など	機器の名称	機器番号	定格など

3 測定結果

実験 1

▼表 1　半波整流の測定結果（$C = 1\,000\ \mu F$）

トランス出力電圧 v_{ac} = 　V，無負荷時の直流電圧 V_0 = 　V

負荷電流 I_o [A] (A)	出力電圧 V_L [V] (V_L)	リプル電圧 ΔV_{p-p} [V]	リプル百分率 γ [%]	電圧変動率 D [%]
0.0				
0.1				
0.2				
0.3				
0.4				
0.5				

実験 2

▼表 2　全波整流の測定結果 ($C = 1\,000\ \mu F$)

トランス出力電圧 v_{ac} = ［　　］V，無負荷時の直流電圧 V_0 = ［　　］V

負荷電流 I_o [A] (A)	出力電圧 V_L [V] (V_L)	リプル電圧 ΔV_{p-p} [V]	リプル百分率 γ [%]	電圧変動率 D [%]
0.0				
0.1				
0.2				
0.3				
0.4				
0.5				

▼表 3　全波整流の測定結果 ($C = 100\ \mu F$)

トランス出力電圧 v_{ac} = ［　　］V，無負荷時の直流電圧 V_0 = ［　　］V

負荷電流 I_o [A] (A)	出力電圧 V_L [V] (V_L)	リプル電圧 ΔV_{p-p} [V]	リプル百分率 γ [%]	電圧変動率 D [%]
0.0				
0.1				
0.2				
0.3				
0.4				
0.5				

(図 8 ～ 11 のグラフについては，各自が用意した方眼紙に描くこと。)

4 結果の検討

[1]

[2]

[3]

5 感想

実習 25　トランジスタの負荷線とスイッチング回路

提出者　　年　　組　　番　　名前

共同実習者名

実習日　　年　　月　　日（　　）　実験室

天候　　　　温度　　℃　　　　湿度　　%

提出日　　年　　月　　日（　　）　提出期限　　月　　日（　　）

検印欄

1 目的

2 使用機器

機器の名称	機器番号	定格など

3 測定結果

実験 1

▼表 1　トランジスタの動作点測定

使用トランジスタ＿＿＿＿＿＿　V_{CC} ＝ ［　　］V，R_C ＝ R ＋電流計内部抵抗＝ ［　　］Ω

ベース電流 I_B [mA]											
コレクタ電流 I_C [mA]											
コレクタ-エミッタ間電圧 V_{CE} [V]											

（図 7 のトランジスタの負荷線は，各自が方眼紙を用意して描くこと。）

実験２

▼表２　モータの駆動電圧

モータ始動時の I_B = ＿＿ mA

回転停止状態	I_B [mA]											
	I_C [mA]											
	V_{CE} [V]											
回転状態	I_B [mA]											
	I_C [mA]											
	V_{CE} [V]											

ベース抵抗 R_B の計算

$$R_B = \frac{V_{CC} - V_{BE}}{I_B} = \frac{\square - \square}{\square} = \square \ \mathrm{k\Omega}$$

4 結果の検討

[1]

[2]

[3]

5 感想

実習 26　直流チョッパ回路

提出者　　　年　　　組　　　番　　　名前

共同実習者名

実習日　　　年　　月　　日（　　）　実験室

天候　　　　　　　温度　　　　℃　　　　　　　湿度　　　　％

提出日　　　年　　月　　日（　　）　提出期限　　　月　　日（　　）

検 印 欄

1 目的

2 使用機器

機器の名称	機器番号	定格など

3 測定結果

実験 1

▼表1　直流降圧チョッパの実験

V_{SW} = [　　] V, f = [　　] kHz, α = [　　] %

入力電圧 V_i [V]	出力電圧 V_o [V]	α	式 (1) の理論値 [V]

実験 2

▼表2　直流昇圧チョッパの実験

V_{SW} = [　　] V, f = [　　] kHz, α = [　　] %

入力電圧 V_i [V]	出力電圧 V_o [V]	$\frac{1}{1-\alpha}$	式 (2) の理論値 [V]

実験 3

▼表3　直流昇降圧チョッパの実験

V_{SW} = [　　] V, f = [　　] kHz, α = [　　] %

入力電圧 V_i [V]	出力電圧 V_o [V]	$\frac{\alpha}{1-\alpha}$	式 (3) の理論値 [V]

実験 4

▼表4　直流降圧チョッパの電子回路シミュレーション

過渡解析時間 [　　] ms

	実験 1 の V_o [V]	シミュレーション値 [V]
出力電圧 V_o [V]		

結果の貼り付け

実験 5

▼表5　直流昇圧チョッパの電子回路シミュレーション

過渡解析時間 ＿＿ ms

	実験 2 の V_o [V]	シミュレーション値 [V]
出力電圧 V_o [V]		

結果の貼り付け

実験 6

▼表6　直流昇降圧チョッパの電子回路シミュレーション

過渡解析時間 ＿＿ ms

	実験 3 の V_o [V]	シミュレーション値 [V]
出力電圧 V_o [V]		

結果の貼り付け

4 結果の検討

[1]

[2]

5 感想

実習 27　PWM による電圧制御

提出者　　年　　組　　番　　名前

共同実習者名

実習日　　年　　月　　日（　　）　実験室

天候　　　　温度　　℃　　　　湿度　　%

提出日　　年　　月　　日（　　）　提出期限　　月　　日（　　）

検印欄

1 目的

2 使用機器

機器の名称	機器番号	定格など

3 測定結果

実験 1

▼表1　通流率と回転速度の関係

V_{SW} = [ ] V，モータ電源電圧 E = [ ] V

周波数 f [Hz]	通流率 α	回転速度 n [min^{-1}]	出力電圧 V_{PWM} [V]
100			

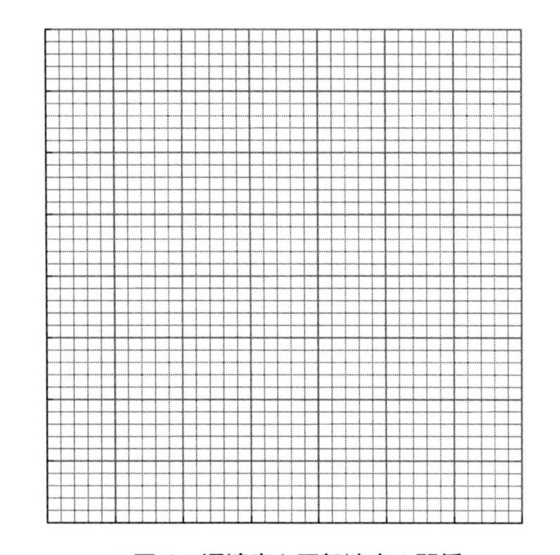

▲図1　通流率と回転速度の関係

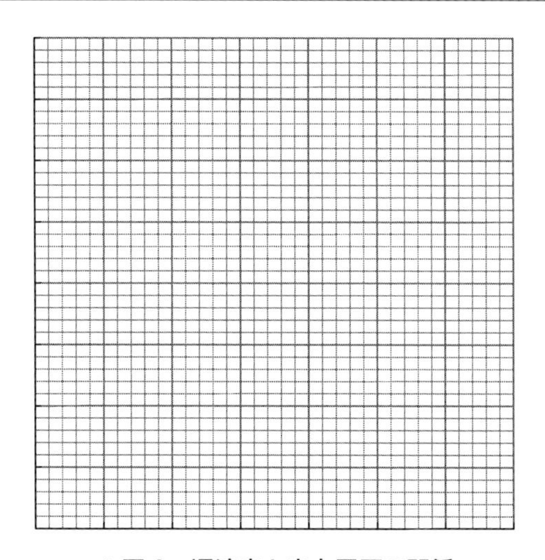

▲図2　通流率と出力電圧の関係

4 結果の検討

[1]

[2]

5 感想

実習 28　インバータの特性

提出者　　　年　　組　　番　　名前

共同実習者名

実習日　　年　　月　　日（　）　実験室

天候　　　　　温度　　℃　　　　湿度　　%

提出日　　年　　月　　日（　）　提出期限　　月　　日（　）

検 印 欄

1 目的

2 使用機器

機器の名称	機器番号	定格など

3 測定結果

実験 1　＊マイコンボードからの出力波形（50 Hz，100 Hz，200 Hz，400 Hz）を，写真やスケッチでまとめ，別紙で添付する。

実験２

▼表１　インバータの負荷特性の測定（電力変換効率の算出）

周波数 f [Hz]	電球負荷 P [W]	直流入力			交流出力			電力変換効率 η $\left(\frac{P_o}{P_i}\right) \times 100$ [%]
		入力電圧 V_i [V]	入力電流 I_i [A]	入力電力 P_i [W]	出力電圧の最大値 V_o [V]	出力電流の最大値 I_o [A]	出力電力 P_o [W]	
50	10	12.0 V 一定						
	20							
	30							
	40							
100	10							
	20							
	30							
	40							
200	10							
	20							
	30							
	40							
400	10							
	20							
	30							
	40							

（図９のグラフは，各自が方眼紙を用意して描くこと。）

実験３

▼表２　インバータの負荷特性の測定（実際の実効値への変換）

電球負荷 P [W]	電子電圧計の読み 実効値 V_o [V]	正しい実効値への換算 $V_t = \frac{V_o}{1.11}$ [V]	オシロスコープの読み 最大値 V_m	差 $e = V_m - V_t$
10				
20				
30				
40				

4 結果の検討

[1]

[2]

[3]

5 感想

実習29　トランジスタによる自動点灯回路の製作

提出者　　　年　　　組　　　番　　　名前

共同実習者名

実習日　　　年　　月　　日（　）　実験室

天候　　　　　　温度　　　℃　　　　　湿度　　　%

提出日　　　年　　月　　日（　）　提出期限　　月　　日（　）

検印欄

1 目的

2 使用機器

機器の名称	機器番号	定格など	個数

3 製作のまとめ

[1]　製作手順についてまとめなさい。

[2]　完成後，製作した回路の動作試験結果について報告しなさい。

4 結果の検討

[1]　すずめっき線を使った配線を適切に行うには，どのようなくふうが必要か，次のキーワードを使って説明してみよう。【キーワード：こて先の温度，こて先の状態，はんだの量，すずめっき線の状態】

[2]　MOSFETの許容電流内で，より大きな電流が流れる負荷で動作を確認してみよう。

[3]　製作した回路を応用して，暗くなるとDCモータ（定格6 V，2.7 A）が動作する回路を考えてみよう。

5 感想

国際単位系 (SI)

●基本単位

量	単位の名称	単位記号
時間	秒	s
長さ	メートル	m
質量	キログラム	kg
電流	アンペア	A
熱力学温度	ケルビン	K
物質量	モル	mol
光度	カンデラ	cd

●組立単位　固有の名称をもつ組立単位

量	単位の名称	単位記号	組立単位の定義
平面角	ラジアン	rad	1 rad = 1 m/m = 1
立体角	ステラジアン	sr	1 sr = 1 m^2/m^2 = 1
周波数	ヘルツ	Hz	1 Hz = 1 s^{-1}
力	ニュートン	N	1 N = 1 kg·m/s^2
圧力・応力	パスカル	Pa	1 Pa = 1 N/m^2
エネルギー・仕事・熱量	ジュール	J	1 J = 1 N·m
仕事率・放射束・電力	ワット	W	1 W = 1 J/s (= 1 V·A)
電荷・電気量	クーロン	C	1 C = 1 A·s
電位差・電圧	ボルト	V	1 V = 1 W/A
静電容量	ファラッド	F	1 F = 1 C/V
電気抵抗	オーム	Ω	1 Ω = 1 V/A
磁束	ウェーバ	Wb	1 Wb = 1 V·s
磁束密度	テスラ	T	1 T = 1 Wb/m^2
インダクタンス	ヘンリー	H	1 H = 1 Wb/A
セルシウス温度	セルシウス度	℃	t [℃] = T [K] − 273.15 K
光束	ルーメン	lm	1 lm = 1 cd·sr
照度	ルクス	lx	1 lx = 1 lm/m^2

● SIの接頭語

乗数		10^{-18}	10^{-15}	10^{-12}	10^{-9}	10^{-6}	10^{-3}	10^{-2}	10^{-1}
接頭語	名称	アト	フェムト	ピコ	ナノ	マイクロ	ミリ	センチ	デシ
	記号	a	f	p	n	μ	m	c	d
乗数		10^{1}	10^{2}	10^{3}	10^{6}	10^{9}	10^{12}	10^{15}	10^{18}
接頭語	名称	デカ	ヘクト	キロ	メガ	ギガ	テラ	ペタ	エクサ
	記号	da	h	k	M	G	T	P	E

開閉装置，継電装置などの電気用図記号

（JIS C 0617-7:2011 より作成）

名称	図記号
2位置または3位置接点	
メーク接点	
ブレーク接点	
オフ位置付き 切換え接点	
限時動作接点	
限時動作瞬時復帰 のメーク接点	
限時動作瞬時復帰 のブレーク接点	
瞬時動作限時復帰 のメーク接点	
瞬時動作限時復帰 のブレーク接点	
単極スイッチ	
手動操作スイッチ （一般図記号）	
手動操作の押し ボタンスイッチ （自動復帰）	
検出スイッチ	
リミットスイッチ	
圧力スイッチ	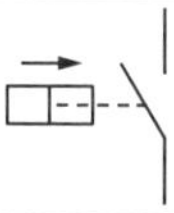
ブレーク接点の 自己動作温度 スイッチ	

名称	図記号
警報スイッチ （自動復帰）	
非常停止スイッチ （非自動復帰 ブレーク接点）	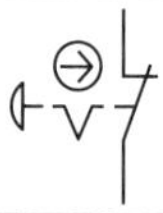
電力用開閉装置	
電磁接触器の 主メーク接点	
電磁接触器の 主ブレーク接点	
遮断器	
断路器	
作動装置	
作動装置 （一般図記号） 継電器コイル （一般図記号）	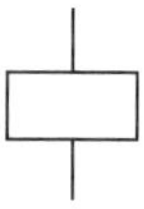
熱動継電器で 構成される 作動装置	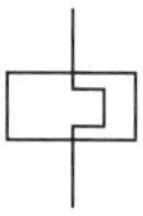
遅緩動作形 継電器コイル	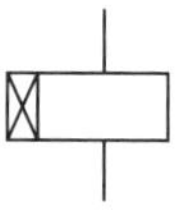
その他	
ランプ	
ベ　ル	
ブザー	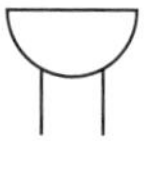